U0309424

航天发射一体化管理理论与实践

董学军 等 著

中国宇航出版社

·北京·

版权所有　侵权必究

图书在版编目（ＣＩＰ）数据

航天发射一体化管理理论与实践 / 董学军等著 . --
北京 ：中国宇航出版社，2021.7
　　ISBN 978 - 7 - 5159 - 1942 - 3

　　Ⅰ. ①航… Ⅱ. ①董… Ⅲ. ①航天器发射－组织管理
Ⅳ. ①V554

　　中国版本图书馆 CIP 数据核字（2021）第 124365 号

责任编辑　侯丽平　　　　**封面设计**　宇星文化

出　版 发　行	**中国宇航出版社**		
社　址	北京市阜成路 8 号　**邮　编** 100830	**版　次**	2021 年 7 月第 1 版
	（010）60286808　　（010）68768548		2021 年 7 月第 1 次印刷
网　址	www.caphbook.com	**规　格**	787×1092
经　销	新华书店	**开　本**	1/16
发行部	（010）60286888　　（010）68371900	**印　张**	15.75
	（010）60286887　　（010）60286804（传真）	**字　数**	383 千字
零售店	读者服务部　　　（010）68371105	**书　号**	ISBN 978 - 7 - 5159 - 1942 - 3
承　印	北京中科印刷有限公司	**定　价**	98.00 元

本书如有印装质量问题，可与发行部联系调换

前　言

中国航天发射走过了 60 多年艰苦卓绝的历程，在质量、安全、环境和应急响应等组织管理方面，创造了众多行之有效的工具方法，走出了一条独具中国特色的航天发射之路。2010 年开始，为适应我国航天发射高密度短周期和新型任务"春笋般"涌现对组织管理的现实需求，提高航天发射现代化管理水平，大力推动航天强国建设，我们以丰厚的航天发射组织管理实践成果为基础，应用国内外先进管理理论，坚持强化质量管控、化解安全风险、发展绿色航天的理念，历经 10 年的艰辛探索、反复实践，创建了质量、安全、环境和应急响应一体化管理体系，确立了航天发射一体化管理的理论基础、建设原则，创造性地提出了一体化管理技术方法和标准规范，有力地推动了我国航天发射组织管理水平的整体跃升，为满足我国航天发射新态势、新要求提供了有力支撑。

自 2018 年，我们开始组织本书的撰写工作，分 9 章论述航天发射一体化管理理论方法和实践经验。其中：

第 1 章航天发射一体化管理概论。重点论述航天发射一体化管理的定义、内涵、特点和作用以及一体化管理原则，并对航天发射一体化管理知识体系和理论基础等进行概要性论述。

第 2 章航天发射一体化管理体系设计。应用过程方法，讨论航天发射基本管理体系架构设计；论述质量、安全、环境和应急响应等单个体系架构设计，讨论使用扩充整合、融合模型等方法设计一体化管理体系架构的问题；最后，从条件保证、动力保证和改进模式三个方面阐述一体化管理体系的运行机制。

第 3 章航天发射流程设计与优化。重点论述航天发射核心业务流程概念、设计原则和流程分析，讨论技术工艺、质量保证、技术安全和工作计划等单一流程设计方法，阐述一体化流程设计技术，论述一体化流程优化中的防止意外事件、控制流程偏移、统筹并行任务和融合多种措施的技术。

第 4 章航天发射质量保证方法。从任务准备、过程控制、技术操作、设施设备、任务软件和航天产品六个方面系统论述航天发射零缺陷质量保证方法。

第 5 章航天发射安全保证方法。从风险管理基础、危险源辨识、风险评估、风险防控和应急响应与调查处理五个方面全面论述零事故安全保证方法。

第 6 章航天发射环境保护方法。从环境管理基础、大气污染防治技术、水污染防治技术、土壤污染防治技术、噪声和电磁辐射防治技术五个方面论述基于"蓝绿净"的环境保护方法。

第 7 章体系策划与设计实践。简要概述了我国航天发射一体化管理策划与设计的实践成果，包括：术语与缩略语、建设规划、领导作用、体系策划、支持保障、任务发射、评价与改进等内容。

第 8 章任务组织实施过程实践。重点论述一体化管理在航天发射任务组织实施过程中的实践成果，主要包括：组织指挥机制、测试发射过程、测控通信过程、气象保障过程等。

第 9 章任务支持过程实践。重点论述一体化管理在航天发射任务支持保障过程中的实践成果，主要包括：任务保障机构、设施设备保障、特燃特气保障、发供电保障、运输保障和卫勤保障等。

张志芬主持了航天发射一体化管理理论与实践的研究工作，董学军、石建民组织了本书的撰写，董学军、路建功、彭辉琼、王德宝、张科昌、冯丑明和李浪元等策划设计并统稿，董学军撰写第 1、2、3、4、7、8 章，参与第 5、6、9 章撰写；杜建洲、顾建丽、樊剑博分别撰写第 5、6、9 章；路建功、彭辉琼、李浪元参与第 1、2 章撰写，邓海琴、王德宝、张科昌分别参与第 3、4、7 章撰写，冯丑明、陈露凌、赵征宇参与第 8、9 章撰写。邓海琴、彭辉琼负责校对；彭辉琼、陈露凌组织了本书的出版。

感谢航天系统部对课题研究和本书著作的大力支持，感谢酒泉卫星发射中心、太原卫星发射中心、西昌卫星发射中心等单位在课题研究和本书著作过程中给予的巨大帮助。酒泉卫星发射中心郑永煌总师，技术部张海波主任、谌廷政和王国保正高级工程师等在本书成稿过程中提出了宝贵意见，技术部总体室梁晓东和王国华副主任提供了很多资料，在此一并感谢！航天发射一体化管理是一个开放的体系，本书难免有不当和疏漏之处，敬请读者批评指正。

作　者
2021 年 6 月

目　录

第 1 章
航天发射一体化管理概论

航天发射一体化管理是集质量、安全、环境和应急响应于一体的管理体系。本章重点论述航天发射一体化管理的定义、内涵、特点和作用以及一体化管理原则，并对航天发射一体化管理知识体系和理论基础等进行概要性论述。

1.1　一体化管理的定义

"航天发射、质量第一"的理念深入人心，绿色环保、健康安全的意识逐渐提高，建立健全质量、安全和环境管理体系已成为国际、国内航天发射领域的通用做法。同时，我国航天发射呈现快速、紧急、短周期、高频度和航天产品技术创新速度明显加快的特点，客观上要求建立一体化管理体系，对质量、安全、环境和应急响应实施一体化管理。

1.1.1　起源

中国航天发射从起步时的筚路蓝缕到如今的星辰大海，在管理理论方法和工程实践等方面，逐步探索并形成了适合我国国情的组织管理体系。

20 世纪 60 年代，周恩来总理提出"严肃认真、周到细致、稳妥可靠、万无一失"的工作方针，成为航天人一直遵循的行为准则。70、80 年代，航天发射管理通过培养全体参试人员高度的政治责任感和"三老四严"（老实人、老实话、老实事和严格要求、严密组织、严肃态度、严明纪律）的工作作风，落实元器件筛选、整机老炼、系统稳定运行、设计鉴定答辩和产品摸底试验等质量保证措施，有效保证了航天发射的成功。20 世纪 90年代，随着中国载人航天工程的推进，为确保载人航天的高可靠性、高安全性要求，酒泉卫星发射中心开始探索建立质量管理系统，以"全面质量管理"为方针，围绕建设一支高素质的质量队伍、形成一套科学的程序方法、拥有配套的测试分析手段，构建融"预防、控制、纠正"于一体的载人航天发射场质量管理体系。

2005 年，西昌卫星发射中心为将航天发射质量管理经验系统化、标准化，率先应用ISO 9001 国际标准，在航天发射领域建立了满足国际标准的质量管理体系，实现了航天发射质量管理与国际标准接轨，并于 2007 年通过了第三方认证。

2006 年，酒泉卫星发射中心为适应载人航天工程新要求和航天发射新态势，研究将ISO 9001 国际标准本地化，探索在国际质量管理体系标准框架下建立航天发射"零缺陷"质量保证体系，包括任务准备"零疏忽"、过程控制"零遗漏"、技术操作"零差错"、设施设备"零故障"、任务软件"零贻误"和航天产品"零疑点"等六个方面的内容，首次将我国航天发射质量管理经验升华为质量工程理论。

2009 年，西昌和太原卫星发射中心开始应用 GJB 9001、ISO 14001 和 OHSAS 18001等国家军用和国际标准建立融质量、环境和职业健康安全于一体的管理体系，首次提出一体化管理的理念。

2010 年，酒泉卫星发射中心开始研究基于项目和核心业务流程整合所有业务活动的一体化管理体系，提出在体系、过程、措施三个层面开展质量、安全、环境、应急响应四类工作流程的融合设计。

2016 年，酒泉、太原和西昌三个卫星发射中心联合开展航天发射一体化管理体系、方法与实践的研究，形成了系列化成果，标志着具有中国特色的航天发射一体化管理理论方法的成熟。

2018 年至 2020 年，为满足中国航天发射高频度、高强度和新型航天发射任务"春笋般"涌现的现实需求，一体化管理理论方法和工程实践迈入新阶段，相关标准规范快速完善并在工程实践中得到广泛应用。

1.1.2　内涵

管理通常被定义为"指挥和控制组织的协调活动"，包括制定方针和目标，以及实现这些目标的过程。因此，当我们讨论管理时必须是以某个"组织"为研究对象，而航天发射是一项由多个"组织"（如航天器方、运载器方、发射场方等）协同完成的工程，为此，航天发射管理的研究对象是所有参与航天发射的单位和部门以及协同相关各方联合工作的机构。

管理体系化是当前人类社会的共识。理论上讲，确保航天发射任务成功是建立和运行质量管理体系的目的；确保航天发射任务实施过程中人员、航天产品、设施设备和信息等方面的安全是建立和运行安全管理体系的目的；确保航天发射活动不会危害自然生态环境以及当地居民的工作生活是建立和运行环境管理体系的目的；期望将紧急情况导致的不良后果降低到可接受水平是建立和运行应急响应管理体系的目的。为此，航天发射应依据不同期望和目的，至少建立质量、安全、环境和应急响应四个管理体系。但是，多个管理体系交叉并行运行必然会导致职能交叉、工作重复、资源冲突和浪费等方面的问题，这就在客观上要求对质量、安全、环境和应急响应等多个管理体系进行统一管理，即一体化管理。

一体化管理通常又称一体化管理体系，本书不区分二者的不同。关于一体化管理体系，学术界尚没有一个统一的定义，我们基于航天发射工程实践的成果，在准确把握一体化管理本质要求的基础上，将航天发射一体化管理定义为：一体化管理是集质量、安全、环境和应急响应管理于一体的管理体系。从工程实施的角度看，它是一套系统完备的协同各方关系、统筹内外资源的标准体系；从系统集成的角度看，它是一套科学齐全的将质量、安全、环境和应急响应融为一体的方法体系；从知识管理的角度看，它是一套规范有效的将组织和个人知识转化为体系手册、程序文件、作业指导书和记录等成文信息的措施体系。

准确理解一体化管理的内涵需把握以下几点：

（1）全面性

任何影响航天发射绩效的事物都应纳入一体化管理的范畴，即质量是航天发射所有业务过程和结果的质量，安全是人员、航天产品、设施设备、环境和信息等航天发射任务所涉及的所有因素的安全；环境是航天发射任务能够影响到的所有自然和人工环境因素的总和；应急响应是对航天发射任务准备和实施过程中所有紧急情况的响应。

（2）统一性

一体化管理体系不是将质量、安全、环境和应急响应等管理体系简单叠加或勉强凑合，而是通过策划设计、优化组合，将各体系融合成为不可分割、难以区分的有机整体。不存在人为地将方法、措施、手段拆分或归类为质量、安全、环境和应急响应类。

（3）实用性

建立并运行一体化管理体系的最终目的是更加合理和有效地利用资源，实现预期的航天发射结果和绩效。一体化管理体系是我国航天发射工程管理的创新成果，不存在机械简单地应用管理体系标准对业务工作进行裁剪和添补的情况，也不存在粗暴地以管理体系标准为借口增加工作负担的问题。

（4）开放性

开放性是建立和运行一体化管理体系的基本要求和特点，是一体化管理向纵深发展的必经之路。开放性强调体系建立和运行是一个动态的、持续改进和不断完善发展的过程。随着体系运行（策划、实施、检查、改进）的持续循环，各级各类人员需要系统梳理单位在质量、安全、环境和应急响应管理中的短板弱项，系统化、规范化地增加、删改相关内容，实现全人员、全过程、全方位、全要素的管理，持续提高综合管理水平。

1.1.3　特点

航天发射一体化管理具有以下显著特点：

（1）"零缺陷"是质量管理的核心理念

航天发射工程具有复杂性和高精细性，细小的偏差或失误都可能导致巨大的经济损失或箭毁人亡的悲剧，所以，航天发射质量管理必须树立"零缺陷"的理念，不放过任何一个疑点。

（2）"零事故"是安全管理的根本要求

航天发射安全管理必须坚持"零事故"，确保在单位和部门认知范围内，消除灾难性和严重性安全隐患，将一般性和轻微性风险控制在可接受范围。同时，针对认知范围外的风险，建立应急原则、感知手段和响应程序，配置相应资源。

（3）"蓝绿净"是环境管理的基本方针

环境管理必须坚持"天蓝、地绿、水净"的环保方针，消除或尽量减少航天发射给当地、航落区乃至全球和太空造成的环境污染。

（4）系统思维是一体化管理的灵魂

航天发射一体化管理需要使用系统工程来综合管理参与航天发射的人员、设施设备、航天产品和环境；同时，还需使用系统工程将质量、安全、环境和应急响应要求与业务流程融为一体。

（5）持续改进是一体化管理的活力源泉

航天发射工程技术和管理的快速发展，客观上要求航天发射一体化管理必须与其保持同步；航天发射一体化管理与技术的发展，客观上也带动航天发射质量、安全、环境和应急响应工程的进步。

1.1.4 作用

质量贯穿于航天发射所有活动和过程，是航天发射的生命；"安全至上""安全是工作底线"是所有航天人的共识；环境是社会焦点，是航天发射可持续发展的保证；应急响应是航天发射所有活动的基本要求，是开展高风险工作的最低条件。因此，建立并实施质量、安全、环境和应急响应一体化管理意义重大。

（1）促进管理系统化

一体化管理融合了当今世界最先进的管理理念和方式，凝结着我国航天发射管理创新的最新成果，为推广、深化系统工程应用，促进管理系统化提供了完整的工具方法。

（2）加强管理规范化

一体化管理将分散于单位和个人的知识经验转化为体系手册、程序文件、作业指导书和记录等成文信息，为单位实施规范化管理奠定了坚实基础，包括：为目标实现提供保障，为管理活动提供法规，为沟通意图提供工具，为教育培训提供教材，为积累经验提供载体，为传承知识提供手段，为体系评价提供依据，为持续改进提供助力等。

（3）提升管理执行力

一体化管理的建立和运行为提升管理执行力提供了有力保障，主要体现在：一是明确和细化了各部门和各级各类人员的职责权限，强化了质量、安全、环境和应急响应等工作的主体责任；二是通过第三方认证、管理评审和内部审核等监管方式，促使各项管理置于自我监督、自我发现和自我改进的管理模式中；三是通过推广应用策划（Plan）、实施（Do）、检查（Check）和改进（Act）的 PDCA 过程方法，建立了一套自我规范、自我约束、自我完善的运作机制。

（4）增强管理有效性

一体化管理极大地增强了管理有效性。主要表现在：一、一体化管理利用共同的体系架构，将质量、安全、环境和应急响应四个管理体系融合为一个管理体系，解决了职责界面不清、工作交叉重复的问题；二、一体化管理利用时间维度，将工艺、质量、安全和工作计划等流程集成为一体化流程，保证了所有流程步调一致、协同工作；三、一体化管理利用联合操作规程，将质量、安全、环境和应急响应的控制措施融合为一体化措施，并通过表单进行确认，解决了监督环节过多、末端落实不力的问题。

（5）提升国际竞争力

一方面，一体化管理将 ISO 9001、ISO 14001、ISO 45001 等国际标准本地化，保证了我国航天发射质量、职业健康与安全、环境等方面的管理与国际航天发射市场要求接轨，满足了航天发射国际合作对质量、职业健康与安全、环境管理体系的要求，对拓展航天发射国际合作意义重大；另一方面，一体化管理融入了中国航天 60 多年的实践经验，保证了航天发射的高成功率和高效率，确保了我国航天发射在质量、安全和环境管理方面的优势，提升了中国在国际航天发射市场上的竞争力。

1.2　一体化管理原则

　　航天发射一体化管理必须建立在以下 5 条相互关联的基本原则之上，即成功标准，卓越领导，无边界合作，以人为本和学习、改进与创新。这些原则反映了国内外航天发射最先进的管理与技术的创新成果，同时又突出了航天发射一体化管理的典型特点，应贯穿于航天发射一体化管理的策划、实施、评价、改进与创新的方方面面，成为从事航天发射的全体员工，尤其是高层管理人员的理念和行为准则，同时，也应成为开展航天发射质量、安全、环境和应急响应工程研究的基本遵循。

1.2.1　成功标准

　　航天发射工程决策和过程控制必须将成功标准作为首要原则，将质量安全摆在首位。在方案选择和成本效益核算时，必须在确保质量安全的前提下进行；在资源、成本、进度与质量安全发生矛盾冲突时，必须坚持资源、成本、进度服从质量安全。

　　就行业而言，很少有哪个行业像航天发射那样渴望和追求成功。高昂的成本投入、巨大的国际国内影响力，造就了每次航天发射在目的确定后，毫无例外地都将确保发射成功作为技术和管理方案选择的首要原则，成本、进度和资源等约束只有在成功后才有意义，效益、声誉和所有相关方利益只有在成功后才能变现。因此，成功标准是航天发射一体化管理的首要原则。

　　2003 年 2 月 1 日中国农历新年，哥伦比亚号航天飞机完成任务重返大气层时，在美国得克萨斯州与路易斯安那州上空突然解体，7 名航天员全部遇难，这是继 1986 年挑战者号爆炸后，航天飞机的又一次重大灾难。2003 年 8 月 26 日，调查委员会公布了灾难原因：导致航天飞机解体的技术原因是哥伦比亚号发射升空 81.7 s 后，外贮箱外表面脱落的一块泡沫材料撞击到航天飞机左翼前缘的防热瓦而形成裂缝，当哥伦比亚号重返大气层时，超高温气体从裂缝进入机体导致航天飞机解体。然而，哥伦比亚号飞行期间，NASA 的工程师就已经知道其左翼在起飞过程中曾受到泡沫材料的撞击，可能会产生严重后果，而且当时也有办法补救，但并未引起有关人员的重视。调查报告指出：如果不是 NASA 决策者判断分析失误，应有的担心没有得到重视，相关数据没有进行研究，一些重要信息被忽略，那么，事故也许不会发生。

　　哥伦比亚号已经远离我们，但航天飞机的故事还没有结束。与便捷、经济的美好愿望相违，航天飞机巨额的维护费用和严重老化的状态，逐渐使得 NASA 不堪重负。2007 年，NASA 维护航天飞机的费用占据其总经费的三分之一，曾经作为人类科技水平和 NASA 象征的航天飞机越来越像一根鸡肋，食之无味、弃之可惜。2011 年 7 月 21 日，亚特兰蒂斯号航天飞机在肯尼迪航天发射中心安全着陆，标志着航天飞机时代的正式结束。国内外航天发射的历史已经证实，成功标准必须成为航天发射工程决策和过程控制的首要原则，必须将质量安全摆在首位，资源、成本、进度必须服从质量安全。

1.2.2　卓越领导

航天发射必须坚持卓越领导的原则，即为航天发射事业确定正确的发展方向并做出精准部署，指导建立高效的责任体系和沟通机制，向全体员工传递追求卓越的使命并带领他们努力实现卓越。

1999 年 10 月 29 日，"神舟一号"飞船在人、船、箭、地联合检查测试时，发现飞船返回舱惯性测量组件的一个液浮制导陀螺无法工作。针对是否打开返回舱的舱底进行检查，出现两种意见。一种意见认为，飞船内有成千上万的元器件和信号线，打开舱底排查风险太大，况且陀螺用了双备份，没有必要打开舱底；另一种意见认为，所有问题必须在地面解决。两种意见发生了激烈的冲突。任务指挥部顶着巨大压力，决策打开舱底，把所有隐患消除在地面，这给刚刚起步的中国载人航天工程开了一个严把质量关的好头。2001年 10 月 3 日，"神舟三号"飞船在进行三舱对接测试时，发现穿舱插座有一接点信号不通，这种类似的插座飞船里有 77 个，是沟通返回舱内外信号的特殊装置。为了确定是个别问题还是批次问题，任务指挥部组织专家千里奔赴厂家深入调研，在证实生产工艺流程存在重大缺陷后，对所有不合格插座重新设计、评审和生产，任务因此被迫推迟了 3 个月。

中国载人航天从"神舟一号"发射到"神舟十二号"发射，历经 22 个年头，先后进行了 14 次发射，次次成功、回回圆满，创造了举世瞩目的辉煌业绩。既有整体战略决策、路径规划的英明，又有每次发射科学研判、精准施策的智慧，彰显着卓越领导的巨大作用。国内外航天发射的业绩已经证实，卓越领导是航天发射，尤其是重大航天发射必须坚持的根本原则之一，以确保重大决策正确、关键施策精准、管理机制高效、各方资源合力。

1.2.3　无边界合作

无边界合作是航天发射组织管理的灵魂。航天工程是一个投入巨大、周期较长、涉及面广和技术构成复杂的工程系统，这一工程进入到航天发射阶段呈现出一个新特点，即一切为了成功。在成功这一至高无上的目标感召下，所有参加航天发射任务的单位和个人都不得不放弃自己坚守的"我们的业绩""我们的职能""我的任务"和"我的地盘我做主"等"本位主义"，投入到真正的无边界合作之中。

自 20 世纪初"科学管理"诞生以来，过程一直都是管理理论者和实践者讨论的重要话题，然而，职能结构和技能的专业化，使单位关注的是"我们的业绩"，管理者坚守的是"我们的职能"，员工注意的是"我的任务"。当质量运动将"过程"重新界定为重点时，为打破单位和部门职能壁垒的努力似乎从来没有中断过，如组织重组、结构重构、流程再造等。1988 年，美国通用电气公司总裁杰克·韦尔奇首次提出"无边界"的理念和开展"无边界组织"的实践，并取得了巨大成功。今天，国际市场一体化、国内市场国际化的趋势愈演愈烈，客观上推进了"无边界"经营的研究和实践，然而，航天发射实施"无边界合作"的原因却不限于全球化发展的客观要求。

航天工程进入到发射阶段呈现出"一切为了成功"的特点，然而，工程系统的复杂性决定了航天发射成功必须是所有参与各方共同成功，航天发射失败一定不存在某一参与方的成功。所以，航天发射组织管理必须坚持打破参与各方的边界，实现"无边界合作"。在航天发射中，"无边界合作"仅仅停留在理念和热情上是远远不够的，很多航天灾难都发生在组织界面之间就是很好的例证。"无边界合作"需要建立参与各方共同遵守的原则，如中国航天"有困难共同克服，有问题共同研究，有余量共同掌握，有风险共同承担"的协同原则；需要成立由参与各方共同参与的实施统一指挥的联合组织，如世界航天发射普遍采用的强矩阵组织结构；需要制定由参与各方共同执行的严格的协同工作计划、工艺流程、工作标准和接口规范等。总之，"无边界合作"的理念需要在参与各方共同支持下，以高度集中统一的联合组织指挥机构为基础，以"严肃认真"的态度，"严、慎、细、实"的作风和"万无一失"的准则为支撑，以"周到细致、稳妥可靠"的计划、方案、流程、程序、标准、规范为保证，通过"过程控制、节点把关、里程碑考核"的控制模式来落地生根。

1.2.4　以人为本

人才是航天发射事业得以快速发展的根本。以人为本的核心思想是认真贯彻落实党和国家的人才政策，培养和造就一支思想好、技术精、作风硬、能攻善战的航天发射人才队伍，鼓励他们的创新精神，激发人才队伍活力，创造人才脱颖而出的良好环境。

20世纪80年代中后期，出国热、经商潮和外企高薪挖墙脚的形势以及"搞导弹的不如卖茶叶蛋的"的舆论严重冲击着航天人才队伍的稳定，结果导致科研人员既搞"国品"又开发"商品"，一心二用；更有甚者，置正在试验的航天产品于不顾，中途辞职到外企打工，加之受历史影响，中国航天技术与管理队伍出现知识人才断层。上述人才问题严重影响了国家航天发射任务的顺利完成。

1991年12月28日，CZ-3运载火箭发射中星4号时因氢氧发动机二次点火失败，卫星没有进入预定轨道。1992年3月22日，CZ-2E发射澳星B1时火箭紧急关机。1994年11月30日，CZ-3A运载火箭发射中星5号卫星时因发动机泄漏导致推进剂提前耗尽，未能将卫星送入地球同步轨道。1995年1月26日，CZ-2E运载火箭发射亚太二号通信卫星，升空后不久卫星爆炸引起火箭爆炸。1996年2月15日，CZ-3B运载火箭搭载国际通信卫星708号首飞，火箭点火发射2 s后姿态失稳，22 s后星箭撞上一个山坡发生大爆炸，导致人员伤亡。1996年8月18日，CZ-3运载火箭发射中星7号，因火箭发动机第三级提前关机而宣告失败。可以讲，中国航天在20世纪90年代初中期陷入低谷，与当时专业技术领军人才、航天技术管理人员后继乏人、青黄不接有重大关系。2003年10月15日，中国第一艘载人飞船成功发射并安全返回地面后，钱学森高兴地说，"载人飞船试验的圆满成功，标志着我国第一代航天人与第二代航天人交接班平稳顺利完成。"

而今，中国航天迎来了快速发展的机遇期，2018、2019年连续两年发射次数居世界第一，2020年屈居第二，载人航天、北斗工程、嫦娥工程和火星探测的巨大成功更是彰显了中国向航天强国迈进的稳健步伐。中国航天 60 多年的辉煌历史，从经验和教训两个方面深刻印证了航天发射组织管理必须坚持以人为本。

1.2.5　学习、改进与创新

要利用技术和管理进步在航天发射领域获取国际和国内竞争优势，必须提高组织和个人的学习、改进与创新能力。

从 1957 年 10 月 4 日，苏联率先发射了人类第一颗人造地球卫星——Sputnik，到阿波罗飞船、航天飞机、国际空间站、太阳系无人探测器等壮举，以及通信、导航、气象、观测、勘探等航天器的广泛应用和空间机器人、群卫星、模块化分离卫星等新型航天器的探索与实践，60 多年来，航天领域技术和管理一直处于飞速发展期。上述情况，客观上要求从事航天发射的单位必须将学习、改进与创新作为指导单位建设和发展的根本原则之一，持续提升单位创新发展的能力，确保单位在航天发射领域的核心竞争力。

"学习"超越了教育培训，意味着通过评价、研究、体验和创新而获取新的知识和技能成为趋势。单位学习包括为寻求生存而进行的适应性学习和为拓展空间而进行的产出性学习，即提高创新能力的学习，并通过能够带来重大变化的机遇来驱动，通过研究、开发、评价和改进的循环，关键顾客和员工满意，最佳实践分享和标杆对比等方式来实现。"个人的学习"通过教育、培训和职业生涯的规划与发展来实现。

学习必须融于单位的文化中、根植于单位的运营中，在干中学、学中干、学以致用，使学习不仅带来更好的产品和服务，而且能提升单位反应、适应和创新的能力及效率，从而带给单位更强的实力、业绩和竞争优势，带给员工更高的满意度和追求卓越的动力。同时，单位应建立知识传承体制，使单位和个人的学习、改进和创新成果能够产生累积效应。

1.3　一体化管理知识体系

航天发射一体化管理知识体系包括输入输出、理论方法、工程实践、领导作用与运行模式四个方面，具体构成如图 1-1 所示。其中，理论方法包括基础理论、体系设计方法、流程设计与优化、质量保证方法、环境保护方法、安全保证方法和应急响应方法等，其中应急响应方法寓于质量、安全和环境工程方法之中；工程实践包括体系策划与设计实践、任务组织实施过程实践、任务支持保障过程实践和任务应急响应实践，其中任务应急响应实践寓于组织实施和任务支持保障过程实践之中等。

1.3.1　输入输出

输入主要包括：方针与发展规划，相关方要求或期望，内外部环境与当前状态，面临的风险和机遇。

输出主要包括：能力充分，发射成功，各方满意，管理处于期望的水平。

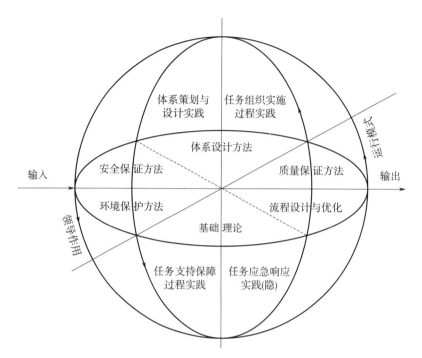

图 1-1　航天发射一体化管理知识体系构成示意图

1.3.2　理论方法

一体化管理理论是中国航天发射组织管理成果的系统化总结，是国内外相关理论方法在中国航天发射领域本地化实践的成果，是建立实施航天发射一体化管理体系必须具备的知识，内容包括：基础理论、体系设计方法、流程设计与优化、质量保证方法、安全保证方法、环境保护方法和应急响应方法。

（1）基础理论

主要包括航天发射系统工程中的系统设计、产品实现和技术管理；航天发射项目管理中的组织、范围和计划管理；质量工程中的 ISO 9001、环境工程中的 ISO 14001 和安全工程中的 ISO 45001 等管理体系标准的本地化。

（2）体系设计方法

主要包括过程方法，基本体系设计中的体系架构、输入输出、领导机构和 PDCA 环等，单一体系设计中的质量管理体系、安全管理体系、环境管理体系和应急响应体系设计，一体化管理体系设计中的扩充融合方法、体系融合模型和体系架构等，体系运行机制中的条件保证、动力保证和改进模式等。

（3）流程设计与优化

主要包括核心业务流程，单一流程设计中的技术工艺流程、质量保证流程、技术安全流程和工作计划流程的设计，一体化流程设计，一体化流程优化中的防止意外事件、控制流程偏移、统筹并行任务和融合多种措施等。

（4）质量保证方法

主要包括任务准备质量保证中的模型构建、任务策划、要素准备、重点工作和薄弱环节等，过程控制质量保证中的过程控制模式、过程控制策划、过程控制实施和过程控制改进等，技术操作质量保证中的质保内涵与方法、任务分析与设计、能力因素与评价、岗位培训与训练等，设施设备质量保证中的质保模式、非任务期与任务期的质保方法等，任务软件质量保证中的要求与方法、开发与维护、配置与使用、操作与运行等，航天产品质量保证中的产品测试、数据判读、问题归零和质量复查等。

（5）安全保证方法

主要包括风险管理基础中的事故致因理论和风险防控模型等，危险源辨识中的危险源分类、危险源辨识过程和方法、重大危险源等，风险评估中的风险分析、评价和输出等，风险防控中的策划、实施和监管等，事故调查处理中的应急响应与调查处理等。

（6）环境保护方法

主要包括环境管理基础中的环境概念、环境因素识别与评价、环境检测等，大气污染防治技术中的主要污染物及危害、废弃燃料和氧化剂处理等，水污染防治技术中的主要污染物及危害、推进剂废水和生活废水处理等，土壤污染防治技术中的主要污染物及危害、防治措施等，噪声与电磁辐射防治技术中的主要噪声和污染源、主要危害与防治措施等。

（7）应急响应方法

主要包括应急力量建设、指挥体系和指挥协同关系构建、应急处置原则确定、应急处置程序设计、应急准备和应急预案管理等内容。考虑到应急响应既是质量、安全、环境管理体系的内在要求，又体现出强烈的工程实践性，本书不再独立论述应急响应的理论方法。

1.3.3　工程实践

一体化管理实践是中国航天发射组织管理所获成果的结晶，是理论方法在具体业务活动中的应用典范，内容主要包括：体系策划与设计实践、任务组织实施过程实践和任务支持保障过程实践和应急响应实践等。

（1）体系策划与设计实践

主要包括本地化术语和缩略语，建设与规划实践中的需求分析、覆盖范围和建设路径，领导作用实践中的管理承诺、管理方针和职责权限，体系策划实践中的环境因素、风险机遇、目标实现，支持保障实践中的资源提供、知识信息、外包过程和其他，任务发射实践中的任务要求、任务策划、设计开发、任务实施和专题活动，评价与改进实践中的绩效评价与持续改进。

策划的输出通常是工作计划，设计的输出通常是产品和服务方案，策划多适用于管理类活动，设计习惯于技术类活动，二者在本教材中不进行严格区分。

（2）任务组织实施过程实践

主要包括组织指挥过程实践中的组织模式、机构设置和主要制度，测试发射过程实践中的任务准备、产品进场、转运与对接、产品装配测试、加注与发射、搜索救援与处置、任务收尾等，测量控制过程实践中的任务准备、信息通信保障、联调与联试、试验与演练、发射与收尾等，气象保障过程实践中的任务准备、常规和特殊保障、任务收尾等，质量风险计划实践中的通用性要求和职责与程序等。

（3）任务支持保障过程实践

主要包括任务保障机构建设，设施设备保障实践中的研制生产、使用维护、特种设备和退役报废等，特燃特气保障实践中的通用要求、供给与运输、转注与贮存、化验与加注等，发供电保障实践中的任务策划、安全作业和异常处置，运输保障中的铁路和公路运输，卫勤保障实践中的任务策划、常规保障、应急救援和医废处理等。

（4）任务应急响应实践

主要包括任务与可使用力量、指挥体系与处置原则、处置程序、指挥协同关系和准备与保障等方面的实践成果。考虑到应急响应实践成果被寓于体系策划与设计实践中的应急响应要求、任务组织实施和支持过程实践中的应急预案及其准备与执行之中，本书不再赘述这部分内容。

1.3.4　领导作用与运行模式

领导作用包括管理承诺、关注焦点、体系方针、机构设置、岗位职责和权限、资源提供等。领导作用是推动运行模式得以有效实施的根本动力，同时也是单位建立健全航天发射一体化管理知识体系的根本保证。领导作用强调航天发射一体化管理是最高管理者的工程，需要最高管理者亲抓亲为，应禁止授权管理者代表全权负责。

运行模式按照"年度工作谋划—具体工作谋划—具体工作过程实施与监察—具体工作或阶段工作总结—管理评审"的周期运行和持续改进；以年度 PDCA 环为大周期循环，以具体工作（通常表现为一次航天发射活动）或阶段工作 PDCA 环为小周期循环，大环对小环进行递归调用，直至年度内所有工作完成或时间耗尽，然后进入下一年度的循环。

1.4　一体化管理基础理论

航天发射一体化管理基础理论主要包括：系统工程、项目管理和标准本地化。

1.4.1　系统工程

系统工程是用于系统设计、实现和技术管理的方法论，是在确定的使用环境下和规划的寿命周期内达成利益相关者需求的技术途径，是组织进行技术决策时查看系统"全貌"的工具。

（1）系统工程引擎

基于系统工程方法，在系统总结中国航天发射工程实践成功模式的基础上，提出航天发射系统工程引擎模型，具体包括任务策划、任务实施和技术管理三类技术流程，其相互联系和数据流如图 1-2 所示。

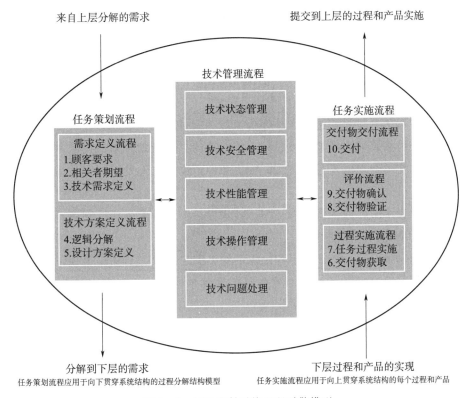

图 1-2　航天发射系统工程引擎模型

航天发射可分为任务准备、任务实施和任务总结三个阶段，任务准备阶段从发射时间计划确定到航天产品进场；任务实施阶段从航天产品进场到航天器入轨，必要时，包括航天器返回与回收；任务总结阶段从航天器入轨到技术总结和工作总结完成。

系统工程引擎的策划流程主要应用于任务准备阶段，通过自顶向底不断调用系统工程引擎，逐步完成各级各类技术方案和工作流程开发；实施流程主要应用于任务实施阶段，与策划流程方向相反，通过自底向顶不断调用系统工程引擎，逐步进行产品和服务集成，最终使可交付成果满足成功准则和各利益相关者期望；技术管理流程依附于策划和实施流程，贯穿于任务准备、任务实施和任务总结三个阶段，并伴随策划和实施流程完成相应的技术状态和技术操作控制、技术安全和技术性能保证、技术问题处置与归零等。

（2）任务策划流程

任务策划流程包括需求定义流程和技术方案定义流程，按以下四个步骤展开：

步骤一，明确关键和主要顾客要求、相关法律法规要求、利益相关者期望和任务环境。

步骤二，结合每次航天发射任务实施环境，将各类要求、期望转化为技术需求、标准和工作范围。

步骤三，使用项目过程分解结构（Process Break Structure，PBS）对任务实施过程进行逻辑分解，分解可自顶向底直至可实现或可控制的底层过程。

步骤四，依据过程分解结构，将航天发射任务圆满成功的标准、工作范围和技术标准转换成航天发射任务管理计划和各类技术方案、预案，并通过评审、验证和确认等活动确保任务管理计划和技术方案能达到预期目的。

上述四个步骤须反复迭代使用，最终获得满足要求的航天发射管理计划和技术方案。

（3）任务实施流程

任务实施流程包括过程实施流程、评价流程和交付流程，按以下五个步骤开展：

步骤一，交付物获取，即获取本过程实施所需的工作管理计划、技术方案和前一过程输出的结果等。交付物获取是过程实施的前提条件，也是航天发射工程从策划到实施的关键活动。

步骤二，过程实施，即依据工作计划、技术方案、放行或成功准则等，有效利用各种资源开展相关活动并获取预期结果。

步骤三，交付物验证，即证实过程输出的结果满足技术方案和相关规范的要求，目的是获得必要的证据以保证任务过程结构中从底层到顶层的过程结果或交付物都满足特定要求。

交付物验证的主要方式有分析、演示、检查和试验。分析是基于计算数据或项目过程结构中低层次目标交付物验证时获得的数据，应用数学模型与分析技术评估目标交付物的适用性；分析通常将建模和仿真作为工具，模型是客观对象的数学描述，仿真是对模型进行的运行操作。演示是证实目标交付物性能的基本方式，用来显示目标交付物的使用是否达到特定要求。检查是对目标交付物进行的表观检查，用来验证目标交付物的物理设计特性。试验用于获得目标交付物性能的详细数据，或为进一步分析提供必要的信息。

步骤四，交付物确认，即证实过程结果或交付物在其使用环境中能按照用户的期望或规定的标准工作。当条件允许时，交付物验证和确认可以同时进行。

步骤五，交付。交付流程是将经验证和确认后的交付物提交到任务过程结构较高层次或下一过程。主要活动包括准备交付场所和预交付物，交付物防护和交付实施。

当低层实施过程向高层实施过程或前一过程向后一过程交付时，交付输出包括经验证和确认后的目标交付物及其控制基线，反映目标交付物验证和确认已完成的证据。对于向最终用户交付时，交付输出除包括经验证和确认后的目标交付物及其控制基线、反映目标交付物验证和确认已完成的证据外，还应包括与交付物使用相关的文档。

（4）技术管理流程

技术管理流程用于建立和变更技术计划，控制技术方案实施，管理跨界面的技术交流，并根据计划和需求对过程结果进行评估。技术管理流程是任务指挥与技术开发团队之间的纽带，尽管不是每个技术团队的成员都直接参与技术管理流程，但他们都依赖于技术状态管理、技术安全管理、技术性能管理、技术操作管理和技术问题处理等流程来实现任务目标。没有这些相互关联的流程，单个成员和任务就不可能在资源、进度和费用约束下，有效集成到工程实施过程之中。

技术状态是指在航天发射技术文件中规定的并在航天发射任务实施中达到的物理特性和功能特性。技术状态管理涉及两个基本要素，即技术状态项目和技术状态基线，技术状态项目是描述航天产品和设施设备物理特性和功能特性的基本单元，技术状态基线是指已批准的并形成文件的技术描述。航天发射技术状态管理是一组工程实践，是应用技术和行政手段对航天发射实施过程中的技术状态项目的基线实施标识、控制、审核和纪实的活动，是严格执行技术文件规定并对技术状态更改进行严格审核和批准的过程。

技术安全管理是围绕提高和改进安全技术，综合应用各种安全措施，确保航天发射过程和活动安全所开展的一系列活动。管理的主要内容包括人员安全管理、航天产品安全管理、现场操作安全管理、测试与试验项目安全管理、预防措施和应急预案等。主要任务是分析各种事故原因、研究预防事故办法，通过改进设施设备、作业环境和操作方法，变危险作业为安全作业、笨重劳动为轻便劳动、手工操作为机械操作，达到航天发射过程和活动安全的目的。

技术性能管理是为保证发射任务实施过程中航天产品、系统间接口和发射场设施设备技术性能满足任务要求，依照任务纲要、总体技术方案、测试细则、接口控制文件和放行准则等技术文件要求所开展的一系列检查、测试、审核、判断等活动。管理的对象主要包括航天产品、测试发射和测控通信设施设备、系统间接口等。

技术操作是指在航天发射活动中，如航天产品运输、卸车、转载转运，航天产品装配、吊装、测试、加注，各系统内联调联试、系统间联调联试和应急演练等，一系列技术性较强的程序化的手工工艺活动。技术操作管理是针对航天发射技术操作活动要求和特点而实施的策划、实施、检查和改进的过程，包括正常和异常两种状态下的技术操作管理。

技术问题是指在航天发射任务实施过程中发生的如下不符合：

1）航天产品和设施设备所发生的功能丧失、性能下降、指标超差；

2）所使用的技术方法错误或不满足要求；

3）约束性文件不满足要求；

4）未落实约束性文件（如规范、规程、计划）的要求，包括未按任务文书的要求组织活动、操作设备、设置状态和报告记录等。

航天发射技术问题管理包括技术问题检查报告管理、技术问题处置管理和技术问题让步接收管理。对航天发射任务实施过程中发生的质量问题，需要按照"定位准确、机理清楚、问题复现、措施有效、举一反三"的标准进行归零。

航天发射系统工程理论声明系统工程引擎中的流程以反复迭代递归的方式应用，直至满意或满足要求。迭代是指应用于同一个任务过程，纠正发现的差异或其他需求偏差的过程。递归是指流程反复应用于任务周期下一阶段中系统结构的同一流程，以完善系统定义并满足阶段成功准则。

1.4.2 项目管理

航天发射项目管理包括策划管理、过程管理、组织管理、范围管理、资源管理、进度管理、质量管理、风险管理、技术管理、软件管理和综合管理等内容。

（1）策划管理

航天发射项目策划管理是在项目实施前，依据输入要求，建立项目目标、明确项目范围、谋划项目实施途径和控制措施的过程。内容包括项目实施条件、项目要求定义、项目任务分析和项目实施策划等方面的内容。

（2）过程管理

航天发射项目过程管理包括过程方法，项目准备、实施和总结过程的管理，过程实施控制常用工具方法等。

过程方法包括过程定义、过程结构分解、过程网络构建、PDCA 环的使用等。

项目准备、实施和总结过程的管理主要是针对航天发射要求和特点，给出一套较为成熟的管理模式和方法，用于指导项目管理者成立组织指挥机构，明确过程输入、输出、工作内容和标准，建立过程实施的程序和途径。

过程实施控制常用工具方法主要有测试发射工艺流程、协同指挥程序、测试细则与规程、放行准则和方案预案等。

（3）组织管理

航天发射项目组织管理包括项目组织设计、组织运行、组织案例等方面的内容。

组织设计是定义项目组织的基本职能，包括计划、配置、指挥、控制和指导等。

组织运行主要是明确项目决策层、执行层和作业层等各层级组织的人员配备，定义项目组织的工作流程和方法，指出项目组织的功能障碍及其应对措施，给出项目组织内部沟通的方法、工具，确定航天发射实现实时信息共享和调度指挥的具体措施。

组织案例是以航天发射项目实际运行的组织为背景，研究航天发射组织机构设置，阐述航天发射项目组织的典型工作制度。

（4）范围管理

航天发射项目范围管理是指为达成项目目标所必须完成的全部工作，通常分为产品范围和工作范围。产品范围包括相关方期望项目最终产品或服务所包含的功能和特征总和，通常表现为成功准则。工作范围指为交付满足成功准则要求的产品和服务所必须完成的全部工作总和。

航天发射项目范围管理主要内容包括项目范围计划编制、核实、变更控制、工作分解结构和范围计划实例等。

（5）资源管理

项目资源管理是对项目所需资源的数质量进行识别、确认和准备，并依据项目计划和实际进度对项目所需资源进行科学有效配置和使用的过程。航天发射项目资源管理包括人力、基础设施、环境和信息四个方面的管理。

人力资源管理是项目组织为保证项目有效实施而进行的岗位设置、人员培训和绩效激励的过程。

基础设施管理是为航天发射项目实施提供满足要求的基础设施的过程，包括装备采购、基建技改、设施设备维保检修与提供等。

环境管理包括对工作环境、自然环境、社会环境和任务氛围等方面的管理。

信息管理是指对数据信息和文件记录进行收集、传递、处理、使用和储存的过程。

（6）进度管理

航天发射项目进度管理是为确保项目能够在规定的时间内实现预期目标而对进度及日程安排所进行的管理过程。主要内容包括项目进度计划编制与执行、项目进度分析与控制等。

进度计划编制的主要工作是界定项目工作或活动、对项目工作或活动进行排序、对工作或活动开展所需资源和持续时间进行估计、对影响项目工作或活动的因素进行分析，然后，确定并编制相应的进度计划。

进度计划执行涉及资源供给、组织指挥和技术操作等。

进度分析与控制的主要任务是尽量减少不确定性因素和意外情况对项目实施的干扰，严格控制进度计划的变更，确保项目按计划完成。主要工作包括进度监测、进度分析、进度评价、进度纠偏和进度计划变更等。

（7）质量管理

航天发射项目质量管理是为策划、控制、保证和改进航天发射活动的质量，将航天发射质量管理技术与航天发射专业技术相结合而开展的系统性活动，目的是在航天发射项目实施过程中实现航天产品零疑点、设施设备零故障、技术操作零差错、任务软件零贻误等。

（8）风险管理

航天发射项目风险管理主要是进行风险识别、评估、策划和控制。

风险识别是从达成项目目的、保证目标实现的角度思考项目实施中可能存在的风险，从每项工作实施的环境和条件考虑可能发生的问题。

风险评估是针对存在的风险和可能发生的问题评价风险等级，确认现有风险控制措施的有效性，思考能够采取的措施和可供选择的方案，选择新的风险控制措施，直至风险消除或风险水平可接受。

风险策划是依据风险评估的结果，制定风险计划，完善方案和预案。

风险控制是落实风险计划，按方案、预案开展相关工作，并持续监测风险状态，及时处置各类异常情况，确保风险始终处于受控状态。

（9）技术管理

航天发射项目技术管理是指综合运用专业技术和项目管理手段与工具，针对航天产品发射场工作中的技术状态、技术安全、技术性能、技术操作和技术问题处理等所进行的系统性策划、实施、监测和控制的活动。航天产品发射场工作主要有装配、检查、测试、充填气液介质、注入发射参数等技术准备工作和转运、起竖对接、加注推进剂、瞄准、射前检查、点火发射等任务实施活动。

（10）软件管理

航天发射项目软件是指应用于航天发射任务中的计算机软件，包括程序及其文档。航天发射项目软件管理的主要内容涉及软件策划、开发、配置管理和使用管理等内容。

软件策划的主要任务是明确软件应承担的任务，通过软件安全性、关键性和规模等级的分析确定，选择软件生命周期模型，建立软件研发管理组织，策划项目文档编写要求，制定软件开发计划。

软件开发包括软件系统分析与设计、软件需求分析、软件概要设计、软件详细设计、软件编码和单元测试、软件部件测试、软件配置项测试、软件系统测试、软件验收与移交、软件维护、软件退役等过程。

软件配置管理是通过技术及行政手段对软件产品及其开发、维护、使用过程和生命周期进行控制、规范的一系列措施和过程。

软件使用管理主要包括软件技术状态控制和开发方现场提供技术支持服务两类活动。

（11）综合管理

航天发射项目综合管理又称集成管理，是从全局出发，整合航天员、航天器、有效载荷、运载器、发射场、测控通信、着陆场等系统，综合平衡质量、进度、风险和资源等要素间的关系，实施科学有效的决策、计划和控制，以实现航天发射圆满成功的系统性、全局性的管理工作，包括航天发射任务指挥决策、航天发射单项目综合管理和航天发射多项目并行管理等内容。

1.4.3　标准本地化

与航天发射一体化管理体系直接相关的标准主要包括：ISO 9001《质量管理体系要求》（GB/T 19001 与其等同），ISO 14001《环境管理体系要求及使用指南》（GB/T 24001 与其等同）和 ISO 45001《职业健康安全管理体系要求及使用指南》（GB/T 45001 与其等同）等。ISO 9001、ISO 14001 和 ISO 45001 三个管理体系标准均遵照 PDCA 循环原则、基于风险的思维以及不断提升和持续改进的管理思想；三者都运用了系统论、控制论和信息论的原理和方法，分目标相似，总目标一致。单位建立和实施满足上述标准的管理体系的最终目的是为了不断满足顾客、社会、员工和其他相关方需求和期望，提高单位综合管理能力，取得最佳的质量、环境和职业健康安全绩效。

综合分析质量、环境、职业健康安全三项管理体系最新标准后发现，它们在制定和修订过程中都不同程度地考虑到了多个管理体系整合的实际需要，为单位全面实施一体化管理体系预留了接口，也提供了良好的理论依据和铺垫。航天发射一体化管理体系建设的指导思想之一是以质量管理体系为主线，将环境管理体系和职业健康安全管理体系的要素有机融合到统一的管理体系之中，实现国际管理体系标准的本地化。

标准本地化指的是从满足航天发射质量、安全和环境要求出发，分析研究质量、安全和环境等管理体系国际标准要求与工程实际要求之间存在的差异，将标准要求逐条映射并落实到工程实践中，将工程实践中的实际做法逐项规范到标准的要求上，通过将标准要求与工程实践经验知识有机融合实现质量、安全和环境管理体系标准的本地化。概括地讲，质量、安全和环境管理体系国际标准的本地化工作主要包括概念术语、体系结构、工程要求、体系实施、监督审核和工具方法六个方面的本地化，如图 1-3 所示。

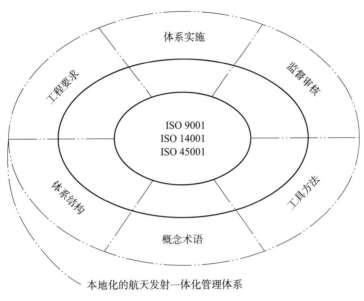

图 1-3　航天发射国际管理标准本地化示意图

（1）概念术语

标准本地化的首要工作是将单位内使用的习惯性、传统性和行业内的术语规范到标准用语上，同时将标准术语和理论知识赋予到单位或行业内的具体对象上。由于航天发射的特殊性，国际管理标准的某些核心词汇须赋予特殊的含义，如航天发射场与直接接受航天发射服务的单位之间并没有直接的经济来往，为此，术语"顾客"应根据需要在不同的场合使用试验队、产品部门、用户和外方等来替代。

（2）体系结构

航天发射活动基本上都是按照项目方式进行管理的，作为以运营为对象的管理体系标准作用在项目管理上必然存在诸多映射或对照的问题，为了使这种映射量或对照量减到最少，在航天发射领域一种将国际管理体系标准结构本地化的方法是：将航天发射任务准备、实施和总结过程（包括组织指挥、测试发射、测量控制、通信保障和气象保障等）定义为体系的运行过程，与国际管理标准的第 8 章要求相对应；将与航天发射非直接相关的设施设备、特燃特气、交通运输、发供电和卫勤等保障活动等作为支持过程，与国际管理标准的第 7 章要求相对应。

（3）工程要求

航天发射工程对质量管理的要求在很多方面要高于 ISO 9001 标准要求，甚至一些质量要求在 ISO 9001 中找不到相应的内容，如质量问题归零的"双五条"标准和"不带疑点上天"等。为此，当工程要求高于 ISO 9001 标准要求或超出 ISO 9001 标准的范围时，按照工程要求来落实，如测试覆盖性、技术状态更改五条标准等；当航天发射工程要求中没有或低于 ISO 9001 标准要求时，需要按照 ISO 9001 标准的要求建立和落实，如体系审核和评审等。

ISO 9001、ISO 45001 和 ISO 14001 均贯彻风险思维，均有对应急响应的要求，但航天发射安全的范畴要比上述三个标准的范围宽，而且有必要将航天发射应急响应、组织日常运行应急响应和特殊时期的应急响应等进行统一策划、设计和部署，因此，航天发射有必要建立统一的应急响应体系。

（4）体系实施

航天发射组织管理属典型的项目类管理，世界各国的航天发射组织管理几乎都采用项目管理或近似项目管理的模式。ISO 9001、ISO 45001 和 ISO 14001 等管理体系标准是为组织的日常运营管理提供指导的标准，在与航天发射项目类管理模式相结合时还需要创造性地应用。这种创造性主要体现在以组织环境、领导作用、策划、支持、运行、绩效评价和改进为核心过程的一体化管理体系，在航天发射任务实施过程中，需要针对每类甚至每次航天发射任务特点，建立与之相应的组织机构，使用与之相应的程序、工具和方法，将核心过程要求投放到具体的任务实施之中。

（5）监督审核

ISO 9001、ISO 45001 和 ISO 14001 管理标准要求单位必须进行管理体系的内部审核和管理评审，获证（一种资质认可）单位还要接受第三方每年一度的体系认证审核。组织在应用 ISO 9001、ISO 45001 和 ISO 14001 等标准对管理工作进行体系化时，需要将单位内的现有监督审核和标准要求的监督审核统一起来，将一体化管理体系要求与单位中的其他体系要求统一起来，以增强单位的管理效益。

航天发射一体化管理体系的跟踪审核可以与航天发射任务的状态确认、过程控制和阶段评审相结合；安全方面的体系审核可以与单位内的安全检查、隐患治理等活动相结合；一体化管理体系的绩效评价可以与航天发射任务总结、单位的半年和年度总结相结合；一体化管理体系的评审可以与单位的年终工作总结、年初的党委扩大会等工作相结合。

（6）工具方法

航天发射在工程实践中创造和总结了众多独具特色的工具方法，这些工具方法是确保任务过程受控、结果满意的根本，管理体系标准本地化时须充分继承。

ISO 9001、ISO 45001 和 ISO 14001 等管理体系标准是有关管理体系的通用要求，标准在应用过程中是开放的，一般不存在航天发射工具方法与其不能融合的问题，但存在航天发射单位使用何种工具方法来满足 ISO 9001、ISO 45001 和 ISO 14001 标准要求的问题。如标准对不符合和纠正措施的要求，需要单位结合航天发射工程实际，将标准要求具体化和例化，而不是机械地逐条套用标准要求。如标准对监视、测量、分析和绩效评价方法的要求，需要根据航天发射工程特点，通过试验、测试、联调联试、总检查、星箭联合检查、人船箭地联合检查等方式方法来满足。

参 考 文 献

［1］ 陆晋荣，董学军．航天发射质量工程［M］．北京：国防工业出版社，2015．

［2］ 董学军，等．民商航天发射探索与实践［M］．北京：中国宇航出版社，2018．

［3］ Project Management Institut．项目管理知识体系指南（PMBOK 指南）［M］．北京：电子工业出版社，2015．

［4］ 哈罗德·科兹纳．项目管理［M］．11 版．杨爱华，王丽珍，等，译．北京：电子工业出版社，2015．

［5］ 中国优选法统筹法与经济数学研究会项目管理研究委员会．中国现代项目管理发展报告（2016）［M］．北京：中国电力出版社，2017．

［6］ NASA 系统工程手册［M］．朱一凡，等，译．北京：电子工业出版社，2012．

［7］ 栾恩杰．航天系统工程运行［M］．北京：中国宇航出版社，2010．

［8］ 张浩．管理科学研究模型与方法［M］．北京：清华大学出版社，2016．

［9］ 中国航天科技集团公司．产品保证［M］．北京：中国宇航出版社，2017．

［10］ 罗云．风险分析与安全评估［M］．3 版．北京：化学工业出版社，2015．

［11］ 刘纪原．中国航天事业发展的哲学思想［M］．北京：北京大学出版社，2013．

［12］《中国航天事业发展的哲学思想》编委会．中国航天事业发展的哲学思想［M］．2 版．北京：北京大学出版社，2016．

［13］ 肯·G·史密斯．管理学中的伟大思想［M］．徐飞，路琳，等，译．北京：北京大学出版社，2016．

［14］ 张浩．管理科学研究模型与方法［M］．北京：清华大学出版社，2016．

［15］ 中国质量协会，卓越国际质量科学研究院．卓越绩效评价准则实务［M］．2 版．北京：中国标准出版社，2012．

［16］ Mark Frence．Aerospace Applications［M］．Springer International Publishing，2018．

［17］ 王安生．软件工程化［M］．北京：清华大学出版社，2014．

［18］ 李学仁．军用软件质量管理学［M］．北京：国防工业出版社，2012．

［19］ 闻新，成奕东，秦钰琦，等．航空航天知识与技术［M］．北京：国防工业出版社，2015．

［20］ 于志坚，李浪元，张科昌．航天发射场质量安全环境一体化管理体系建立与实施［M］．北京：中国宇航出版社，2020．

［21］ 陈志田．一体化管理体系审核［M］．北京：中国计量出版社，2006．

［22］ 余后满．航天产品保证［M］．北京：北京理工大学出版社，2018．

［23］ 张洪太，余后满．航天器项目管理［M］．北京：北京理工大学出版社，2018．

第 2 章
航天发射一体化管理体系设计

航天发射一体化管理体系设计是实施一体化管理的基础。本章应用过程方法，讨论航天发射基本管理体系架构设计；论述质量、安全、环境和应急响应等单个体系架构设计，讨论使用扩充整合、融合模型等方法设计一体化管理体系架构的问题；最后，从条件保证、动力保证和改进模式三个方面阐述一体化管理体系的运行机制。

2.1　过程方法

按照 ISO 9000 给出的定义，组织（本书中使用"单位"一词）是指"为实现目标，由职责、权限和相互关系构成自身功能的一个人或一组人"；管理体系是指"组织建立方针和目标以及实现这些目标的过程的相互关联或相互作用的一组要素"。为便于理解，本书基于航天发射领域，将管理体系定义为：由一组以航天发射成功为目的的相互关联或（和）相互作用的过程（要素）所构成的系统。

（1）过程定义

按照 ISO 9000 给出的定义，过程是指"利用输入实现预期结果的相互关联或相互影响的一组活动"。本书中不严格区分活动和过程概念。

输入是一个过程得以实施的前提条件，包括要求和资源等。

过程的"预期结果"即为输出，如果将"预期结果"使用可测量的指标来表示，则该指标被称为关键绩效指标（Key Performance Indicators，KPI）。

相互关联又称为"活动顺序"，反映过程中各活动"谁在前、谁在后"。

相互作用又称为"活动约束"，反映过程中各活动"谁约束谁、谁被谁约束"。

活动指"项目中识别出的最小工作项"，活动应按照业务流程一步一步地予以实施，而不是跳跃式的、杂乱无章的工作项集合。过程中的活动有时又称为"子过程"，也具有相互关联或相互作用的特点。通俗地讲：大活动可以看作过程，小过程可以看作活动。

（2）PDCA 循环

PDCA 循环是威廉·爱德华兹·戴明（William Edwards Deming）最早提出的。他指出，任何一项工作都应该按照策划（Plan）、实施（Do）、检查（Check）和改进（Act）的方式，以周而复始、大环带小环和阶梯式上升的方法进行，因此，PDCA 又称为戴明环。

基于航天发射领域，PDCA 循环可以简要描述如下：

策划。工作和业务活动开展前应进行系统完整的策划，包括：

——梳理相关方要求和期望，确定相应的法规标准和行业规范惯例等，建立过程的预期结果；

——借鉴最佳实践模式，利用现有知识和技能，研究确定实现预期结果所需的资源和程序，明确责任单位或个人；

——识别并制定应对风险的措施。

实施。执行所做的策划，落实相应的控制措施；因约束条件变化或其他原因而需要变更方案、预案和计划时，须确认变更带来的不利影响及其应对措施，并按照权限对变更进行审批。

检查。按照策划的安排对工作或活动进行监视测量，并报告监视测量的结果。

改进。依据监视测量的结果，发现偏差或非预期的不利影响时，及时进行纠正，必要时采取纠正措施。发现质量问题时，按归零程序进行问题归零。

（3）基于风险的思维

由于认知的局限性，在策划和实施过程时可能会遇到不确定性和不稳定性的影响，即为风险和机遇。不确定性是指对预期事件结果或其发生的可能性等缺乏理解或认知；影响是指偏离预期，可能是正面的也可能是负面的，正面的即为机遇，负面的即为风险。

通常，风险是以事件后果及其可能性的组合来表达的。基于风险的思维方法，要求单位建立、实施、保持和改进管理体系时，需要定性或定量地考虑面临的风险和机遇，包括分析识别、正确评价和有效应对，以提高管理体系的有效性，获得期望的改进的结果，最大限度地防止和减小不利影响、利用出现的机遇。为此，过程策划时应识别评价存在的风险，制定控制措施和应急预案；过程实施时应落实控制措施，跟踪监控风险，及时纠正不符合并采取针对不符合性质和影响的纠正措施（包括质量问题归零）。

（4）体系及其过程

策划设计管理体系时应确定体系所需的过程、过程间关系和过程在航天发射工程中的应用，这包括：

1）确定这些过程所需的输入和期望的输出；

2）确定这些过程的顺序和相互作用；

3）确定和应用所需的放行准则和监视测量方法，确保这些过程有效运行并处于可控状态；

4）确定这些过程所需资源并确保其可获得；

5）分配这些过程的职责和权限；

6）确定面临的风险机遇和应对风险机遇的措施；

7）评价这些过程，实施所需的变更，以确保过程输出是预期结果；

8）改进过程和管理体系。

2.2 基本管理体系

2.2.1 体系架构

建立航天发射质量、安全、环境、应急响应等管理体系的根本目的在于对航天发射任务实施过程中的质量、安全、环境和应急响应等因素实施有效控制，使航天发射任务过程和结果满足任务相关方的期望和要求。无论是从简化工作流程、提高资源利用率和降低管理成本来讲，还是从保证工作效果、达成预期目的来讲，都有必要将上述多个管理体系融合成一个管理体系，即一体化管理体系。将多个管理体系及其过程和要素融合为一个整体，需要一个通用架构，这个通用架构我们称之为基本体系架构。

航天发射组织实施的活动通常会同时产生期望的和非期望的两种结果。为获得期望的结果，建立质量管理体系；为有效控制非期望的结果，建立安全、环境和应急响应管理体系。在工程实践中，航天发射质量、安全、环境和应急响应管理体系通常都具有相似的组织结构和运行机制，并且航天发射组织实施的多数活动需要同时实施质量、安全、环境和应急响应管理，这为质量、安全、环境和应急管理体系采用相似架构提供了可能，也为多体系融合集成提供了方便。

为保持质量、安全、环境和应急响应管理体系的一致性和便于上述多体系集成为一体化管理体系，在系统研究我国航天发射核心业务过程和综合分析我国航天发射组织管理经验的基础上，使用系统工程构件，借鉴 ISO/IEC 导则第一部分附件 SL 中的高阶结构，应用 PDCA 过程方法，我们开发设计了航天发射管理体系基本体系架构，简要示意如图 2 -1 所示。

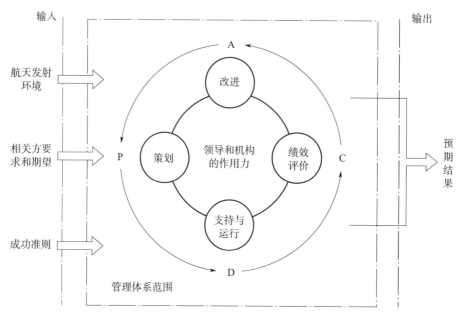

图 2 - 1 基本体系架构示意图

2.2.2 输入输出

（1）输入

航天发射管理体系（不区分类型）必须基于特定环境才能存在，需要获取有关要求的信息才能建立、运行和发展，需要遵守当地的法律法规才能被允许或不被取缔，并且受航天发射成功准则的约束，因此，运行环境、相关方要求和期望、法律法规、成功准则等要素构成了管理体系的输入。

运行环境是航天发射实施时的环境，包括自然环境，如地理、气象、生态等；社会环境，如人文、法制、竞争等；单位或工程内环境，如战略、技术、基础设施等。

相关方的范围根据管理体系的目的和类型而定，如质量管理体系相关方主要是航天发射项目发起人、参与航天发射的各单位等；安全管理体系的相关方主要是航天发射活动区域内的工作人员和各类访客；环境管理体系的相关方是受航天发射活动导致的环境变化影响的人们，主要是当地居民。

成功准则是由航天发射各参与方（主要是工程主导方和用户）共同达成的确定该次航天发射是成功、基本成功和失败的判据。

（2）输出

航天发射管理体系存在的价值在于满足相关方的要求和期望，不同管理体系因其目的不同，其期望的输出也会不同。质量管理体系的期望输出是航天发射成功。安全管理体系的期望输出是人员、航天产品、设施设备和信息等处于安全状态。环境管理体系的期望输出是所有环境因素处于预期状态（包括满足环境法律法规要求）。

综合起来看，无论哪类航天发射管理体系，建立和运行（包括实施、保持和改进）的目的都是为了实现预期的结果，其输出都应该是管理体系的预期结果。

2.2.3　领导机构

领导和机构是管理体系建立和运行的先决条件，与管理体系所有职能和活动直接相关。

领导为管理体系建立与运行提供动力，其作用主要体现在：

1）主持管理体系的建立，推动管理体系的有效运行；

2）向社会或有关机构做出遵守法律、满足标准要求的承诺；向相关方承诺满足其要求和期望；

3）在单位内建立方针和目标，以及实现方针和目标的规划；

4）成立机构、建立章程、任命人员，明确职责、权限；

5）主持建立单位内外协同沟通的渠道、方式；

6）为体系建立和运行提供资源；

7）主持处置章程外的人事。

机构为管理体系建立与运行提供依托，其作用主要体现在按照职责分工策划并完成规定的任务或工作。

2.2.4　PDCA 环

（1）策划

凡事"预则立、不预则废"。航天发射管理体系的建立、实施、保持和持续改进必须进行事前策划。策划是针对管理体系目的和过程、产品、服务的特点与要求，建立目标并规划目标实现途径的活动。

对于不同的管理体系，策划的重点会有所不同。如质量管理体系是围绕着如何确保航天发射圆满成功，策划确定所需过程及其输入到输出的路径、需要应对的风险及其管控措施等；环境管理体系是围绕着如何确保航天发射中的重要环境因素满足法律法规和相关方的要求，策划确定管控重要环境因素所需过程以及保证过程有效的措施等。无论哪类管理体系策划，其策划的内容都可概括为：

1）确定管理体系的范围；

2）确定管理体系的预期结果；

3）确定管理体系达成预期结果所需的过程；

4）设计过程实现预期结果的途径；

5）策划保证过程实现预期结果的资源和措施；

6）策划异常或紧急情况下的应急预案；

7）确定变更标识、审核、控制和纪实。

（2）支持与运行

"工欲善其事，必先利其器"。航天发射管理体系的建立、实施、保持和持续改进必须由相应的机构、资源和流程做支持。尽管每类管理体系所需的支持过程或要素有很大的不同，但它们拥有共同的要素描述，即资源、能力、意识、针对性的内外部沟通和文件化的信息等。

运行是按照策划的安排开展各项工作、落实相关措施的过程。不同管理体系的运行过程差异很大，但它们均涉及正常和异常两类情况下的控制要求；同时，单位应营造浓厚的文化氛围，使全体人员深刻理解管理体系所涉及的方针、目标、价值观和基本理念，不断增强人员的相关意识，提高落实体系要求的自觉性；而且应紧紧围绕体系运行的充分性、适宜性和有效性，自我发现问题，自我解决问题，自我改进提高，持续改进体系效益。

（3）绩效评价

绩效评价是通过对航天发射所处环境、任务实施过程和结果、管理体系运行绩效等方面的监视、测量、分析与评价，查找存在不足，识别改进机会。相关的活动包括：

1）确定监视、测量、分析和评估的对象、方式及时间，并按要求开展相关活动，评价管理体系的绩效和有效性；

2）按策划的时间间隔对管理体系进行内部审核，评价管理体系是否符合规定的标准或准则，并得到有效实施和保持；

3）按策划的时间间隔对管理体系进行评审，评价管理体系的充分性、适宜性和有效性。

"适宜性"指管理体系是否适合于单位内外部环境和业务系统；"充分性"指管理体系是否符合规定的标准或准则，并得到恰当的实施；"有效性"指管理体系是否正在实现期望的结果。

（4）改进

在快速发展的航天发射领域，业务活动及其结果并不总是按照策划的安排进行，会存在这样或那样不符合要求的情况，出现这样或那样不期望的结果，需要因时因地因事制宜，及时归零质量问题、整治安全隐患、处置环境污染、纠正不符合项并根据情况制定落实纠正措施，防止不利事件和事故再次发生。

航天发射责任单位应充分利用过程分析评价的结果和管理体系审核评审的输出，通过创新应用先进技术、开发引进现代管理模式、采取预防和纠正措施等活动，持续改进体系、过程、产品和核心业务绩效。

2.3　单一管理体系

2.3.1　质量管理体系

质量管理源于顾客要求或期望,质量管理体系的设计和建立应围绕确保产品和服务的质量而展开。现代质量强调大质量观,即质量管理不仅仅局限于使产品和服务得以实现的研发部门、生产部门、质量部门和销售部门,而是包括单位内的所有部门、所有人员以及外包过程等,需要在业务流程上持续优化,在经济效益、员工成长、可持续发展、社会责任等方面进行权衡,以保证单位有效履行职责使命。

我国航天发射采用项目管理的方式,相应的组织机构设置多为矩阵式架构。因此,质量管理体系架构设计应按照组织现有核心业务进行识别和确认,应用系统工程原理进行优化完善,而不是按照 ISO 9001 标准给出的章节和条款确定质量管理体系过程。当然,为了使航天发射质量管理体系能顺利通过 ISO 9001 标准的第三方认证,需要对照 ISO 9001标准,将 ISO 9001 标准的所有条款要求映射或落实到相应的业务过程之中。

在研究设计航天发射质量管理体系架构时,需要秉承大质量观,将航天发射所有参与单位和职能部门纳入体系范畴,确保其:

1) 坚持一体化管理五项原则;

2) 保持航天发射核心业务过程的成熟做法,包括组织指挥、测试发射、测控通信和勤务保障等;

3) 使用基本管理体系架构;

4) 满足 ISO 9001 标准要求（便于第三方认证）。

由此设计开发的航天发射质量管理体系架构见表 2 - 1。

表 2 - 1　航天发射质量管理体系架构示意

编号	基本体系结构	质量管理体系过程	说明
Q01	输入	质量环境分析与确认	分析确认影响航天发射任务组织实施的自然、社会、行业和国际等环境
Q02		相关方对任务质量的要求和期望	分析确认与航天发射成功有关的单位以及他们对质量的主要要求和期望
Q03		航天发射成功判据	包含于航天发射任务大纲中,并由直接参与航天发射的各方补充完善
Q04	输出	体系有效运行的结果	航天发射成功; 主要相关方满意

续表

编号	基本体系结构	质量管理体系过程	说明
Q05	领导机构	质量方针	建立质量方针,确定质量建设发展规划
Q06		领导承诺	确保航天发射成功,确保将质量管理体系要求融入航天发射过程
Q07		机构、岗位、职责、权限	建立机构,明确职责,制定章程
Q08	策划	质量管理体系策划	建立并实施确保航天发射达成预期目的的过程及过程间关系
Q09		质量风险应对	分析评价质量风险,制定应对措施
Q10		质量目标及其实现	制定质量目标,确定实现目标的方案
Q11	直接支持	训练考核确认	建立并落实每个过程的程序; 对参加航天发射的基础设施设备进行检修检测和检查维护; 确定过程关键绩效指标,开展关键绩效指标的监视测量和控制
Q12		设施设备保障	
Q13		特燃特气保障	
Q14		交通运输保障	
Q15		医疗卫生保障	
Q16		发供电保障	
Q17		安全保卫工作	
Q18	间接支持	公共环境管理	确定过程关键绩效指标,开展关键绩效指标的监视测量和控制
Q19		常规信息保障	
Q20		成文信息管理	
Q21		保密工作	
Q22		秩序管理	
Q23	实施	重大专项航天发射组织指挥	建立任务机构、确定工作章程; 建立并落实每个过程的程序; 设计开发各类技术方案; 建立并落实质量问题归零、质量评审与放行、技术状态管理的程序; 编制并落实质量计划; 为各项工作和活动建立规范和标准; 按要求开展技安检查、数据判读; 建立并落实现场管理规范; 开展任务计算机软件工程化管理; 保留关键过程具有可追溯性的成文信息; 保留结果满足要求的证据
Q24		常规液体火箭发射组织指挥	
Q25		固体火箭发射组织指挥	
Q26		亚轨道航天试验组织指挥	
Q27		航天任务外事工作过程	
Q28		航天任务测试发射过程	
Q29		亚轨道航天试验测试发射过程	
Q30		航天任务测量控制过程	
Q31		亚轨道航天试验测量控制过程	
Q32		航天任务信息通信过程	
Q33		航天任务搜索救援过程	
Q34		航天任务气象保障过程	
Q35		航天任务政治工作	建立并落实航天任务政治工作程序
Q36		航天任务保障工作	建立并落实航天任务保障工作程序

续表

编号	基本体系结构	质量管理体系过程	说明
Q37	绩效评价	监视、测量、分析和评价	针对每个过程建立监视、测量、分析和评价对象、内容、时机和方法,并将其融入每个过程的程序中
Q38		顾客满意度	调查顾客(主要相关方)满意度情况,解决顾客投诉等问题
Q39		内部审核	培训审核员,建立并落实内部审核方案
Q40		管理评审	组织过程能力评估,开展管理体系评价,研究确定体系改进的内容和方案
Q41		外部审核	按要求接受第三方的认证监督审核
Q42	改进	不符合处置	及时处置发现的不符合,必要时采取纠正措施
Q43		持续改进	利用绩效评价的结果,持续改进体系和过程,提高顾客(主要相关方)满意度

表 2-1 基于航天发射基本管理体系架构设计了质量管理体系所需过程,表中提出的过程及其名称、提供的过程说明等信息都不是唯一和一成不变的,每个建立并实施质量管理体系的航天发射责任单位都可根据核心业务、传统习惯和发展需要对其进行修正甚至颠覆性更改。

为便于组织内部沟通,确保每个过程按照策划的安排得到持续稳定的实施,有必要针对每个过程建立相应的成文信息。质量管理体系成文信息的管理方法众多,为保证成文信息层次清楚、脉络清晰,习惯上将成文信息分成质量手册、程序文件、作业文件和记录。质量手册用于从顶层规范质量管理体系范围、构成、内外关系和运行机制等。程序文件通常针对某一过程及其特点要求,使用 PDCA 循环,规范参与各方的职责、活动及其顺序、评价和改进方法等,指导过程所有参与方协同完成任务,确保过程输出达到预期效果;作业文件通常针对某一具体活动或工作项目,从人、机、料、法、环、测的角度,规范作业条件、内容、方法和标准,用以指导操作人员完成具体工作和活动。记录是提供活动得到有效实施并达到预期效果的证据,同时,也是保证过程和活动具有可追溯性的有效工具。

为了保证体系文件的有效性、规范性和权威性,应尽可能将质量管理体系文件定义为单位标准,并按照标准化(包括标准的创建、修改和作废)的要求进行管理。

2.3.2　安全管理体系

现代安全管理强调大安全观,关注所有给人造成不安全感的因素。航天发射在构建安全管理体系时应使用大安全观,即安全管理体系的范围不仅包括单位控制下人员职业健康安全,也包含单位控制下和单位能够影响的所有资源和任务的安全。航天发射安全管理体系是将工程安全、社会安全以及可能面对的和能够支援帮助的自然安全融为一体的安全管理,这样的安全管理不仅要解决人员职业健康安全问题,还要解决航天发射生存和发展的安全问题，同时又要体现单位对社会和环境安全负责任的形象。

研究设计航天发射安全管理体系，必须从危险源辨识、风险评价着手，通过制定风险控制措施、策划应急响应预案来完善安全管理，并最终通过将风险控制措施和应急响应预案落实到单位业务活动和秩序管理之中，达到人员、资源、任务和社会、自然环境等诸多方面均处于安全状态的目的。

从航天发射的角度看，所有事故一定是在业务活动和秩序管理中发生的，不存在为安全而安全的业务活动。因此，所有安全管理过程和措施都依附于业务活动和秩序管理，且融入到业务活动和秩序管理之中才有价值，从这层意义上讲，不存在独立的安全管理过程。因此，安全管理体系架构设计的本质是在所有业务活动中置入安全管理的内容。

在研究设计航天发射安全管理体系架构时，应秉承大安全观，将航天发射所有参与单位和职能部门、所有受航天发射安全影响的人员均纳入安全管理体系的范畴，并确保其：

1）坚持一体化管理五项原则；

2）将安全管理要求融入航天发射核心业务过程，包括组织指挥、测试发射、测控通信和勤务保障等；

3）使用基本管理体系架构；

4）满足 ISO 45001 标准要求（便于第三方认证）。

由此设计开发的航天发射安全管理体系架构见表 2-2。

表 2-2　航天发射安全管理体系架构示意

序号	基本体系结构	安全管理体系过程	说明
S01	输入	航天发射安全环境分析与确认	分析确认影响航天发射任务安全的自然、社会和行业等方面的环境
S02		航天发射相关方对安全的要求和期望	分析确认与航天发射安全有关的单位和人员以及他们对安全的主要要求和期望
S03		安全法律法规	分析确认航天发射安全（包括人员职业健康）方面的法律法规要求
S04		航天发射成功判据	包含于航天发射任务大纲中，并由直接参与航天发射的各方补充完善
S05	输出	体系有效运行的结果	参与航天发射的单位人员、设施设备、信息和其他有价值的财物处于安全状态
S06	领导机构	安全方针	建立安全方针，确定安全建设发展规划
S07		领导承诺	确保航天发射安全，确保将安全管理体系要求融入航天发射过程
S08		机构、岗位、职责、权限	建立机构，明确职责，制定章程

续表

序号	基本体系结构	安全管理体系过程	说明
S09	策划	安全管理体系策划	建立并实施确保航天发射安全的过程及过程间关系
S10		危险源辨识、风险评价	建立并落实危险源辨识和风险评价程序
S11		风险应对	分析风险，制定应对风险的措施
S12		安全目标及其实现	制定安全管理目标，确定实现目标的方案
S13～S19	直接支持	同表 2-1 中 Q11～Q36	确定并落实安全类法律法规和其他要求； 开展危险源辨识、风险评价，制定并落实应对风险的措施； 确定并落实安全工作项目标准，组织安全隐患排查； 必要时，制定应急预案，开展应急预案演练，组织应急预案评审； 保持符合要求的证据
S20～S24	间接支持		
S25～S38	实施		
S39～S43	绩效评价	监视、测量、分析、评价	与表 2-1 中的 Q37 相似，不再赘述
		合规性评价	评价单位满足相关安全法律法规和其他要求的情况
		内部审核	同表 2-1 中的 Q39～Q42 的表述
		管理评审	
		外部审核	
S43	改进	不符合处置	
S44		持续改进	利用绩效评价的结果，持续改进体系和过程，提高其绩效

表 2-2 是基于航天发射基本管理体系架构而设计的安全管理体系过程，上述设计在全面梳理航天发射业务活动和秩序管理中的主要危险源及其风险的基础上，继承了航天发射安全管理成熟做法，将现代风险管理理念和成熟方法融入到安全管理体系中，提出与现有航天发射组织管理方法相一致的安全管理体系架构。表中提出的过程及其名称、提供的过程说明等信息都不是唯一和一成不变的，每个建立并实施安全管理体系的航天发射责任单位都可根据核心业务、传统习惯和发展需要对其进行修正甚至颠覆性更改。

2.3.3　环境管理体系

环境管理的对象是重要环境因素，环境管理的底线是确保组织有效履行合规义务。合规义务包括与组织环境因素相关的必须遵守的法律法规要求、迫于内外部压力而不得不遵守的要求和为了更好地生存发展而自愿遵守的要求和做出的承诺等。

航天发射环境管理需要从环境因素识别、重要环境因素评价着手，找出与环境因素有关的合规义务，评价组织在环境因素方面的现状，进而制定并落实确保合规义务合规的具体措施。建立并有效运行环境管理体系，是确保上述工作持续有效、合规义务持续合规的最有效方式之一。

　　我国航天发射多远离人口密集区，在节能环保方面面临诸多现实问题，如医疗危废处理缺乏社会依托、垃圾分类处理缺少基础设施等，在建立环境管理体系时，应充分利用现有条件，因地制宜、创造性地做好节能环保和改善生态环境的工作，将 ISO 14001 的标准要求逐条本地化。

　　无论是节能环保还是生态环境改善，虽与单位的核心业务存在因果关系，但并不全是依附关系。环境管理体系需要所有核心业务过程均要识别环境因素，确认环境因素合规状态，评定重要环境因素，制定环境因素管控办法。当核心业务过程不能对重要环境因素进行有效管控时，环境管理体系还必须针对特定环境因素建立独立的管控过程，以确保该环境因素合规。从这层意义上讲，环境管理体系甚至可以独立存在。

　　在研究设计航天发射环境管理体系架构时，我们秉承可持续发展理念，运用生命周期观点，全面梳理航天发射的主要环境因素，继承航天发射"节能环保、改善生态"的成熟做法，引入 ISO 14000 系列标准中最新管理工具，以实现航天发射有效履行合规义务、提升环境绩效和实现环境目标为目的，提出与现有航天发射组织管理方式相一致的环境管理体系架构，见表 2 - 3。

表 2 - 3　航天发射环境管理体系架构示意

序号	基本体系结构	环境管理体系过程	说明
E01	输入	航天发射对环境的影响	分析确认航天发射对当地自然生态环境的影响，必要时，包括对航落区自然生态环境和太空环境的影响
E02		相关方要求和期望	分析确认受航天发射环境影响的单位和人员以及他们对环境的主要要求和期望
E03		环境法律法规	分析确认与航天发射环境相关的法律法规要求
E04		航天发射成功判据	包含于航天发射任务大纲中，并由直接参与航天发射的各方补充完善
E05	输出	体系有效运行的结果	满足合规义务的要求，且将航天发射对自然生态和太空环境的不利影响降到可接受水平
E06	领导机构	环境方针	建立环境方针，确定环境建设发展规划
E07		领导承诺	确保航天发射环境影响合规，确保将环境管理体系要求融入航天发射过程
E08		机构、岗位、职责、权限	建立机构，明确职责，制定章程
E09	策划	环境管理体系策划	建立并实施确保航天发射环境影响合规且能实现环境目标的过程及过程间关系
E10		环境因素识别、重要环境因素评价	建立并落实环境因素识别、重要环境因素评价程序
E11		风险应对	分析环境风险，制定应对环境风险的措施
E12		环境目标及其实现	制定环境管理目标，确定实现目标的方案

续表

序号	基本体系结构	环境管理体系过程	说明
E13~E18	直接支持	同表 2-1 Q11~Q22	确定并落实在环境保护与治理方面的合规义务； 开展环境因素辨识、重要环境因素评价，制定并落实环境管理措施； 确定落实环境控制的标准； 辨识并评价环境管理中的风险，制定并落实风险应对措施，包括异常情况下的应急预案； 保持符合要求的证据
E19~E24	间接支持		
E25	专项支持（环境）	医疗废物处理过程	
E26		生活污水排放处理过程	
E27		废气排放处理过程	
E28		固体废物处理过程	
E29		噪声防控过程	
E30		生活水暖电使用过程	
E31~E44	实施	同表 2-1 中 Q23~Q36	
E45	绩效评价	监视、测量、分析、评价	与表 2-1 中的 Q37 相似，不再赘述
E46		合规性评价	评价单位满足相关环境法律法规和其他要求的情况
E47		内部审核	同表 2-1 中的 Q39~Q42 的表述
E48		管理评审	
E49		外部审核	
E50	改进	不符合处置	
E51		持续改进	利用绩效评价的结果，持续改进体系和过程，提高其绩效

表 2-3 是基于航天发射基本管理体系架构设计的环境管理体系过程，上述设计在全面梳理航天发射业务活动和秩序管理中的主要环境因素及其影响的基础上，继承了航天发射环境管理的好的做法，包括公共环境、医疗废物、生活污水、废液废气、固体废物、噪声防控和生活水暖电等方面的管理，并将现代环境管理理念和成熟方法融入到环境管理体系中，提出与现有航天发射组织管理方法相一致的环境管理体系架构。表中提出的过程及其名称、提供的过程说明等信息都不是唯一和一成不变的，每个建立并实施环境管理体系的航天发射责任单位都可根据核心业务、传统习惯和发展需要对其进行修正甚至颠覆性更改。

2.3.4 应急响应体系

航天发射质量、安全和环境管理体系都是基于风险的思维建立与运行的，上述每个体系均要求对可能的风险进行评价，必要时建立相适应的应急预案、落实应急准备要求、开展应急演练等。而应急响应体系除上述内容外，还包括针对自然灾害、事故灾难、公共卫生事件和社会安全事件而构建的应急机构、力量、程序和各类预案等。

应急响应管理过程循环虽仍遵循 PDCA 的原则，但由于某些突发事件具有不可预见性

（如 2020 年爆发的新冠肺炎），突发事件处置中的检查环节具有特殊性，突发事件处置完毕后的跟踪监控具有逆向追查性等，使应急响应管理过程需要在 PDCA 方法的基础上进行适当的改进，将 PDCA 变为 PDCERF 六步法，即：

准备 P（preparation）：成立组织指挥机构，制定适当的策略和程序，编制应急响应预案，准备必要的资源，组建应急响应力量。

检测 D（detection）：适时或周期性获得相关数据信息，估计事件范围、发展趋势和可能的后果，做出进一步响应的计划，并保留必要证据。

抑制 C（containment）：采取抑制措施，包括关闭正在运行的系统、隔离危险源、切断扩散渠道等，防止不利事态扩大。

根除 E（eradication）：不利事态被抑制后，分析查找不利事件根源并彻底清除。

恢复 R（recovery）：将受到损害、伤害和处于非正常状态的系统恢复到正常运行状态。

跟踪 F（follow-up）：跟踪检查系统恢复的情况，回顾并整理发生不利事件的各种相关信息，做好总结改进体系和应急预案的工作。

在研究设计航天发射应急响应管理体系架构时，我们以组织管理指挥系统、应急力量编成、工程救援保障和应急预案为核心，基于通用体系架构（以便于与其他体系集成），提出与现有航天发射组织管理方式相一致的应急响应管理体系架构，见表 2-4。

表 2-4　航天发射应急响应管理体系架构示意

序号	基本体系结构	应急响应管理体系过程	说明
U01	输入	航天发射相关紧急事件	分析确认与航天发射相关的紧急事件
U02		相关方要求和期望	分析确认与紧急事件相关单位和人员的要求和期望
U03		应急响应法律法规	分析确认与航天发射应急相关的法律法规要求
U04		航天发射成功判据	包含于航天发射任务大纲中，并由直接参与航天发射的各方补充完善
U05	输出	体系有效运行的结果	将紧急事件造成的不利影响降到可接受水平，或满足合规义务的要求
U06	领导机构	应急方针	建立应急方针，确定应急建设发展规划
U07		领导承诺	确保航天发射应急响应能达到预期效果，确保将应急响应管理体系要求融入航天发射过程
U08		机构、岗位、职责、权限	建立机构，明确职责，制定章程
U09	策划	应急管理体系策划	建立并实施确保航天发射应急响应能达到预期结果的过程及过程间关系
U10		紧急事件识别、重大事件评价	建立并落实事件识别、重大事件评价程序
U11		风险应对	分析风险，制定应对风险的措施
U12		应急目标及其实现	制定应急管理目标，确定实现目标的方案

续表

序号	基本体系结构	应急响应管理体系过程	说明
U13	专项支持（专项应急）	装备事故应急响应	建立并落实应急预案编写规范； 建立每个过程的应急程序或预案； 按程序审核批准报备应急程序或预案； 构建基础设施，投入相应资源，做好应急准备； 监控紧急情况； 进行应急演练； 评审程序或预案的可行性、有效性； 按照应急程序或预案做出应急响应； 紧急事件响应后，评价改进应急程序或预案
I114		供暖应急响应	
U15		供水应急响应	
U16		供电应急响应	
U17		地震灾害应急响应	
U18		恐怖袭击应急响应	
U19		寒（雪）灾应急响应	
U20		火灾应急响应	
U21		防汛抗洪应急响应	
U22		突发公共卫生事件应急响应	
U23		重大交通运输事故应急响应	
U24		特气生产作业事故应急响应	
U25		推进剂事故应急响应	
U26		通信网络应急响应	
U27		机要指挥应急响应	
U28		运输应急保障	
U29～U35	间接支持（航天发射任务）	同表 2-1 中的 Q11～Q22	建立并落实应急预案编写规范； 识别紧急情况，设置紧急场景，协同任务相关各方，建立应急预案； 按程序审核批准应急预案； 构建基础设施，投入相应资源，做好应急准备； 组织预案学习，监控紧急情况； 组织应急演练，评审预案可行性、有效性； 按照应急程序或预案做出应急响应； 紧急事件响应后，做好事后恢复，评价改进应急预案
U36～U40	直接支持（航天发射任务）		
U41	实施（调度与力量编成）	总体应急响应指挥调度	
U42		应急保障力量编成与定位	
U43		应急信息保障	
U44～U58	实施（航天发射任务）	发射事故应急响应	
		同表 2-1 中的 Q23～Q36	
U59	绩效评价	监视、测量、分析、评价	与表 2-1 相似，不再赘述
U60		合规性评价	评价单位满足相关应急响应法律法规和其他要求的情况
U61		内部审核	同表 2-1 中的 Q39～Q42 的表述
U62		管理评审	
U63		外部审核	
U64	改进	不符合处置	
U65		持续改进	利用绩效评价的结果，持续改进体系和过程，提高体系绩效

　　表 2-4 是基于航天发射基本管理体系架构设计的应急响应管理体系过程，上述设计在全面梳理航天发射业务活动和秩序管理中的主要应急响应的基础上，继承了航天发射应急响应管理的好的做法，包括力量编成与救援保障过程和专项应急等方面的管理经验，并将现代应急管理理念和成熟方法融入到应急响应管理体系中，提出与现有航天发射组织管理方法相一致的应急响应管理体系架构。表中提出的过程及其名称、提供的过程说明等信息都不是唯一和一成不变的，每个建立并实施应急响应管理体系的航天发射责任单位都可根据核心业务、传统习惯和发展需要对其进行修正甚至颠覆性更改。

2.4　一体化管理体系

2.4.1　体系扩充整合

　　标准 ISO 9000 明确指出"组织管理体系中具有不同作用的部分，包括其质量管理体系，可以整合成一个单一的管理体系。当质量管理体系与其他管理体系整合后，与组织的质量、成长、资金、营利、环境、职业健康和安全、能源、安保等方面有关的目标、过程和资源，可以更加有效和高效地实现和应用。"在此理念指导下，管理领域对质量（ISO 9001）、职业健康和安全（ISO 45001）、环境（ISO 14001）等"多标"整合进行了许多研究和实践，以建立、实施、保持和改进同时具有质量、职业健康和安全、环境管理等效用的一体化管理体系。采用"多标"整合构建一体化管理体系的方法可以概括为扩展法、合并法和系统工程法三种类型，这些方法同样适用于航天发射一体化管理体系的建设。

　　（1）扩展法

　　扩展法是组织先建立某一管理体系，一般是依据 ISO 9001 建立质量管理体系，这样做的原因是质量管理体系以产品实现和服务提供为主线，几乎包含了单位的所有核心业务过程。然后，以已经建立好的管理体系为基础，再添加其他管理体系所需的过程、活动和方法。对于建好的管理体系中已有的过程，只需要在已有过程中添加其他管理体系的要素要求即可，不必对已有过程进行颠覆性更改。体系在扩展过程中可能会对原管理体系文件进行修订，包括新增，但一般不必做颠覆性改动。

　　以一次外星航天发射质量管理目标为例，按照质量管理体系要求，结合航天发射成功准则，发射场层面的质量管理目标示意如下：

　　1）任务结果：

　　按照任务大纲和协议等规定的标准，发射场圆满完成所承担的任务。

　　2）任务过程：

　　——无严重以上质量问题，一般质量问题不超过 1 个且归零及时（未导致工作节点时间调整）；

　　——推进剂、特气等物资器材和保障性设备准时按量提供，且技术指标满足要求；

　　——气象、计量、化验、运输、水暖电、通信和电磁环境等保障性服务满足相关方要求；

　　——组织计划、指挥调度、质量保证等工作规范有序，任务进度按计划有序推进；

　　——无外方不满事件发生，无相关方投诉事件，顾客满意度在 90 分以上；

　　——合同、协议等有法律效用文书规定的要求全部满足。

　　3）任务工作项：

　　——任务文书齐全、内容正确完整、可在需要的时间和场所获得；

　　——按计划完成所有规定的工作项目；

　　——不带疑点发射。

　　当以质量管理体系为基础，扩展建立包含质量、安全和环境管理的一体化管理体系时，上述发射场层面的一体化管理目标为：

　　1）任务结果：

　　按照任务大纲和协议等规定的标准，发射场圆满完成所承担的任务。依据国际公约，国内质量、安全、环境和应急响应方面的法律法规要求，航天发射合规。

　　2）任务过程：

　　——发射场负责的过程，无严重以上质量问题，一般质量问题不超过 1 个且归零及时（未导致工作节点时间调整）；无人为责任事故，无严重以上安全和环境事故，一般安全事故和环境事故不超过 1 个；

　　——推进剂、特气等物资器材和保障性设备准时按量提供，且技术指标满足要求；

　　——气象、计量、化验、运输、水暖电、通信和电磁环境等保障性服务满足相关方要求；

　　——所有风险均处于可接受水平，所有可预见和发现的安全隐患均处于可控状态；

　　——所有危害性废弃物均在规定的时限内进行了合规处置，所有重要环境因素均处于可控且合规的状态；

　　——组织计划、指挥调度、质量保证等工作规范有序，任务进度按计划有序推进；

　　——无外方不满事件发生，无相关方（含质量、安全、环境和应急响应四个方面的相关方）投诉事件，顾客满意度在 90 分以上；

　　——合同、协议等有法律效用文书规定的要求全部满足。

　　3）任务工作项：

　　——任务文书（含质量、安全、环境和应急响应四个方面的文书）齐全、内容正确完整、可在需要的时间和场所获得；

　　——按计划（含质量、安全、环境和应急响应四个方面的工作计划）完成所有规定的工作项目；

　　——不带疑点发射。

　　（2）合并法

　　如果单位已分别建立若干个管理体系，则可以采用合并法将这几个管理体系合并整合为一个统一的管理体系，并对原管理体系文件进行修订（包括以过程为基础按需要合并原体系文件）。合并法最典型的做法是将两个或两个以上管理体系中的同类活动或（和）工作项目并实施，如两个或两个以上管理体系的内部审核和管理评审合并进行。

合并法通常按照以下步骤完成多体系的整合：

步骤一，将管理体系的过程按照管理域、产品和服务域、支持域进行分类。

步骤二，寻找每个域中相同或相似的过程、活动和工作项目（它们可能分属于多个管理体系），并将它们放入同一集合。

步骤三，对同一集合中相同或相似的过程、活动和工作项目进行统一的梳理和规范，然后将它们整合成一个过程、活动和工作项目。

步骤四，依据航天发射任务流程、业务关系和基本管理体系结构，梳理完善过程、活动和工作项目间的关系（梳理后的关系如图 2-2 所示），构建一体化管理体系。

步骤五，将构建好的一体化管理体系形成成文信息，并在航天发射任务实施中贯彻落实。

（3）系统工程法

系统工程法适用于组织的各种情况，尤其是同时新建几个管理体系的场合。该方法关注经营业务的需要，不与特定的管理体系标准相对应。

其设计过程的参考顺序为：

1）明确业务模式，按模式进行职能展开；

2）开展过程分析（可使用流程图、故障模式影响分析、管理体系标准）；

3）建立控制过程的工作方针；

4）开发控制每个业务过程的程序；

5）收集现行文件，识别文件化需要；

6）建立文件编制计划，形成文件化体系。

（4）注意事项

体系建设时应遵循自底而上的原则，即：先构建最底层的体系，条件成熟时再建设对应的上一级体系，最后构建顶层管理体系，这种构建方法可以使体系更有操作性和针对性，并有利于同层体系之间的协同。体系建设完成后，一般还需要进行体系的统筹整合工作，目的在于运用协同策略，对多个相同或相似的要素进行归类合并，一方面通过归类合并减少工作重复；另一方面，通过归类合并更好地协同部门和部门间的工作。

以质量、安全、环境和应急响应管理体系的整合为例，需重点关注：

1）机构整合是体系整合的关键。如四体系的领导机构、牵头部门、岗位职责权限、办事程序等工作都可整合成一体化管理工作。

2）活动整合是体系整合的基础。如四体系的环境分析、环境因素识别、危险源辨识、风险与机遇的评价和应对、内部审核和管理评审等活动都可以整合成一体化管理活动。

3）证据整合是体系整合的重点。如四体系满足要求的证据和关键过程的可追溯性记录，应结合实际情况进行统筹策划、按需保留，避免出现重复记录、到处留痕的证据提供情况。

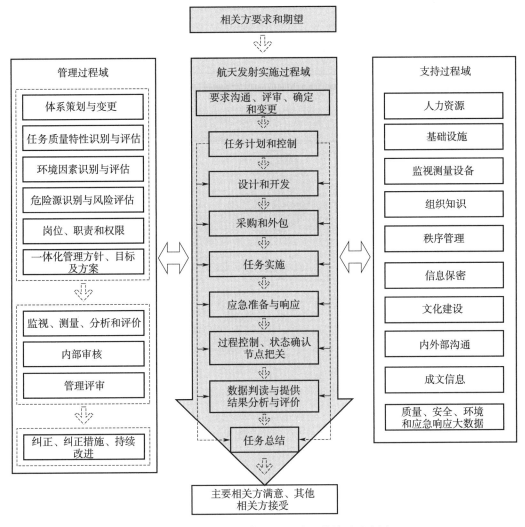

图 2-2　一体化管理体系过程域及其关系示意图

4）文件整合是体系整合的保证。如四体系的手册、人力资源管理程序、管理评审程序、内部审核程序、记录控制程序、文件控制程序、法律法规获取程序、信息交流程序、应急预案与响应管理程序、事故事件/不符合纠正和纠正措施程序等文件都可以整合成一体化管理体系文件。

2.4.2　体系融合模型

　　航天发射质量、安全、环境和应急管理体系的集成不是单纯的公共要素的合成，也不是按照质量、职业健康和安全、环境等管理体系标准所进行的条款整合，而是基于系统工程思维，立足于满足航天发射任务当前要求和未来需要以及绿色环保和健康安全的社会承诺，对质量、安全、环境和应急响应管理体系进行的重构和再设计。

　　航天发射体系融合技术是解决如何将质量、安全、环境和应急响应等管理体系融合成为一体化管理体系，以保证效果、节约资源和提高效率。扩展法、合并法和系统工程法等适用于航天发射多个管理体系的融合，但由于航天发射工程的复杂性、参与单位的多样性、相关方要求和期望的不统一性，只靠简单的扩充与整合显然无法满足体系融合的现实需要。为此，我们同时关注航天发射流程的特殊性和组织管理的传承性，在对航天发射核心业务活动和过程进行深入考查研究后，提出了基于任务环境和业务流程（Task Context & Business Process，OC&BP）的体系融合模型，如图 2-3 所示。

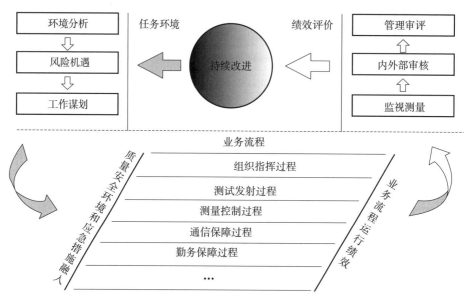

图 2-3　基于 OC&BP 的管理体系融合模型

（1）任务环境

任务环境分析与工作谋划一般在每年年初进行，内容包括：内外部环境变化、年度航天发射任务计划；面临的主要风险和机遇，相关的应对策略和措施；落实质量、安全、环境和应急响应要求的主要措施；针对一体化管理工作的主要活动等。其他时间，如任务计划发生较大变动、自然环境或国内外形势发生很大变化、发生了重大的质量安全或环境污染事故等情况，也会开展任务环境分析、机遇和风险评估、工作谋划和任务部署等，此时可能涉及质量、安全、环境和应急响应体系中的一个或多个体系、一个或多个方面的变更。

（2）业务流程

多数业务流程一般都会涉及质量、安全、环境保证和应急响应准备与实施等工作，此时，应将有关质量、安全、环境和应急响应的措施落实到流程策划、实施、检查和改进工作中。基于业务流程融合质量、安全、环境和应急响应措施是体系融合技术的关键。

流程策划时，明确过程关键绩效指标和目标，明确预期结果，分析内外部环境，识别环境因素、危险源，确定重要环境因素和重大危险源，评价风险和机遇，策划质量、安全、环境和应急响应措施，适用时，编制质量安全环境计划和应急预案，包括变更的管理。

流程实施时，要在流程的每个环节确保资源供给充分，人员能力满足要求，并按策划的路径或程序实施，将质量、安全、环境和应急响应措施落实到位。

流程检查时，按照策划的安排，收集过程关键指标数据，确认质量、安全、环境和应急响应措施落实情况，及时纠正不合格项，必要时采取纠正措施。定期评价过程能力，适时改进过程及其效能。

流程改进时，应依据业务流程要求，基于条件约束，适时改进过程路径或程序，完善过程运行的条件，提高人员的业务能力，确保业务过程实现预期目的的能力充分。

（3）绩效评价

绩效评价包括监视测量、内部审核和管理评审。这里讲的监视测量工作是体系层面上的工作，是在过程监视测量（过程运行中实施）的基础上，通过全面分析，对体系的适宜性、充分性和有效性进行的评价。一般在一段工作后或某个控制节点处，针对质量、安全、环境和应急响应中的一类或多类工作进行。

一体化管理体系的内部审核和管理评审，通常会同时对质量、安全、环境和应急响应体系进行审核和评审，有时也会单独针对某一方面进行审核和评审，如秩序管理中的安全大检查及其隐患纠治等。

（4）持续改进

持续改进依据绩效评价的结果，适时进行，包括不符合和问题的纠正与归零，针对风险和机遇的措施改进，为拓展业务、提升业绩而进行的改革与创新等。

2.4.3　体系架构

基于基本体系结构，使用体系扩充整合技术和体系融合模型，对航天发射质量、安全、环境和应急响应管理体系进行合成，由此形成的一体化管理体系架构示例见表 2-5。

表 2-5　航天发射一体化管理体系结构示意

编号	基本体系结构	一体化管理过程	说明
Q01+S01+E01+U01	输入	环境分析与确认	航天发射任务所处环境、对环境的影响和可能发生的紧急事件分析与确认
Q02+S02+E02+U02		相关方要求和期望	分析确认与航天发射质量安全、环境影响和可能发生的紧急事件相关的单位和个人的要求与期望
S03+E03+U03		合规义务	分析确认与航天发射质量、安全、环境和应急响应相关的法律法规要求
Q03+S04+E04+U04		航天发射成功判据	包含于航天发射任务大纲中，并由直接参与航天发射的各方补充完善
Q04+S05+E05+U05	输出	体系有效运行的结果	任务圆满成功，主要相关方满意和一般相关方可接受，人、财、物和信息等处于安全状态，对环境不利影响合规，紧急事件的损失可接受等

续表

编号	基本体系结构	一体化管理过程	说明
Q05＋S06＋E06＋U06	领导机构	一体化管理方针	建立质量、安全、环境和应急响应管理方针,确定一体化管理建设发展规划
Q06＋S07＋E07＋U07		领导承诺	确保航天发射一体化管理能达到预期效果,确保将一体化管理体系要求融入航天发射过程
Q07＋S08＋E08＋U08		机构、岗位、职责、权限	建立一体化管理的机构,明确职责,制定章程
Q08＋S09＋E09＋U09	策划	一体化管理策划	建立并实施确保航天发射一体化管理能达到预期结果的过程及过程间关系
S10		危险源辨识、风险评价	建立并落实危险源辨识和风险评价程序
E10		环境因素识别、重要环境因素评价	建立并落实环境因素识别、重要环境因素评价程序
U10		紧急事件识别、重大事件评价	建立并落实事件识别、重大事件评价程序
Q09＋S11＋E11＋U11		风险应对	分析风险,制定应对风险的措施
Q10＋S12＋E12＋U12		目标及其实现	制定一体化管理目标,确定实现目标的方案
U13～U28	专项支持(专项应急),同表2-4		
E25～E30	专项支持(环境),同表2-3		
Q11＋S13＋E13＋U29	直接支持	训练考核确认	建立并落实每个过程的程序,开展危险源辨识、环境因素识别、紧急情况预想、风险和重要环境因素评价,制定并落实应对风险、开展环境治理和响应紧急情况的措施; 确定并落实质量、安全、环境和应急响应类法律法规和其他要求; 确定并落实质量、安全、环境和应急响应工作项目标准,组织措施落实情况和安全隐患排查; 对参加航天发射的基础设施设备和监视测量设备进行检修检测和检查维护; 确定过程关键绩效指标,开展关键绩效指标的监视测量; 必要时,设置紧急场景,制定应急预案,开展应急预案演练,组织应急预案评审和批准; 按应急预案对紧急情况做出响应; 紧急事件响应后,做好事后恢复,评价改进应急预案
Q12＋S14＋E14＋U30		设施设备保障	
Q13＋S15＋E15＋U31		特燃特气保障	
Q14＋S16＋E16＋U32		交通运输保障	
Q15＋S17＋E17＋U33		医疗卫生保障	
Q16＋S18＋E18＋U34		发供电保障	
Q17＋S19＋E19＋U35		安全保卫工作	
Q18＋S20＋E20＋U36	间接支持	公共环境管理	
Q19＋S21＋E21＋U37		常规信息保障	
Q20＋S22＋E22＋U38		成文信息管理	
Q21＋S23＋E23＋U39		保密工作	
Q22＋S24＋E24＋U40		秩序管理	

续表

编号	基本体系结构	一体化管理过程	说明
U41	实施(应急响应)	总体应急响应指挥调度	建立并落实应急预案编写规范; 识别紧急情况,建立、评审和批准应急预案; 构建应急力量,投入相应资源,做好应急准备; 组织应急演练,评审预案可行性、有效性; 按照应急做出应急响应; 紧急事件响应后,做好事后恢复,评价改进应急预案
U42		应急保障力量编成与定位	
U43		应急信息保障	
U44		发射事故应急响应	
Q23+S25+E31+U45	实施	重大专项航天发射组织指挥	建立任务机构、确定工作章程; 建立并落实每个过程的程序; 开展危险源辨识、环境因素识别、紧急情况预想、风险和重要环境因素评价,制定并落实应对风险、环境污染和响应紧急情况的措施; 确定并落实质量、安全、环境和应急响应类法律法规和其他要求; 组织任务技术方案的设计和开发; 建立并落实质量问题管理、质量评审与放行、技术状态管理的程序; 编制并落实质量、安全、环境和应急响应计划; 为各项工作和活动建立规范和标准; 必要时,设置紧急场景,制定应急预案,开展应急预案演练,组织应急预案评审和批准; 按要求开展技安检查、数据判读和环境监测; 建立并落实现场管理规范; 开展任务计算机软件工程化管理; 保留关键过程具有可追溯性的成文信息; 建立并落实每个过程的程序; 按应急预案对紧急情况做出响应; 保留结果满足要求的证据
Q24+S26+E32+U46		常规液体火箭发射组织指挥	
Q25+S27+E33+U47		固体火箭发射组织指挥	
Q26+S28+E34+U48		亚轨道航天试验组织指挥	
Q27+S29+E35+U49		航天任务外事工作过程	
Q28+S30+E36+U50		航天任务测试发射过程	
Q29+S31+E37+U51		亚轨道航天试验测试发射过程	
Q30+S32+E38+U52		航天任务测量控制过程	
Q31+S33+E39+U53		亚轨道航天试验测量控制过程	
Q32+S34+E40+U54		航天任务信息通信过程	
Q33+S35+E41+U55		航天任务搜索救援过程	
Q34+S36+E42+U56		航天任务气象保障过程	
Q35+S37+E43+U57		航天任务政治工作	建立并落实航天任务政治工作程序
Q36+S38+E44+U58		航天任务保障工作	建立并落实航天任务保障工作程序

续表

编号	基本体系结构	一体化管理过程	说明
Q37＋S39＋E45＋U59		监视、测量、分析、评价	针对每个过程建立监视、测量、分析和评价对象、内容、时机和方法，并将其融入每个过程的程序中
S40＋E46＋U60		合规性评价	评价满足环境、安全和应急响应相关法律法规及行业规范情况
Q38	绩效评价	顾客满意度	调查顾客(主要相关方)满意度情况，解决顾客投诉等问题
Q39＋S41＋E47＋U61		内部审核	培训审核员，建立并落实内部审核方案
Q40＋S42＋E48＋U62		管理评审	组织过程能力评估，开展管理体系评价，研究确定体系改进的内容和方案
Q41＋S43＋E49＋U63		外部审核	按要求接收第三方的监督
Q42＋S44＋E50＋U64	改进	不符合处置	及时处置发现的不符合，必要时采取纠正措施
Q43＋S45＋E51＋U65		持续改进	利用绩效评价的结果，持续改进体系和过程，提高顾客(主要相关方)满意度，提高体系绩效

表2-5是基于航天发射核心业务流程和基本管理体系架构设计的一体化管理体系架构，体系架构继承了航天发射在质量、安全、环境、应急响应和一体化管理方面的成功做法，并将现代质量、安全、环境和应急响应管理理念和成熟方法融入到一体化的管理体系中，也是当前我国航天发射组织管理的现行模式。表中提出的过程及其名称、提供的过程说明等信息都不是唯一和一成不变的，每个实施一体化管理的航天发射单位都可根据核心业务、传统习惯和发展需要对其进行修正甚至颠覆性更改。

2.5　体系运行机制

一体化管理体系运行机制包括条件保证、不竭动力、持续运行与改进、绩效提升等内容。一种通用的航天发射管理体系运行机制模型如图2-4所示。

图2-4中，中心圆区域指明一体化管理体系有效运行的条件保障，包括法规标准体系、组织管理体系、条件保障体系和管理技术体系等。带箭头的圆环指明一体化管理体系有效运行的主要动力，包括需求牵引、领导推动、组织保证、资源保障、员工意识和人员能力等。外围的齿轮指明一体化管理体系运行过程及其持续改进，包括要求确定、现状识别、系统设计、过程控制、绩效测量和改进创新。右边带单边齿的箭线表示通过一体化管理体系的有效运行，带动绩效提升和战略规划、长远目标的实现。

2.5.1　条件保证

（1）法规标准体系

建立健全法规标准体系是保证一体化管理体系有效运行的基础性工作，当航天发射责

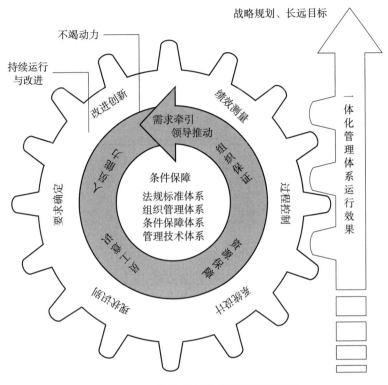

图 2-4　一体化管理体系运行机制模型

任单位拥有较为完善的法规标准体系时，更有可能在一体化管理体系建设中持续成功。

航天发射责任单位在建立健全法规标准体系方面的最佳实践是：

1）跟踪掌握与本单位相关的国际、国家和行业法规标准建立、修订和废除情况；

2）定期统计、梳理、分析单位现用法规标准体系建设情况；

3）查找不衔接、不配套、有缺项、不适用等方面的问题，尤其是法规标准不健全和落实不到位的问题；

4）针对查找出的问题制定并实施整改措施。

航天发射责任单位在建立健全法规标准体系方面的重点工作是：

1）落实规章要求。组织清理各级现有规章，发布规章体系框架和目录，明确各有关部门必须遵守的法律法规、条令条例和上级章程，将其写入管理体系程序和作业规范，保证在工作中得到有效落实。

2）健全标准体系。分析现有国家、行业和组织内标准的适用性、先进性和协调性，建立组织内标准体系，补齐缺项短板，并同步开展相关配套标准的制订修订，及时组织标准维护更新。

3）完善各级规范。按照明示的法规标准，全面清理、补充修订质量、安全、环境和应急响应管理规范，确保各项法规标准落实到实际工作。

（2）组织管理体系

建立健全组织管理体系是保证一体化管理体系有效运行的必要性工作，航天发射责任单位只有建立较为完善的组织管理体系时，才能保证一体化管理体系的有效运行。

航天发射责任单位在建立健全组织管理体系方面的最佳实践是通过单位绩效测量分析，质量问题、不利事件和事故等原因的调查分析，查找单位组织管理方面的不足，重点围绕组织职责不够清晰、协同界面不够合理、运行机制不够科学、监测监督不够有力的问题开展工作。

航天发射责任单位在建立健全组织管理体系方面的工作重点是：

1）科学分工。统筹改善各部门、各单位在一体化管理中的职责分工和相互关系，各级各类人员的岗位职责和能力素质要求，确保岗位设置合理、职责分工科学、相互关系协调、人员满足要求。

2）完善制度。使用过程方法和基于风险的思维，健全完善各项工作制度，确保过程策划、配置、实施、检查和改进相互衔接、科学高效，过程输出满足输入要求，过程之间相互促进、相得益彰。

3）加强激励。健全完善专业人员队伍和资格制度，推进监督方法手段创新，全面落实质量监督、责任追究和绩效激励制度。

（3）条件保障体系

先进的保障条件（包括计量校核、检验检测、合格评价等设施设备和数据资源等）是一体化管理体系建设的物质基础。在体系建立和运行中，要努力解决质量、安全、环境和应急保障条件建设统筹不够、规划不周、水平不高等问题。

航天发射责任单位在建立健全保障条件体系方面的工作重点是：

1）摸清现状。定期开展保障条件调查普查，编制现有保障条件清单和能力需求清单。

2）统筹共用条件。根据需求，统筹开展管理体系中跨单位、跨部门的保障条件建设，实现资源共享。

3）加强数据资源建设。建立健全质量、安全、环境和应急管理数据库，为管理体系综合评价及精细化管理提供科学支撑。

（4）管理技术体系

当前，航天发射一体化管理体系建设缺乏科学、具体、可操作、可检验的指标，相关工作业绩难以量化，其中一个重要原因是管理技术体系不完备，缺少控制理论、方法和技术的支撑。为此，应做好以下几方面的工作：

1）加强总体设计。逐步建立健全质量、安全、环境和应急管理技术体系框架，强化有效应用管理技术的总体设计。

2）推进成熟技术应用。大力推进风险等级全息建模技术、3F技术（FTA、FMECA、FRACAS）、网络规划技术、通用质量特性建模仿真技术等先进管理技术，形成可推广、可操作的技术手册和标准规范。

3）建立推广应用机制。建立健全上级机关组织引导、专业技术单位支撑研究、基层执行单位集成应用相结合的推广应用机制，促进现代管理技术融入到质量、安全、环境和应急响应建设的各项工作中。

2.5.2　动力保证

一体化管理体系运行的主要动力源于需求牵引和领导推动，动力大小与组织保证、资源保障、员工意识和人员能力等相关。

需求牵引。一体化管理是航天发射达成预期结果的基础保证，国家航天战略政策、国内外航天市场和航天发射实际需求是牵引航天发射一体化管理发展的根本性动力。

领导推动。航天发射管理方法和手段多样，是否选择一体化管理体系以及如何有效推进体系建设是领导层的战略决策。为此，建立健全并推动航天发射一体化管理体系持续发展进步必须依靠领导层持续用力。

组织保证。是否有专门的机构负责一体化管理体系建设，以及单位对相关专业知识的认知与掌握程度决定了一体化管理体系的专业化水平。

资源保障。充分的资源保障既是一体化管理体系有效运行的基本条件，同时又对单位人员建设一体化管理体系的热情有明显影响。

员工意识。参与航天发射人员的质量、安全、环境和应急响应意识决定了其是否会主动为一体化管理体系有效运行做贡献。

人员能力。岗位人员，尤其是重要和关键岗位人员能力对一体化管理体系能否科学建立和有效运行具有重大影响。

2.5.3　改进模式

由于航天发射组织环境处于不断变化之中，单位的职能使命也不会一成不变，因此，管理体系需要持续改进。一种通用的持续改进一体化管理体系的模式是：要求确定、现状识别、系统设计、过程控制、绩效测量、改进创新。

要求确定。深刻认知航天发射对质量、安全、环境和应急响应管理的内在需求，全面识别上级对一体化管理体系建设的要求，确定必须贯彻落实的法律、法规、章程和标准，认识利益相关者需求和期望，是一体化管理体系建立和运行的根本出发点。

现状识别。分析组织在质量、安全、环境和应急响应管理方面的现状，存在的深层次问题和矛盾；系统梳理组织在质量、安全、环境和应急管理方面的经验与成果；了解掌握当前国内外、行业内外在质量、安全、环境和应急管理方面的发展水平以及先进适用的理论、工具和方法，是找准差距、认知不足的基础性工作。

系统设计：依据航天发射战略规划、方针政策和中长期目标，策划一体化管理体系所需过程，健全体系、过程和结果的标准规范，设计过程实施的途径，并为其配置所需资源，是保证一体化管理体系先进、实用和高效的根本。

过程控制：按照策划的安排实施，严格控制一体化管理体系范围、状态、标准和要求的变更，及时纠正体系运行存在的偏差，是保证体系充分性和有效性的重要手段。

绩效测量：根据方针、目标、标准和要求对过程及其输出结果、体系及其绩效进行监视测量和分析评价，是掌握体系运行效果、及时发现不利因素，以开展针对性施策的主要措施。

改进创新：针对存在的问题和不足，研究对策，制定纠正和改进措施，持续提高管理体系水平和绩效，是保持一体化管理体系历久弥新的根本。

参 考 文 献

［1］ 董学军．民商航天发射探索与实践［M］．北京：中国宇航出版社，2019．

［2］ NASA 系统工程手册［M］．朱一凡，等，译．北京：电子工业出版社，2012．

［3］ 张浩．管理科学研究模型与方法［M］．北京：清华大学出版社，2016．

［4］ 中国航天科技集团公司．通用质量特性［M］．北京：中国宇航出版社，2017．

［5］ 栾恩杰．航天系统工程运行［M］．北京：中国宇航出版社，2010．

［6］ 中国质量协会．质量经理手册［M］．北京：中国人民大学出版社，2017．

［7］ 赵成杰．ISO9001：2015：新思维＋新模式：新版质量管理体系应用指南［M］．北京：企业管理出版社，2016．

［8］ 李跃生，等．国外航天质量管理［M］．北京：国防工业出版社，2016．

［9］ 张笃周，袁利，冶元菲．宇航产品面向全周期的设计方法与质量保证［M］．北京：中国宇航出版社，2016．

［10］ 刘宪忠．航天质量监督发展历程及基本规律初探［J］．北京：航天标准化，2017．

［11］ 罗云，裴晶晶．风险分析与安全评价［M］．北京：化学工业出版社，2016．

［12］ 闻新，等．航空航天知识与技术［M］．北京：国防工业出版社，2015．

［13］ 杨培雷．制度变迁的经验研究［M］．上海：上海财经大学出版社，2014．

［14］ 宋征宇．运载火箭地面测试与发射控制技术［M］．北京：国防工业出版社，2016．

［15］ 陆雄文．管理学大词典［M］．上海：上海辞书出版社，2013．

［16］ 谭慧．图解管理学［M］．北京：中国华侨出版社，2016．

［17］ 孙家栋，杨长风．北斗二号卫星工程系统工程管理［M］．北京：国防工业出版社，2017．

［18］ 黄春平，侯光明．载人航天运载火箭系统研制管理［M］．北京：科学出版社，2007．

［19］ 徐飞，路琳，苏依依．管理学中的伟大思想：经典理论的开发历程［M］．北京：北京大学出版社，2016．

［20］ 张浩．管理学研究模型与方法［M］．北京：清华大学出版社，2016．

［21］ 胡莘．天绘一号卫星工程及应用［M］．北京：测绘出版社，2014．

［22］ 张新国．国防装备系统工程中的成熟度理论与应用［M］．北京：国防工业出版社，2013．

［23］ 赵峰．海军武器装备体系论证方法与实践［M］．北京：国防工业出版社，2016．

［24］ 孙新波．项目管理［M］．北京：机械工业出版社，2015．

［25］ 黄志澄．新航天：创新驱动的商业航天［M］．北京：电子工业出版社，2017．

［26］ 陈志强，吴小羊．业务流程改进（BPI）项目管理最佳实践：六步成功实施跟进法［M］．北京：电子工业出版社，2016．

［27］ 周晟瀚，等．项目管理前沿系列复杂装备试验安全风险评估与预警［M］．北京：中国电力出版社，2017．

［28］ 中华人民共和国国家质量监督检验检疫总局．GB/T19001—2016质量管理体系要求［S］．北京：中国标准出版社，2016．

［29］　中华人民共和国国家市场监督管理总局．GB/T45001—2020 职业健康安全管理体系要求及使用指南 ［S］．北京：中国标准出版社，2020.

［30］　中华人民共和国国家质量监督检验检疫总局．GB/T24001—2016 环境管理体系要求及使用指南 ［S］．北京：中国标准出版社，2016.

［31］　中央军委装备发展部．GJB/T9001C 质量管理体系要求 ［S］．工业与信息化标准网，2017.

第 3 章
航天发射流程设计与优化

　　航天发射一体化流程是集技术工艺、质量保证、技术安全和工作计划为一体的综合性流程。本章重点论述航天发射核心业务流程，讨论单一流程的设计方法，阐述一体化流程设计和优化技术。

3.1　核心业务流程概述

3.1.1　概念

（1）定义

习惯上将围绕航天产品在发射场的测试发射、器箭飞行过程中的测量控制和航天器返回/回收等而开展的工作称之为核心业务，包括：组织指挥、测试发射、测量控制、任务通信、勤务保障等。在航天发射一体化管理中，常常将核心业务的实施过程称之为核心业务过程，又称核心业务流程，为此，本书不严格区分"过程"和"流程"的概念，如测试发射过程又称为测试发射流程。

航天发射核心业务流程的任务是将规定输入转化成预期输出。输入通常包括基础设施、人力资源、环境条件、航天产品、物资器材、决策和预期结果等，也可能包括前一过程的输出结果。输入可能是可控因素，如资源投入，也可能是不可控因素，如天气、设备随机故障等。输入、输出以及过程特性应是可测量或可评价的。评价航天发射核心业务过程的优劣主要是看过程的有效性和效率。有效性指通过过程实施达成预期结果的能力，效率是过程产出与投入的比。

（2）分类

习惯上，将航天发射核心业务流程依据其功能和性质划分成五种类型，即技术工艺流程、质量保证流程、技术安全流程、工作计划流程和一体化流程。技术工艺流程反映技术工艺活动之间的内在联系和相互制约关系，如运载器单元测试一定是在总装之前完成的。技术安全流程是为保证技术工艺流程安全实施而开展的工作，如航天产品首次加电前对供电品质、接插头连接关系等进行的检查确认，因此，技术安全流程依附于技术工艺流程，应技术工艺流程的要求而存在。质量保证流程是为保证技术工艺流程充分有效地实施和流程输出结果满足要求而实施的工作，最有中国特色的质量保证活动是"双五条归零标准"。工作计划流程又称为进度计划，是将技术工艺流程、质量保证流程和技术安全流程的活动落实到具体时间、地点、组织和人员上，简单地讲，其他流程规定了做什么和做的时机，工作计划流程规定了何时做和由谁来做。按照传统习惯，环境管理流程融入到了质量保证流程之中，应急响应流程融入到了技术安全流程之中。当把技术工艺、质量保证、技术安全和工作计划流程融合成一个统一的流程时，这个统一的流程被称为一体化流程。

（3）特点

航天发射任务核心业务流程与其他业务流程的不同主要表现为：

1）受发射窗口制约；

2）运载器点火发射至航天器入轨之间，程序具有不可逆性；

3）航天器返回过程，程序具有不可逆性；

4）运载器和航天器加注后，程序逆转困难；

5) 成本高、风险大。

流程设计是在给定的约束条件下，包括资源、时间、成本、环境和可交付物等，在输入与输出之间规划出一条或多条可行路线，并为保证路线上各活动的有效实施策划出资源配置方案。受航天发射固有特性的影响，流程设计呈现出受制约和影响的因素多、工作项目多且关系复杂、以确保成功为核心的多目标优化等特点。

3.1.2　设计原则

航天发射核心业务流程设计需要遵循的基本准则可概括为：可靠、实用和先进。

可靠。航天发射的高成本、高风险决定了可靠是流程设计的首要要求。可靠常常与完备、完整相关联，一方面，要将所有应做的工作放入流程之中，以有效避免任务实施中因疏忽、遗忘甚至有意等原因而漏掉或省去某一工作项目，也可避免因个人或长官意志而临时增加工作，进而保证流程实施时的稳定性。另一方面，流程尽可能考虑不确定因素而导致的工作，给流程预留一定的自由时间，以增加流程的柔性，有效应对流程实施中发生的突发事件。航天发射流程设计中有句耐人寻味的格言，"做一切可以且无害的工作"。

实用。实用即切实可行，并有一定的柔性。在实用性与经济性、可信性等非硬性指标发生冲突时，应优先考虑实用性。一方面，在涉及多系统合作时，尤其在资源、时间发生冲突时，单位之间的协同工作有时会面临诸多困难；因此，流程中涉及多单位协作时，首先要强调实用，即在规定的资源保障条件下，各项工作的计划时间必须够用，在涉及多系统工作取齐的节点处，时间上必须留有余量。另一方面，实施过程中，航天器、运载器等航天产品研制、生产部门都须离开本部到发射场去开展工作，一旦发生计划外突发事件，问题的处置会因单位远离本部而使难度增加；为此，流程设计应兼顾到不可控因素，需要将实用性置于经济性之上。

先进。先进强调流程设计中应关注先进的防错防呆技术和高效的工作方式，如智能化、自动化、联动化等技术，通过最有效、最直接的方式达成预期的效果，消除形式上和技术上的"赘肉"。技术先进性必须与可靠、实用结合在一起考虑，在先进与可靠、实用发生冲突时，首先应满足可靠和实用的要求。

3.1.3　流程分析

核心业务流程分析又称任务分析或工作分解，目的是揭示流程本质，为资源配置、成本控制和过程设计奠定基础，主要工作是开发出一个完整的流程分解结构并形成相应的工作字典。主要工作内容包括流程分解结构工具选择、工作持续时间估算、工作项目论证与审查、流程分解结构完善等。流程分析的可交付成果通常表现为流程分解结构（Process Breakdown Structure，PBS）图表和流程分解结构字典，它们是流程实施所须完成的全部活动或工作项目清单，也是航天发射任务制定进度、资源、质量、风险和综合管理等计划的基础。某航天器发射场流程分解结构如图 3 - 1 所示。

某航天发射任务设施阶段

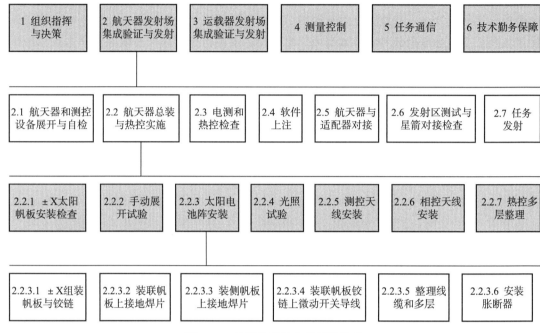

图 3-1　流程分解结构图简要示意

流程分解结构词典是对流程分解结构中每项工作的详细描述，内容一般包括：

1）每项工作的名称与标识号；

2）归口单位和责任人；

3）协同关系，明确工作单元实施时，参与单位、部门和人员间的相互关系（含领导、隶属、牵头、配合等）；

4）输入；

5）信息传递，定义工作单元实施时，信息获取的方式、内容、载体和传递渠道等；

6）约束条件，工作单元得以实施的前提条件；

7）工作内容；

8）工作程序，工作单元实施时的流程；

9）操作规程，适宜时，指明工作中所需的操作规程和方案预案；

10）资源配置，工作单元实施所需投入的人力、物力和时间等；

11）工作环境，工作单元实施时对环境的要求；

12）风险等级；

13）历史问题记录，工作单元在以往同类或类似项目中曾发生过的问题；

14）可交付物；

15）判定工作完成和结果满足要求的标准；

16）其他需要说明的内容。

上述内容在流程分解结构字典中不是每项都必须出现，可根据过程特点适当取舍，以满足实际工作需要为原则。

3.2　单一流程设计

习惯上将航天发射单一流程分为技术工艺流程、质量保证流程、技术安全流程和工作计划流程四类流程。

3.2.1　技术工艺流程

航天发射技术工艺流程设计工作主要包括确定工作项目关系、编制技术工艺流程网络图和管理设计变更与输出等。

（1）确定工作项目关系

工作项目关系主要是指工作项目的先后关系，有时又称约束关系，即先开展哪项工作、后开展哪项工作，有时一项工作的完成是另一项工作开始的条件。这种先后关系通常分为两类：一类是由工作性质决定的、不能人为改变的先后关系，此为强制性顺序关系，如运载火箭单元测试一定是在其分系统测试之前；另一类是出于工作习惯或组织管理要求，人为规定两项或多项工作的顺序关系，此为可变性顺序关系，这类顺序关系通常随人为约束条件的变化而变化，如各系统可以并行开展的装配、测试活动，在时间进度满足要求的条件下，相互间没有严格的顺序关系；但是，当某一系统的工作影响到其他系统时，其可变性顺序关系可能会转变成强制性顺序关系。

（2）编制技术工艺流程网络图

依据所能提供资源、工期和质量要求编制技术工艺流程网络图，常用工具有：单代号网络图、双代号网络图和计划网络图样板等。一般性步骤如下：

步骤一，以航天器和运载器在发射场的工作为主线，统筹发射场、测控通信和技术勤务保障等系统的工作，分析确定工作项目强制性顺序关系，在此基础上，综合考虑资源保障、工作负荷分布等，确定工作项目可变性顺序逻辑关系。

步骤二，优先安排强制性顺序关系，重点保障其所需的时间、场地、基础设施和其他资源。

步骤三，在强制性顺序关系允许的条件下，优先安排持续时间长、技术复杂、难度大的工作，并尽可能满足其对时间、场地、基础设施和其他资源的需求。

步骤四，将所有工作项目编入具有先后逻辑顺序的网络图中。

步骤五，估算每项工作的持续时间，合理调配利用资源，保持资源供给和利用之间的平衡、均衡。

步骤六，开展工作负荷分析，尽量避免超负荷和工作日外的工作，优化工作项目逻辑顺序和资源需求，在保证工期（通常表现为"发射窗口"）的前提下，使工艺流程效益最大化。

步骤七，考虑环境、气候等自然条件和突发事件影响，为优化后的技术工艺流程网络图预留一定的富裕时间。

（3）管理设计变更与输出

技术工艺流程设计过程中，可能会因用户要求、资源配置和流程优化等原因，提出更改任务工作范围和（或）过程分解结构的请求。此时，提出变更申请的单位应联合技术工艺流程设计单位对变更申请进行评审，确保变更不会产生不利的影响或不利影响控制在可接受范围内。

变更经评审和批准后，应及时更新相关业务过程的工作项目清单及相关文件和记录，并确保相关人员知道已批准的变更。申请变更的单位应保留变更申请、变更申请评审的结果以及为防止不利影响而采取措施的记录。

技术工艺流程在实施过程中也可能会因随机事件和不可抗拒情况而发生变更，此时，应按技术状态控制要求进行管理。

技术工艺流程设计的输出结果主要有：航天发射技术工艺网络图、变更申请及评审的结果、更新后的工作项目清单和变更项目属性说明。其中，航天发射技术工艺网络图简要表述了每个工作项目的内容、计划持续时间、所用资源以及各工作项目之间的先后逻辑关系，并附有简要文字来说明某些工作项目的特殊要求。有关每个工作项目的详细说明，一般包含在工作字典之中。

3.2.2　质量保证流程

质量保证流程（简称质保流程）依附于技术工艺流程，它是保证技术工艺流程实施过程受控、过程输出结果和可交付物满足要求的具体措施。

以固体火箭发射任务的星箭组合体转场（从技术区转往发射区）为例，为保证转场时航天产品状态良好，转场后工作能顺利开展，在转场前通常会安排一项质量保证活动，即全系统质量评审，以确认：

1）各系统已经按任务实施方案、相关技术文件和质量保证要求完成了运载器转场前的各项工作；

2）航天产品测试检查项目齐全、有效，系统功能正常，性能满足技术指标要求；

3）各系统（包括航天器、运载器、发射场、测控通信、技术勤务保障等）经复核、复查，技术状态正确、接口匹配，过程质量受控；

4）后续工作准备到位、方案预案充分、风险可控。

质量保证流程编制应在熟知航天发射各工作质量要求、可交付成果标准和质量保证方法的基础上，对照航天发射技术工艺流程中的工作项目清单和工作字典，评价技术工艺流程实施中的质量特性，辨识所需的质量保证工作项目，策划所需的质量保证活动，编制相应的程序和工作计划。

通常从以下 16 个方面辨识技术工艺流程所需的质量保证项目：

1）人员技能和资质审查；

2）计量设备溯源与校准审查；

3）设施设备的功能性能审查；

4）任务用特燃特气、推进剂、物资、器材、工具和防护用品审查；

5）工作环境条件满足要求情况的审查；

6）任务文书审查；

7）测试方法审查；

8）技术状态变更控制；

9）技术状态设置检查；

10）检验点审查、检验；

11）测试数据判读、比对；

12）阶段工作汇报与审查；

13）预案评审与演练；

14）阶段放行准则审查与阶段质量评审；

15）法规、制度、规程的适用性审查；

16）其他需要关注的质量保证事项。

3.2.3　技术安全流程

技术安全流程通常依附于技术工艺流程，严格地讲，它是为保证技术工艺流程安全而开展的活动以及这些活动的程序。因此，技术安全流程伴随技术工艺流程而生，并随技术工艺流程的结束而结束。

航天发射技术安全流程的编制应在熟知航天发射技术工艺流程、流程中各工作项目特点、工作环境以及对用电、用气和燃料等要求的基础上，基于风险思维，对照工作项目清单和工作字典，评价技术工艺流程实施中的风险，辨识所需的技术安全工作项目，策划所需的安全活动，编制相应的程序和工作计划。

通常从以下 13 个方面辨识技术工艺流程所需的安全工作项目：

1）人员安全教育和意识；

2）从事危险项目的人员资质；

3）设施设备的安全状态；

4）危险防护设施设备的状态；

5）从事危险项目的防护用具；

6）航天产品防护措施；

7）工作环境满足要求情况；

8）危险品的安全状态；

9）监测和告警装置；

10）警示标识；

11）自然灾害的可能性及其预防措施；

12）安全法规、制度、规程的要求及其适用性；

13）其他需要关注的安全事项。

3.2.4　工作计划流程

工作计划流程是将技术工艺流程、技术安全流程和质量保证流程的工作项目科学有效地落实到具体时间、地点和机构与人员上。航天发射工作计划流程的形式通常有：总体工作计划、系统工作计划和专项工作计划等。影响航天发射计划流程编制的主要因素包括：发射窗口、航天产品进场时间、发射场区可用资源、节假日安排、质量安全问题、阶段质量评审结论、气候气象因素、社会（商业）环境和其他须考虑的问题等。

（1）总体工作计划。

总体工作计划是航天发射任务的基准计划，通常按照以下步骤制定：

步骤一，以航天发射技术工艺流程为基础，综合考虑影响任务总体工作计划的因素，统筹可用资源，在假设和约束条件的限制下制定出总体工作计划流程草案。

步骤二，总体工作计划草案完成后，须征求参加任务各系统（单位）意见，就工作安排和进度达成一致意见后提交指挥部审议批准。

步骤三，批准后的总体工作计划应下发至参加任务的各系统（单位）。

（2）系统工作计划

参加任务的各系统（单位）须根据总体工作计划安排，细化本系统（单位）工作项目，协调与外系统（单位）接口关系，合理调配本系统（单位）内部资源，完善本系统（单位）工作计划。各系统（单位）工作计划应与总体工作计划相匹配，工作项目可在系统内部适当调整，但在关键节点处须与总体工作计划时间取齐。

（3）专项工作计划

在任务实施过程中，为保证重点工作（如转场、运载器加注等）进度和资源投入，确保参加任务各方更好地协同工作，通常会针对重点工作制定专项工作计划。专项工作计划是总体工作计划在重点工作中的细化，其编制要求与总体工作计划相似。

3.3　一体化流程设计

在多数情况下，技术工艺流程、技术安全流程、质量保证流程和工作计划流程是由不同类型的人员完成，技术工艺流程常常由技术设计人员完成，质量保证流程常常由质量保证人员完成，技术安全流程常常是在质量保证人员参与下由技术设计人员完成，计划流程通常由指挥调度人员完成。为保证上述四类流程相互协调一致，需要在技术设计人员、质量保证人员共同参与下，由指挥调度人员将上述四类流程有机融合在一起，形成融合了工艺、质量、安全和计划（Technology Quality Safety and Work，TQSW）流程的 TQSW 流程，又称为一体化流程。图 3-2 是系统级流程融合工作程序示意。

步骤一，以技术工艺流程为基准，将不同部门、不同人员编制的技术安全流程、质量

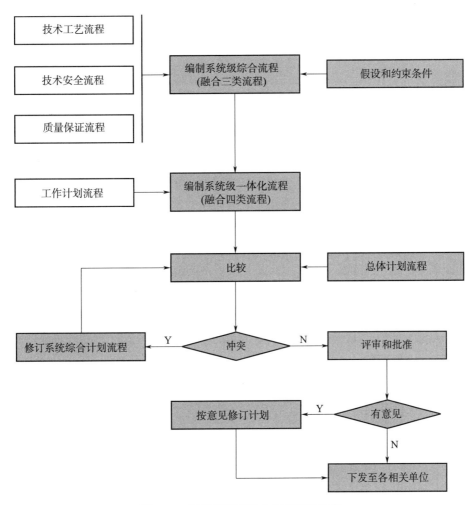

图 3-2　系统级流程融合工作程序示意

保证流程或插入、或叠加到技术工艺流程上，然后梳理归纳、协调解决相互交叉、重叠和矛盾的工作，统筹形成系统级综合流程。

步骤二，以任务总体计划节点为参照点，将叠加后的综合流程（含工艺、安全和质量）映射到时间轴上，加入工作协调、资源保障和社会活动等工作计划流程的内容，形成一体化流程。

步骤三，将一体化流程与任务总体计划要求相比较，若存在冲突，优化、修改一体化流程。

步骤四，按程序组织一体化流程评审和批准，按评审和批准意见修改一体化流程。

步骤五，将批准后的系统级一体化计划流程发至各相关单位和机构。

图 3-3 是某航天发射任务运载器系统四类流程融合后的一体化流程示意图。

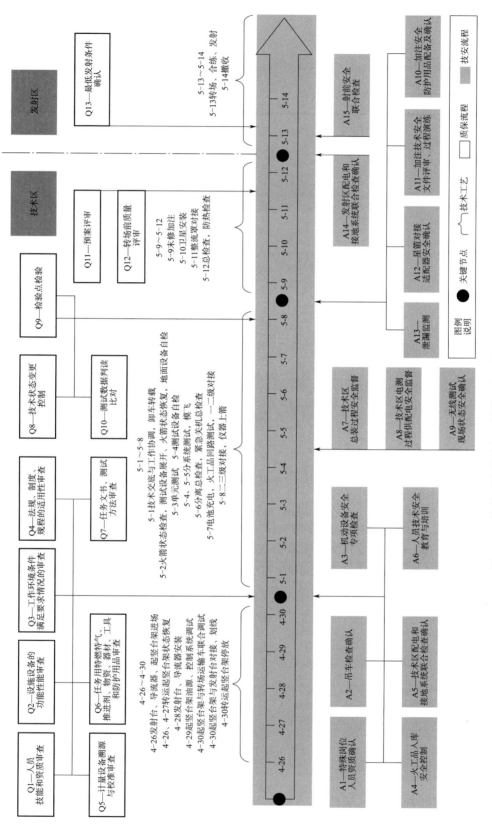

图 3－3　某航天发射任务运载器系统一体化流程简要示意

3.4　一体化流程优化

一体化流程优化又称流程改进或过程改进，目的有四：一是防止意外事件；二是控制流程偏移；三是统筹并行任务；四是融合多种措施。

3.4.1　防止意外事件

中国航天发射中流行着一句"名言"，即"发生的问题都是事前未想到的问题"。事实上，意外事件已成为航天发射失利的最主要因素，预防意外事件也已成为航天发射流程优化的核心内容，这包括增强预见性、提高应对能力、规避超负荷工作和避免疲劳工作等。

（1）增强预见性

意外事件处于人的认识之外，所以，不可能针对具体意外事件制定针对性的具体措施，但是，可以使用统计学对意外事件进行研究和预防。如将航天发射实施过程中所有可能发生的事件视作全集，则在任务实施过程中预见事件和意外事件就构成互补关系。用 $A^{事件}$ 表示全集，用 $B^{预见}$ 表示预见事件集合，用 $B^{意外}$ 表示意外事件集合，则

$$A^{事件} = B^{预见} \bigcup B^{意外}$$

且

$$B^{预见} \bigcap B^{意外} = 0$$

虽然不可能知道还有没有意外事件以及意外事件的数量，但从上式知道，只要能有效地预见、识别在任务中可能发生的事件，即增加 $B^{预见}$ 事件，就可以有效减少 $B^{意外}$ 事件的数量，而且 $B^{预见}$ 事件增加的越多，$B^{意外}$ 事件就会越少。航天发射常用的增加 $B^{预见}$ 事件的方法主要有两种，即等级全息建模技术和头脑风暴法。

等级全息建模是将复杂系统以互补、协作的方式分解为子系统、部件、单元等层次，每一层次都是完整系统的某一特定的视角结构，每一视角都是对系统可能会发生什么事件的完整分析，目的在于捕捉和展现一个系统在其多个方面、视角、维度和层次中的内在不同特征和本质。为了获得一个全息的结果，等级全息建模技术高度依赖分析人员的专业知识和分析能力，并要求分析者应包括来自各个层级的人员。等级全息建模应用于意外事件预防，主要是通过从不同层次、不同维度和视角分析、认识同一对象来获得一个全息的结果，达到有效减少未知（意外）因素（事件）的目的。

头脑风暴法又称智力激励法或自由思考法，实施时一群人围绕着一个特定的专题开会，会议不使用拘束的规则，与会人员能够自由思考、畅所欲言，既可以在他人提出的观点之上建立新观点，也可"天马行空"式提出新想法。新观点无论对错都会被记录下来，只有会议结束后才对这些观点进行分类评估。头脑风暴法应用于意外事件预防，主要是从不同专业、不同背景、不同层次、不同视角，以发散性思维的方式发现航天发射实施中可能存在的问题、遗漏的事项和条件，进而达到有效减少意外事件数量的目的。

航天发射流程优化工作中，通过有效运用等级全息建模技术和头脑风暴法，分析审查

技术工艺、质量保证、技术安全和工作计划流程，查找可能存在的工作漏项与风险，并通过覆盖性分析确认流程存在的缺陷，补充完善流程工作事项和工作关系，可以达到有效减小意外事件发生可能性的目的。

（2）提高应对能力

由于无法预见和描述意外事件，不可能制定针对意外事件的具体措施，但可以通过整理分析曾发生过的意外事件，识别单位在应对意外事件方面存在的问题和薄弱环节，然后针对这些问题和薄弱环节，在技术工艺、质量保证、技术安全和工作计划流程中采取措施，达到有效提高组织应对意外事件能力的目的。

如何提高应对航天发射意外事件的能力有些基本程序可以遵循，这包括：

1）收集、整理航天发射中发生的意外事件；

2）针对流程设计结果广泛征求相关专家意见或广泛邀请相关专家进行讨论；

3）对航天发射中发生的问题、事件、事故进行分类，必要时也可进行统计分析；

4）分析上述三个步骤获取的数据，利用工程技术知识和经验识别在应对意外事件方面存在的问题和薄弱环节；

5）开展"双想"活动，预想后续工作可能发生的新情况、新问题，回想已做工作中哪些措施未落实、工作未到位；

6）针对4）、5）活动中发现的问题和薄弱环节，补充、完善和修改流程中的相关内容。

上述步骤中的4）、5）和6）的实施效果高度依赖于人员专业知识和工程经验。

（3）规避超负荷工作

大量的意外事故原因调查结果显示，单位或个人处于超负荷工作是导致意外事故发生的主要原因之一。

精确地度量工作负荷几乎是不可能的事，但人们很容易把高工作负荷与"太多的事要做，可只有很少时间"联系起来，因此使用时间比率概念来度量工作负荷是一个普遍为人们所接受的概念，时间比率（TP）即所需时间（TR）与可用时间（TA）的比，当TP＞1时，通常认为工作处于超负荷状态，TP越大，超负荷状态越严重。

人因工程专家建议，应给突发情况提供一个有剩余能力的余地，因此在时间比率分析的基础上创建了一个工作负荷0.7～0.9的理想区域。在航天发射业务领域范围内，绝大多数的任务时间可以通过观察、记录和统计任务完成时间获得，另外一部分任务时间可以采用三值估计法得到，即任务时间＝（乐观时间＋4×最有可能时间＋悲观时间）/6。同时，评估任务时间时应把隐含时间包括进来，如计划、评审、验证和确认等活动所需时间。

不管是纯粹的时间压力（TR/TA），还是来自任务资源需求的增加，当任务进入超负荷区域时，对单位管理和人员精准操作都有重要影响，表现为可能会遇到一些负面事件，而且很难预见这些负面事件是如何发生的。

Edland和Svenson的报告指出，在时间压力下做决策时可能有以下后果：

1）对输入信息有更大的选择性；

2）对更重要的信息源给予更大的权重；

3）精确性下降；

4）更少使用涉及复杂心理计算的策略；

5）锁定单一的策略。

规避超负荷工作最直接的方法是延长任务周期和加大资源投入。但是，航天发射任务相对于其他高科技领域，进度约束的硬性条件较多，如一些时效性较强的政治军事目的、个别发射窗口较少的任务、资源短缺引起的时间限制和测试发射工艺流程约束等，这导致很多情况下的流程设计和优化不能通过延长任务周期、加大基础设施设备投入（包括增加自动化的水平）来解决超负荷工作的问题。

规避超负荷工作的另一个常用方法是"削峰填谷"法。航天发射任务实施中多系统、多任务并行的情况非常普遍，除关键路径上的工作外，其他工作都存在自由时差和总时差。这样，在不影响工程总时间或高层级工作完成时间的情况下，可以有效利用自由时差和总时差来调整子工作的开始和结束时间，使工作负荷尽可能维持在理想区域，流程实际调整过程中像是将工作负荷的高峰移到工作负荷的低谷，故称为"削峰填谷"法。

（4）避免疲劳工作

大量的意外事故原因调查结果显示，疲劳工作与超负荷工作一样，也是导致意外事故发生的主要原因之一。疲劳可以被定义为警觉和困倦之间的一个过渡状态，或者更精确地说是由于肌肉和中枢神经长时间从事生理活动和心理加工过程，缺乏足够的休息而产生的没有足够的能力或资源维持活动或加工的最佳水平。

使用时间比率度量工作负荷有一个缺陷，即忽视了任务持续时间对工作绩效的影响。大量的研究表明，随着工作时间的持续延长、休息中断或最大值班循环，人会出现心理和生理的双重疲劳，进而工作绩效明显下降并且使维持注意变得困难。

除连续的长时间工作会导致疲劳外，睡眠不足是导致疲劳工作的另一重要原因。事实上，连续工作造成的疲劳在很多时候与睡眠不足混淆在一起，尽管二者对操作者的影响略有不同。大量的研究文献表明，睡眠不足对依赖视觉输入的任务影响尤为明显，其次是对长时间任务操作的影响，表现为信息加工处理能力下降、动作迟钝且精确性下降、对异常情况的响应时间明显滞后等。睡眠不足包括三种独立因素的影响：即睡眠剥夺或睡眠缺乏，凌晨人体昼夜节律最低点时进行工作，由于轮班或时差等导致的昼夜节律被破坏。

令人紧张的焦虑和危险情形会增加人的生理唤起，这种唤起可以由许多生理指标的变化客观地显示出来，如心率、瞳孔直径和激素物质。长期的研究发现，人的生理唤起水平与操作绩效之间存在倒 U 函数关系，即从超低水平唤起开始，随着唤起水平的增长，操作绩效会增长到最优唤起水平，然后随着唤起水平的增加，操作绩效会呈迅速下降的趋势。Desmond & Hancock 的研究表明，疲劳不仅来自工作过多、睡眠不足的累积效应，也可能由于长时从事超低唤起水平的工作所致，术语称警觉不足。

随着航天发射高密度、高频度变成常态，发射场从事一线工作的技术操作人员经常数月内得不到很好的休息；某些航天发射受发射窗口时间的约束，要求技术操作者在凌晨进行操作的事情时有发生，因此，疲劳工作的问题正在航天发射场技术操作领域蔓延并日益引起相关决策者的高度关注。同时，航天发射自动化的水平不断升级，越来越多的岗位操作者更频繁地扮演着自动化工作监督者的角色，在这种监督者的角色中，人的唯一职责是对极少出现的自动化失灵情形做出创造性的决策与反应，这种超低唤起的工作使操作者维持持久注意的难度明显增加。解决或缓解航天发射场技术操作疲劳工作的措施有两种：一种是通过流程设计来减少员工的工作负荷，消除和缓解员工的疲劳；另一种是通过有效的针对性训练，提高员工应对高时间压力和抗疲劳的能力。

3.4.2 控制流程偏移

流程实施受两类因素的影响：一类是人们无法控制或难以控制的随机因素（Random Cause），又称固有因素（Common Cause），其导致的流程输出结果表现为随机波动；另一类是相对稳定地作用于流程并制约着流程输出的系统因素（Assignable Cause），又称异常因素（Special Cause），其导致的流程输出结果常常表现为向某一方向偏移，两类因素共同作用的结果是使流程输出表现为"波动＋偏移"的现象。

因为由随机因素导致的流程输出波动不能根除，所以不得不承认随机因素的合理性；由异常因素导致的过程输出偏移常常可以控制，且偏移会导致流程实现预期结果的能力大大降低，所以异常因素常常不被接受。为此，以控制流程偏移为目的的流程优化工作重点在于发现并消除/控制异常因素。

（1）流程能力评价

流程能力评价是通过对流程实现预期结果的能力进行评价，以确认流程能力是否充分。流程能力习惯上用流程能力指数（也称过程能力指数）来定量评价。

过程能力指数。若过程输出变量 y 服从正态分布，即 $y \sim N(\mu, \sigma^2)$，其中 μ 和 σ 分别为 y 的均值和标准差，且过程处于统计控制状态，过程输出均值 μ 与过程输出质量特性的规格中心或目标值重合，定义过程能力指数 C_p 为过程输出容差与过程自然波动范围 $[\mu - 3\sigma, \mu + 3\sigma]$ 之比

$$C_p = \frac{\text{USL} - \text{LSL}}{6\sigma} = \frac{T}{6\sigma}$$

式中，USL 和 LSL 分别是质量特性的上、下限规格。通常当 $1.33 \leqslant C_P \leqslant 1.67$ 时，称过程能力充分，若过程质量水平达到 6σ 时，则 $C_p = 2$。

由于流程能力指数测量需要基于一定的样本统计量，而每次航天发射都具有"独一无二"性，且其错综复杂的流程输出多数都不具有明显的可量化的规格，因此，多数航天发射流程能力评价不能使用过程能力指数测量，而是采用基于要素和输出结果的定性评价。

航天发射流程能力定性评价以保证流程有效实施的资源、确保流程按预定路线实施的程序和流程输出结果为主要对象，评价流程达成预期目的的充分性，包括流程输出结果测量、基础设施功能性能认可、岗位人员资格鉴定、流程方法程序确认、阶段评审放行准则评审等，具体方法因系统和专业特点而异。

（2）偏移原因分析

偏移原因分析是使流程优化工作聚焦于输入与输出之间的关系，找出导致流程输出偏移预期结果的原因，即异常因素。

偏离原因分析需要解决的问题主要有：

1）收集到的有关流程现状的数据是否充分、可信？

2）如何确认、验证导致流程偏离的潜在原因和关键因素？

3）哪些原因和因素需要进一步深入调查、分析？

4）是否需要调整流程优化的目标？

5）在偏移原因分析工作结束之前，流程优化应明确优化什么，有哪些优化计划和优化效果的评价方法？

航天发射流程优化常用循环分析法实现对流程偏离原因的探索，图 3-4 是循环分析法的程序示意。循环从流程水平测量开始，通过对流程能力分析，提出对流程偏移原因的初始假设和推测；接着，通过收集更多的数据和证据来验证假设和推测的正确性；随着分析循环的深入进行，各种假设和推测会被确认或拒绝，数据和证据不断地得到补充和完善，直至导致流程偏离的主要原因显现出来并得到进一步的验证，为流程优化找准方向。

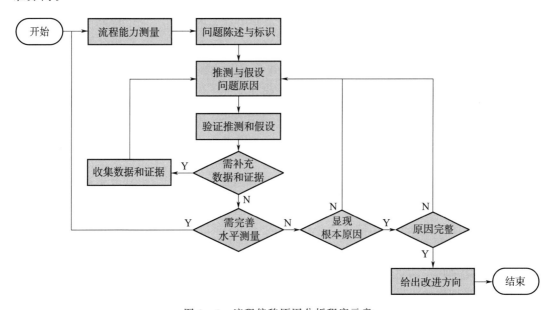

图 3-4　流程偏移原因分析程序示意

航天发射流程偏移原因分析的主要工具还有故障树、故障模式影响分析、因果图、假设检验、方差分析、相关分析和回归分析等。

（3）流程优化控制

通过流程能力评价、偏移原因分析，对引起流程偏离的根本原因有了准确把握，至此，控制流程偏移的优化工作进入到了实质性的流程优化控制阶段。尽管也有一些方法和原则可以帮助找出控制流程偏移的最佳方案，如试验设计、故障模式影响分析、调优运算（Evolutionary Operation，EVOP）等，但是，制定好的流程优化方案仍主要依赖于流程优化团队掌握的专业知识和对流程本身的深刻感悟。

流程优化控制阶段的目标是形成针对流程偏离产生原因的最佳解决方案，并验证方案的有效性。解决方案的产生应遵守简化设计的原则（Smart Simple Design，SSD），即

1）简化流程步骤，以最少的步骤产生要求的输出；

2）尽可能地使用标准化的流程方法（网络图、程序图、表格和软件）；

3）流程中的传递或转换尽可能的少，特别是在不同机构和单位之间；

4）没有不增值的环节或步骤，没有浪费产生。

在很多情况下，问题的解决方案不止一个，需要对它们的优劣进行评价，除从技术层面上综合衡量成本、效果、周期等因素外，还应考虑方法的接受程度，即它们将对使用这些方法的人员会造成什么影响，以及使用这些方法的人员是否愿意接受这样的优化。任何解决方案的有效性均需要验证，这包括通过对样本的测量分析所得到的优化效果数据和据此做出推断的置信程度。

流程优化控制阶段的主要目的是使流程优化成果对人们的工作方式形成长期影响并得以保持。在这方面好的做法有：

1）文件化流程优化的成果。一旦优化方案经验证是有效的、可维持的，就应将所有新措施文件化，并纳入受控的文件体系。

2）建立流程控制计划。控制计划应标明在流程中的哪些地方监测输入、运行和输出，明确防止异常发生的措施和异常发生时的应对方案。

3）持续监测和控制流程的运行。

3.4.3　统筹并行任务

航天发射常常面临多任务并行执行的情况，这包括多项航天发射任务在同一发射场同时开展工作和同一航天发射任务的多个系统在同一发射场并行开展工作。为保证并行开展的各项工作能够在规范有序的状态下高效实施，需要统筹优化各任务、系统和分系统的工作流程。

（1）优化原则

并行任务流程优化应遵循以下原则：

1）考虑多任务间人力资源、设施设备、电磁兼容性等约束条件，在互不影响关键进度节点的前提下，采取重大和关键工作项目错开、其余工作并行展开的模式；

2）应划分任务重要性等级，在资源冲突且无法避免时，优先保证重要性等级高的任务；

3）要考虑发射窗口时间约束，点火发射工作优先，发射日除实施发射的任务外，其他工作须在确保不影响点火发射工作的情况下开展；

4）依据对发射场资源的实际占用及冲突情况，充分利用现有资源，统筹规划并行时

间、项目及关键节点，寻求最大并行度或最优目标值。

（2）工作项目优化

流程工作项目优化对象包括任务流程上安排的所有有效工作。常用方法有：精简测试项目、调整项目安排和调整项目内容等。

精简测试项目。分析多任务并行时存在的重复性工作项目和可合并进行的工作项目，给出充足的理由，通过调整、合并等方法，简化工作项目、删除不必要工作。

调整项目安排。分析项目间的影响，根据流程安排，找出可以在流程中调整的测试项目，通过调整某些工作项目在流程时间线上的位置和利用流程外时间开展工作等，提高航天测试发射效率、节约工作时间。

调整项目内容。某些测试项目内容安排存在不合理之处，在不改变测试覆盖性和有效性的前提下，通过删减、修改和重新规划工作内容等，达到提高单个工作项目效率的目的。

（3）流程时间优化

流程时间优化通常依据流程中工作项目内容，通过科学规划资源投入的时机和持续时间，考察并精确设定工作持续时间，达到减少工作时间和缩减流程工期的目的。

减少工作时间的方法是查找工作中的无效时间，分析造成无效工作时间的原因，然后针对原因施策，如改变资源投入、连续检查测试、改进数据判读方式和优化分工等。缩减流程工期的方法是在对比分析历史数据、推演新增项目持续时间的基础上，准确调配资源、科学安排工作顺序和尽可能并行开展工作等。

（4）人员岗位优化

岗位设置是基于工作项目内容、场地和时间等而设置的，人员配置通常仅考虑岗位对人员数质量的需求，对多项目、多系统、多岗位之间的人力资源共享考虑较少。人员岗位优化主要是通过对多项目、多系统的岗位设置分析，找出岗位工作内容、岗位对人员需求、岗位上无工作的时间，通过合并可以兼顾工作的岗位、增设辅助岗位、一人或多人协同兼顾多个岗位等方法，实现节省人力资源的目的。人员岗位优化客观上要求人员定岗工作应具有开放性，需根据约束条件和现场工作情况进行动态调整。

（5）资源配置优化

实现多任务之间的资源共享、减少资源闲置时间、准确投放相关资源，使资源效能最大化是资源配置优化的核心。

资源共享依赖于基础设施设备功能性能的标准化或通用化的程度，即同一设施设备适用于不同航天发射任务的能力。航天发射多任务测试发射流程设计优化应对设施设备的标准化提出要求，并在航天发射场改扩建时落实。

减少资源闲置时间、最大化地发挥设施设备效能属于作业调度问题。一般是在设定约束条件后，利用非关键工作的总时差和自由时差优化多任务测试发射工艺流程，进而最大限度地发挥设施设备的效能，缩短总工期。

准确投放相关资源是根据任务对资源的实际需求，在流程中准确给出资源供给的时间和数量，保证不会因为供给提前或滞后、多出或不足而导致资源浪费或影响任务进度的问题。

3.4.4　融合多种措施

为保证流程实施及其结果满足要求，同时又能达到节约资源、提高效率、增强效果的目的，航天发射一体化工作流程通常按照"工艺＋质量、安全、环境保证＋应急预案"的结构，将质量、安全、环境和应急的相关要求及其控制措施融入到流程之中。实现上述措施融合的工具方法有很多，常见的有控制图、程序图、检查表、操作规程、协同指挥程序和联合工作集中控制图等，这里讨论航天发射常用的联合工作集中控制图，其他工具请读者参考相关资料。

工程实际中，航天发射关键和主要流程几乎都是通过实时指挥调度来协同多个岗位联合工作，通过交互式检查和确认控制操作节奏、保证技术状态正确。针对上述特点，在总结多年实践经验的基础上，我国航天发射场提出并开发了联合工作集中控制图这一工具，并通过这一工具将有关质量、安全、环境和应急响应的管控措施融入到各种联合和协同操作的流程之中。

联合工作集中控制图是按逻辑和时间顺序，排列正常情况下的操作步骤和推进条件，同时也可以在异常情况发生时，对备选路径的决策点及其处置步骤进行描述。绘制联合工作集中控制图的步骤如下：

步骤一，明确流程目的，确定流程中所有工作项目、操作步骤、节奏控制条件、可能发生的事件。

步骤二，确认质量、安全、环境和应急响应的要求与控制措施。

步骤三，确定过程实施时基础设施要求，所需岗位和人员，并行开展的工作等。

步骤四，将质量、安全、环境和应急响应的控制措施（包括节奏控制条件）融入到具体的操作步骤和状态检查中。

步骤五，按照时间先后顺序和持续时间，罗列工作项目、操作内容、状态监视和岗位协同关系，绘制联合工作集中控制图。

图 3-5 是某工序过程中岗位与指挥员之间的联合工作集中控制图。图中，将岗位间协同确认、阀门状态监视确认、压力状态控制确认、工作时间控制等质量、安全和环境控制措施有机地融入到具体的操作中，使质量、安全、环境和应急管理在过程实施中彼此交融、浑然一体。

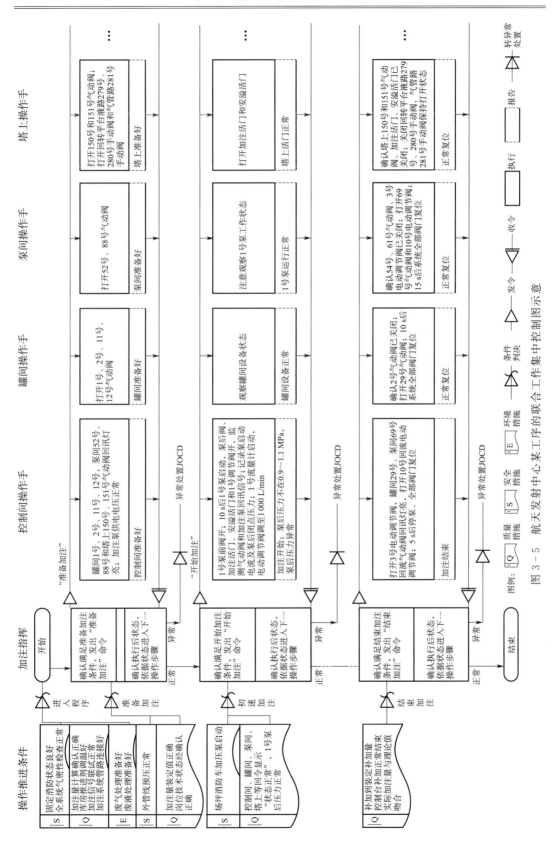

图 3-5　航天发射中心某工序的联合工作集中控制图示意

参 考 文 献

［1］ 何坚勇. 最优化方法［M］. 北京：清华大学出版社，2007.

［2］ 迈克尔·哈默，詹姆斯·钱匹. 企业再造——工商业革命宣言［M］. 小草，译. 南昌：江西人民出版社，2019.

［3］ 张浩. 管理科学研究模型与方法［M］. 北京：清华大学出版社，2016.

［4］ 朱豫才. 过程控制的多变量系统辨识［M］. 北京：国防科技大学出版社，2004.

［5］ 迈克尔·哈默. 超越再造［M］. 上海：上海译文出版社，2007.

［6］ 迈克尔·哈默，丽莎·赫什曼. 再造奇迹：企业成功转型的 9 大关键［M］. 陈汝曦，译. 北京：科学出版社，2012.

［7］ 王玉荣，葛新红. 流程革命 2.0：让战略落地的流程管理［M］. 北京：北京大学企业管理出版社，2016.

［8］ 孙家栋，杨长风，等. 北斗二号卫星工程系统工程管理［M］. 北京：国防工业出版社，2017.

［9］ 吉娜·阿比戴，尤萨夫·阿比戴. 业务流程改进（BPI）项目管理最佳实践［M］. 陈志强，吴小羊，译. 北京：电子工业出版社，2016.

［10］ 谭洪华. 五大质量工具详解及运用案例［M］. 北京：中华工商联合出版社，2017.

［11］ 宋征宇. 运载火箭地面测试与发射控制技术［M］. 北京：国防工业出版社，2016.

［12］ 黄春平，侯光明. 载人航天运载火箭系统研制管理［M］. 北京：科学出版社，2007.

［13］ 张浩. 管理学研究模型与方法［M］. 北京：清华大学出版社，2016.

［14］ 李国良. 流程制胜-业务流程优化与再造［M］. 北京：中国发展出版社，2005.

［15］ 徐建强. 火箭卫星产品试验［M］. 北京：中国宇航出版社，2012.

［16］ 杨爱华，等. 项目管理：计划、进度和控制的系统方法［M］. 北京：电子工业出版社，2014.

［17］ 武小悦，刘琦. 装备试验与评价［M］. 北京：国防工业出版社，2008.

［18］ 周晟瀚，等. 复杂装备试验安全风险评估与预警［M］. 北京：中国电力出版社，2017.

［19］ 吉尔里 A. 拉姆列，艾伦 P. 布拉奇. 流程圣经［M］. 王翔，杜颖，译. 北京：东方出版社，2014.

［20］ 尹隆森. 管理流程设计实务［M］. 北京：人民邮电出版社，2005.

［21］ 吉尔里 A. 拉姆列. 流程绩效实战［M］. 王翔，译. 北京：东方出版社，2016.

［22］ 张育林. 航天发射项目管理［M］. 北京：国防工业出版社，2012.

［23］ 张洪太，余后满. 航天器项目管理［M］. 北京：北京理工大学出版社，2018.

第 4 章
航天发射质量保证方法

　　航天发射高投入、高风险决定了零缺陷是其质量保证方法的本质要求。本章从任务准备、过程控制、技术操作、设施设备、任务软件和航天产品六个方面论述航天发射零缺陷质量保证方法。

4.1　任务准备质量保证

4.1.1　模型构建

　　航天发射任务准备通常是指发射场及其相关系统的任务准备，其目的是为航天产品进场后的测试发射工作建立科学的任务组织机制，提供合格的人员、设备和环境，明示完整的工作项目和正确的流程、方法，并以文件化的方式呈现出来。因此，航天发射任务准备质量保证要求包含三个方面内容：一是从任务准备充分性的角度讲，任务策划、设施设备、人员岗位、技术状态、任务文书等要素的内容、类型、数量和质量等须满足任务要求；二是从任务准备有效性的角度讲，任务准备要为"保证工程实施过程及结果的质量和安全，控制重大人因差错和重要设施设备故障发生的水平"提供科学有效的措施保证；三是从任务准备适用性的角度讲，任务准备应能有效解决任务实施中的薄弱环节问题。针对上述任务准备要求，我国航天发射提出了"5＋4＋1"任务准备模型，如图4－1所示。"5＋4＋1"即："五个全面覆盖＋四项重点工作＋一个薄弱环节梳理"。

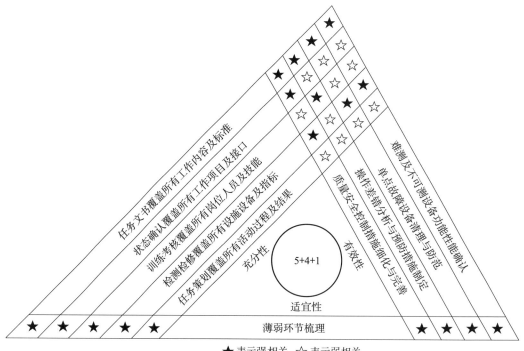

★表示强相关　☆表示弱相关

图4－1　"5＋4＋1"模式间关系

　　五个全面覆盖具体是指任务策划覆盖所有活动过程及结果，检测检修覆盖所有设施设备及指标，训练考核覆盖所有岗位人员及技能，状态确认覆盖所有工作项目及接口，任务文书覆盖所有工作内容及标准。四项重点工作是指质量安全控制措施细化与完善，操作差错分析与预防措施制定，单点故障设备清理与防范，难测及不可测设备功能性能确认。一个薄弱环节是指存在较多不确定性因素、实施结果波动较大且可能影响任务顺利实施的过程。

五个全面覆盖要求与任务有关的所有工作都得到识别且目的标准明确，所有资源都准备到位且质量满足要求，所有工作程序方法都经过验证确认且不存在错误，可确保任务准备充分。四项重点工作突出了任务准备的关键，是提高任务准备工作效率、确保任务准备有效的工具。一个薄弱环节梳理是有效降低和预防质量责任事故发生，保证任务准备与工作实际、传统经验相吻合的科学方法。三者相互支持、互为补充，构成了要素齐备、内涵清晰、反映客观的理论模型。

4.1.2　任务策划

任务策划是在航天测试发射工艺流程的基础上，在具体任务要求、组织可用资源和质量管理体系规范等条件约束下，规划、设计如何通过航天发射质量工程的有效实施，保证航天发射任务全过程及其结果的质量，达成"准时发射、精确入轨、正常运行"之目的。主要工作内容包括：确定任务要求与目标，分析任务过程，设置质量控制点，确定并验证质量安全措施，制定工作计划和策划任务文书要求等。

（1）确定任务要求与目标

确定航天发射任务要求的活动包括要求的识别、转化和评审，目的是将航天发射工程总体要求、航天发射工程主要参与方的要求转化成任务策划和设计开发的输入。获取航天发射任务要求的主要途径包括：航天工程总体方案，航天发射任务协调会，航天工程主管部门通知，上级下发的指示与通知，航天产品研制方对发射场提出的要求，工作协调纪要等。

航天发射任务要求应转化为任务准备与实施过程中能够得到有效控制的质量特性或标准，包括：

1）主要工作项目（或活动）；

2）任务持续时间和主要节点；

3）对人员、设施设备、场地、工作环境、物资器材和资金等方面的需求；

4）系统功能和性能要求；

5）可靠性、安全性、准确性、及时性和完整性方面的要求；

6）其他必须满足的要求。

为确保关键相关方的要求得到正确理解、及时响应和确认，应保持与关键相关方的沟通。应评审任务要求识别的结果，包括对工作范围、程序流程、技术方案、阶段性和最终任务结果的要求，以确保识别出的任务要求全面、正确地反映了关键相关方的要求。

应依据识别、确认的任务要求建立质量目标，制定为实现质量目标而采取的方案或措施。质量目标通常应包括两个方面，一是最终结果须满足航天发射成功的判定标准；二是反应在组织计划、主要活动、任务文书、技术状态、质量问题、顾客满意度、资源管理、航天产品保证和风险控制等方面的追求。

（2）建立技术工艺流程，分析确定质量特性

按照 3.2.1 节提供的方法，建立航天发射任务技术工艺流程。在技术工艺流程的基础上，使用可靠性、安全性分析技术进行质量特性分析，确定每项工作（活动）和任务最终的质量特性及其要求（标准），明确任务实施中的薄弱环节。

（3）设置质量控制点，确定并验证质量控制措施

质量控制点设置是基于质量特性及其要求（标准）和薄弱环节，明确在航天发射工艺流程中的何处实施质量控制。质量控制点设置的目的在于把握并控制任务实施中的质量工作重点，对任务实施质量进行有效管理。质量控制措施确定是针对设置的质量控制点，使用任务准备、过程控制、设施设备、技术操作、任务软件和航天产品等领域的质量控制技术制定相应的质量保证手段，内容包括质量控制点、质量状态及其标识、技术和管理手段、质量状态检验者及对检验者的要求等。

质量控制措施在实施前应经过评审验证，以确保这些措施能达到预期结果，预期结果包括过程和产品质量满足要求、相关风险被控制在可接受范围。质量控制措施的验证方法包括分析、演示、检查和试验四种类型。

分析是基于数学模型评估质量控制措施达成预期目的的有效性，如火箭推进剂加注量计算方法的验证。演示是基于系统工作原理、试验和数据，通过逻辑推理评价质量控制措施的适用性，如逃逸安控模式的验证。检查是通过系统表观和运行检查，验证质量控制措施满足要求的程度，如吊装前对相关设备的运行检查。试验是基于获得的试验数据验证质量控制措施的可行性和效果，如安控对接试验。

（4）制定各类计划

任务计划制定是指依据航天发射任务要求，基于分析结果，制定包括组织指挥、信息沟通、任务进度、质量风险控制、资源环境保证、现场秩序管理等在内的工作计划。

组织指挥计划是根据航天发射指挥决策需要和上级部门的要求，明确任务机构设置与决策机制、确定任务实施方案、制定调度指挥和协同工作程序等。

信息沟通计划是依据信息沟通的约束条件和假设前提，确认信息沟通内容、方式和流程，明确信息加工处理要求，以保证信息接收者能在适当的时间、以适当的方式收到必要的并能充分理解其含义的信息。信息沟通计划通常应明确信息内容、信息接收者、信息提供者、信息提供方式、传递方式和传递频率等。

任务进度计划是指在各种制约因素作用下，统筹考虑工作项目、综合平衡各种可用资源后对航天发射各项工作进行的时间安排。一般包括总体进度计划、各系统进度计划、阶段工作计划、周进度计划和日工作计划等。

质量风险控制计划是依据可靠性和安全性分析评估结果，在任务可靠性、安全性要求和环境条件约束下，统筹进度和资源、兼顾费用和后续任务，对航天发射任务实施过程落实质量和风险控制措施所进行的统一策划。按层级划分，一般包括总体质量计划、系统质量计划和作业质量计划。主要内容包括：质量和风险控制的目的、依据、范围、要求和目标，技术标准，关键过程，主要监控点，重要措施，检查方法，责任人，记录规范等。

资源环境保证计划主要包括人员、设施设备、信息、物资器材和工作环境等方面的质量保证。人力资源质量保证涉及工作分析、人员选配和业务培训等方面的内容。设施设备质量保证涉及设施设备需求确认、设施设备检修检测、设施设备可靠性安全性评估、设施设备使用批准和设施设备零故障保证等。物资器材质量保证是针对任务所需物资器材的数质量情况，明确技术规范和服务保障要求。工作环境质量保证是针对任务工作环境要求，配置适宜的设备，建立有效的监测制度，保证其在任务全过程中满足要求。

现场秩序管理计划是在任务实施阶段，对重要工作区域内的作业活动和空间使用所进行的有效管理。航天发射任务现场秩序管理包括人员、航天产品和重要设施设备的现场安全管理，航天器加注、临射检查和运载器点火发射的关键时段管理，临射前紧急情况处置、发射窗口不能用、发生灾难事故时的应急管理，航天产品测试厂房、火箭舱段、发射区塔架、火工品测试安装间的场地管理等。

（5）策划任务文书要求

任务文书策划是依据任务要求和工作范围确定任务文件需求和为证实任务过程及其结果满足要求的记录需求，统称为成文信息需求。适用时，应建立文件和记录需求清单，明确文件沿用、修订和新编的责任单位或个人、完成时限、审核批准的流程和权限；属于设计和开发性质的总体技术文件，还应确定设计和开发的评审、验证和确认的方式、方法与时机等。

4.1.3　要素准备

航天发射任务要素准备包括设施设备准备、人员训练与考核、技术状态确认和任务文书拟制。

（1）设施设备准备

设施设备准备主要指对参加航天发射任务的设施设备（简称"参试设施设备"）开展检测检修等工作。设备检测检修工作是针对任务特点，使用以可靠性为中心的维修理论，通过适用而有效的预防性维修工作，达到以下目的：保持设施设备固有功能性能；将功能性能下降的设施设备恢复到固有水平；对固有功能性能不能满足要求的设施设备进行改造或不列入参试设施设备名录。

参试设施设备检测检修应覆盖所有参试设施设备及其功能性能指标。这里的覆盖有两层含义，一是所有参试设施设备在参加任务前都应进行检测检修，经可靠性评价合格后才能参加任务；二是每台参试设施设备的检测检修应覆盖其所有功能性能指标，这包括可以直接检查测试的指标，也包括不能直接测试或不易测试、不可测试的指标。

参试设施设备检测检修完毕后，应使用可靠性和安全性分析技术评价每台设施设备是否满足任务要求，对满足任务要求的设施设备参加任务准备评审，对不满足任务要求的设施设备提出相应的处置措施。

应坚持"学习、改进与创新"的质量原则，按规定的时间间隔对设施设备检测检修工作进行总结评价，使用过程改进技术不断完善设施设备检测检修规范和检测检修工作的组织管理，以增强设施设备检测检修的适用性和有效性。

（2）人员训练与考核

人员训练与考核是在航天发射任务正式实施之前，为确保参加任务的人员（简称"参试人员"）满足要求，依据岗位能力素质要求说明书对所有参试人员实施的岗位考核和技能培训的活动。依据任务准备要求，人员训练与考核应覆盖所有参试人员及要求。这里的覆盖有两层含义：一是所有参试人员都应经考核合格后才能定岗定位；二是所有定岗人员都必须经过针对性训练且满足相关技能要求后才能上岗。

（3）技术状态确认

技术状态确认是依据航天产品和地面设施设备的技术状态基线，基于航天发射工艺流程，对航天发射工程实施中的技术状态项目进行系统梳理，确认航天产品、地面设施设备和工作项目的要求，辨识技术变化情况，为质量风险计划的制定和技术状态控制奠定基础。

依据任务准备要求，航天发射技术状态确认应覆盖所有工作项目及接口，这里的覆盖包含三个方面的含义：一是依据航天产品在发射场的装配、对接、检查、测试要求和测试发射工艺流程安排，系统梳理并确认航天产品在发射场（靶场）的所有工作项目和技术状态，并将此次航天产品基线与最近发射过的相同或相似的航天产品基线相对照，明确技术状态变化及其对地面设施设备和测试发射工作项目的新要求，确认新要求已得到满足或已在后续工作计划中明确；二是依据任务大纲、测试发射工艺流程和已通过审查的各类方案，系统梳理地面设施设备的工作项目和技术状态，并与上次参加任务的工作项目和技术状态相比较，明确工作项目和技术状态的变化及其新增要求，确认新增要求已得到满足或已在后续工作中明确；三是系统间物理信道和接口、信息传输内容和格式应全部得到相关各方的确认。

（4）任务文书拟制

任务文书拟制是针对航天发射任务如何实施而确定成文信息需求，编制、批准和发放任务文件，制定、标识过程和结果记录的活动，目的是保证任务实施过程按规定的途径达成预期的结果。依据任务准备要求，任务文书应覆盖所有工作内容及标准，这里的覆盖包含三个方面的含义：一是所有任务组织机构的设置和职责、工作程序和办法应形成正式文件；二是所有活动和过程的组织流程、资源保证、应急处置和放行准则都应得到规定、沟通并形成文件或记录；三是所有重要工作的过程和结果应可追溯。

为保证任务文书的适用性、完整性，任务文书在执行前应经过评审和批准，评审不通过的任务文书经纠正后应组织再评审。

为保证各系统、各单位间统一行动，任务文书应在适当范围内得到沟通和理解，这包括：

1）任务文书应正确、及时、完整地传递到相关机构、单位和个人；

2）当任务文书涉及多个单位时，应组织所有相关单位一起学习会签，并将正式文件发放到所有相关单位；

3）对于重要的任务文书，应确认每个相关的岗位人员都已掌握了文书中的相关内容，适用时应统一组织相关人员学习；

4）保证岗位人员能方便、快捷地获取所需任务文书；

5）让相关岗位人员参加任务文书评审。

4.1.4　重点工作

按照任务准备要求，航天发射场应针对影响任务全局、事关工程成败和易出问题的工作进行重点准备，这主要包括以下四项工作：单点故障设备防范，不可测项目确认，操作差错分析与预防，控制措施细化与完善。

（1）单点故障设备防范

单点故障指引起系统故障，且无冗余或操作程序作为补救的设备故障。单点故障设备指在系统中具有单点故障性质的设备，系统可靠性框图在单点故障设备处表现为串联形式，一旦其失效将引起系统故障，甚至导致任务失败。因此，保证单点设备工作正常是航天发射质量保证的基本要求。

单点故障设备防范工作程序为：

步骤一，系统和分系统根据功能、结构及任务剖面建立系统可靠性框图，识别出存在单点故障模式的单机、单元和部组件、物理接口等，作为航天发射单点故障设备识别与控制的基础。

步骤二，根据系统和分系统可靠性框图，在故障模式影响分析（Failure Mode and Effect Analysis，FMEA）的基础上，筛选故障模式严酷度为灾难性和严重性的单点故障模式开展故障树分析（Failure Tree Analysis，FTA），找出最小割集，识别单点故障模式，形成单点故障模式清单。

步骤三，单机、单元和组件级人员根据单点故障模式清单，确定单机、单元和组件的关键特性，制定质量和风险控制措施，并上报分系统。

步骤四，分系统人员根据分系统所属单机、单元和组件的单点故障模式，综合分析分系统原理、组成、冗余、发生概率等因素，对单机、单元和组件的单点故障模式进行汇总，对关键特性进行识别并制定措施，上报系统。

步骤五，系统根据分系统单点故障模式表，从全系统的角度分析系统原理、构成、冗余、任务剖面以及跨系统间接口等因素后，统计出全系统的单点故障模式，对其关键特性进行识别并制定风险防控措施，最终形成全系统单点故障设备识别与控制报告。

步骤六，任务准备评审前，组织对单点故障设备识别与控制措施进行专题审查，火箭加注前，对单点故障设备的控制情况进行审查、复核，给出单点故障设备是否满足任务要求的明确结论。

（2）不可测项目确认

不可测项目指无法通过直接的测量或其他检查手段来确认评审对象的功能、性能是否处于正常状态的项目。不可测项目确认是通过产品生产过程考证和产品试验、检验的旁证数据对产品不可测项目的状态进行判定，通过装备固有特性和装备履历、运行检查的旁证数据对装备不可测项目的状态进行判定。不可测项目除由于被考察对象本身不具有可测试性外，如运载火箭上的火工品因是一次性使用产品不具有可测性，主要是由测试能力和环境条件限制所导致的，如发射塔架上的摆杆分系统的回转轴承因受安装位置限制而无法拆检。

不可测项目确认的工作程序为：

步骤一，系统和分系统根据功能、结构及任务剖面建立系统层次结构框图，识别不可测项目，作为航天发射任务不可测项目识别与控制的基础。

步骤二，单机、单元和组件级人员根据不可测项目清单，分析单机性能特性，确定单机关键特性，制定单机不可测项目确认方法，组织单机不可测项目确认，并上报分系统。

步骤三，分系统根据其下属单机的不可测项目表，综合分析分系统原理、组成、冗余、故障发生概率等因素，对单机的不可测项目进行汇总，对关键特性进行识别，制定分系统不可测项目确认方法，组织分系统不可测项目确认，并上报系统。

步骤四，系统根据其下属分系统的不可测项目表，从系统的角度分析系统原理、构成、冗余、任务剖面以及跨系统间接口等因素后，统计出系统的不可测项目，对关键特性进行识别，制定系统不可测项目确认方法，组织系统内不可测项目的确认，最终形成系统不可测项目识别与确认报告。

步骤五，通常，在任务准备评审前对不可测项目识别与控制工作进行专题审查。

（3）操作差错分析与预防

操作差错分析与预防的工作程序如下：

步骤一，任务分析。任务分析是为了理解人可能会在什么地方出错以及如何出错所进行的一种系统描述人机交互的方法。指挥员和操作员依据任务过程，系统梳理任务的层级关系、信息流、任务序列、任务场景和环境条件等，针对每项活动建立工作字典，包括：工作内容、设施设备、环境条件、人员定位、指挥口令、结果回令、设备操作等内容。

步骤二，根据工作字典，识别正常和异常两种情况下可能发生的操作差错。然后，使用 FMEA 分析每种差错模式，滤除可接受差错，在此基础上开展 FTA，找出最小割集，形成操作差错模式清单。

步骤三，按照知识缺、规则错、疏忽和遗忘等的分类方法，分析操作差错模式清单中每个操作差错的类别和原因。划分和比较操作差错的类型及其不同，目的是针对不同类型的差错采用不同的补救措施。例如，对于知识缺类的差错，可以通过更好的培训来提高操作者大脑中相关知识的储备或者通过提供更好的支持性知识环境来改进。

步骤四，针对步骤三"差错分析"的结果，系统梳理制定操作差错预防措施及落实计划。有效预防操作差错的途径包括人员培训、岗位选拔、流程优化、任务再设计、工作环境改善和设施设备设计等。

步骤五，评审操作差错识别的充分性和操作差错预防措施的有效性。以下情况通常是不可接受的：

1）单次（一人一次）操作差错就能造成事故的流程设计或设施设备的使用状态；

2）由一人连续两次操作差错，或两人同时发生单次操作差错，或一个部件故障与单次操作差错的结合就能导致与航天产品、关键设施设备和人身安全相关的关键指令错误或控制功能失效的流程设计或设施设备使用状态；

3）对可能导致电击、燃料泄漏、着火、爆炸、高空坠落等安全事故的操作差错未采取有效的预防和控制措施；

4）风险评价指数 RI≤10 的操作差错或风险评价指数 10＜RI≤18 且未进行评审或未通过评审的操作差错。

（4）控制措施细化与完善

控制措施细化与完善是基于任务质量特性，依靠专业技术、运用过程方法，通过分解细化、改进完善任务实施中质量风险控制措施，使质量风险控制工作更趋精确、协调和高效。

4.1.5　薄弱环节

任务准备阶段薄弱环节管理的重点是识别和确认薄弱环节，针对薄弱环节配置症候信息获取的设施设备、收集整理可能用到的历史信息，明确薄弱环节管理的责任、程序、方法等。

按照任务准备要求，薄弱环节是指存在较多不确定性因素、实施结果波动较大且可能影响任务顺利实施的过程。薄弱环节管理事关航天发射任务能否按计划实施以及任务结果的成败，因此具有特殊的地位，一般都会作为专题进行评审或确认。从航天发射工程实践来看，"存在较多不确定性因素、实施结果波动较大且可能影响任务顺利实施的过程"大多集中在评估与决策方面。目前，减少评估与决策不确定性因素的有效方法是信息融合技术，尽管在实际应用中，能实现信息融合的技术有很多，但所有方法都面临处理不确定信息的问题。考虑到参与航天发射任务决策的人员较多且专业面较宽，目前，航天发射使用的信息融合技术主要有证据合成技术和群决策技术。

4.2　过程控制质量保证

航天发射过程控制质量保证需要满足一体化管理体系要求，所以，在讨论过程控制质量保证模式和方法时，兼顾了安全、环境和应急响应要求。

4.2.1　过程质保模式

航天发射任务过程控制的目的是确保任务实施按照预定的途径达成期望的结果。过程控制质量保证包含三层含义：一是从工作范围看，所有过程均得到识别并分解到合适层次；二是从工作路径看，所有过程的实施途径均得到明确并有充分的资源保证；三是从工作结果看，所有过程状态及其结果的质量特性均处于可控和预期范围内。为有效杜绝航天发射过程控制遗漏，中国航天在总结多年过程控制经验教训的基础上提出了过程控制质量保证模式，如图 4 - 2 所示。

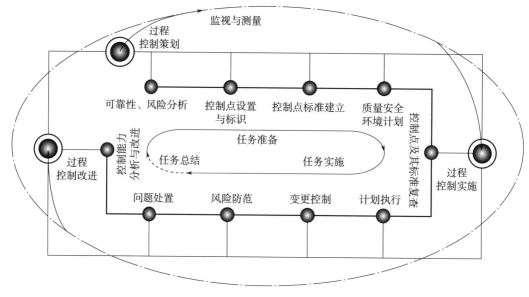

图 4 - 2　过程控制质量保证模式

图 4 - 2 中，过程控制策划是依据任务可靠性、风险和环境分析的结果，明确关键质量特性及其生成过程，进而确定质量控制点和相关措施与标准，制定质量风险计划（通常融合到一体化管理计划中）。过程控制实施是落实质量风险计划要求，对任务进行全时域、全空间、全要素的质量控制，落实相关措施、控制状态变更、归零质量问题。过程控制改进是针对任务实施中存在的问题和不足，策划改进计划，实施问题纠治，制定并落实纠正措施。

图 4 - 2 中，过程控制策划、实施和改进分别与任务准备、实施和总结三个阶段相对应，通过全程监视和测量（图中虚线部分）及时掌握各要素的状态并反馈给相应的过程，使策划、实施和改进构成自我纠正和闭环改进的机制。

4.2.2　过程控制策划

过程控制策划是在航天发射任务准备阶段，按照任务测试发射工艺流程、放行准则和关键相关方的要求，以一体化管理方针、目标和管理体系要求为依据，以任务各系统可靠性和风险分析为基础，明确本次任务一体化管理目标，识别分解任务过程，辨识质量特性、主要风险和重要环境因素，标识任务节点和关键过程，确定质量风险环境控制措施，设置一体化控制点，明确控制措施落实的责任、时机和记录要求，形成质量安全环境计划，作为开展航天发射过程控制的依据。

（1）设置控制点

依据过程控制原理，控制点在过程的执行层面（专业或工作组）至少有三种：一是在过程实施前对过程实施是否具备条件进行的控制，可称为前馈控制点，如工作开展前的班前会和状态确认；二是在过程实施中对过程参数或质量特性进行监控，以实时调整偏差，可称为事中（实时）控制点，如工作进行中的二岗检查；三是在过程完成后对过程结果的检查，可称为反馈控制点，如工作完成后的班后会和数据比对。因此，从过程执行层面讲，任何一个过程的实施都至少有三个质量控制点，即执行前的前馈控制点、执行中的事中控制点和执行后的反馈控制点。

控制点在系统层面通常表现为节点，由于任务实施过程类似于竹子的成长，一节接着一节，每一节的完成都建立在前一节的基础之上。因此，可以把任务过程划分成若干个节点，这些节点具有相对的独立性。在一般情况下，节点处应有阶段性表征，形成一个阶段性的结论，否则不能构成一个节点。如果没有一个阶段性的、客观的工程表征，形成不了任何阶段性的意见，那么，节点的设置就不能达到质量控制的目的。节点在任务实施过程中表现为阶段工作汇报与审核，如运载器单机测试完成后要进行单机测试汇报评审，评审通过后允许单机装箭转入后续过程。

控制点在工程层面通常表现为里程碑，在任务实施过程中发生质的变化处才可设置为里程碑，如运载器加注前全系统评审，此时运载器、航天器的装配测试工作全部完成，航天工程各系统间的联合检查也已结束，工程已具备运载器加注发射的条件。相对于节点处的调整与控制，在里程碑处应制定放行准则，并据此开展全系统考核，对任务阶段是否完成和是否具备转阶段条件给出决策性意见。

（2）制定质量风险环境计划

航天发射任务质量风险环境计划是规定航天发射任务实施过程中如何落实质量安全控制和环境保护措施，保证任务过程和结果满足要求的文件。因此，质量风险环境计划具有全息性，体现在对所有活动、过程和结果的质量安全环境标准和责任做出规定，对所有一体化控制点的设置、质量特性的监测进行明确，对所有质量安全环境控制措施的落实、检查和确认进行规范。因此，质量安全环境计划的制定和落实还应与任务组织层次和质量安全环境责任保持一致，通常包括工程、系统和专业三个层面。工程层面注重里程碑考核，系统层面关注节点把关，专业层面落实过程或活动的前馈控制、事中控制和反馈控制。

4.2.3　过程控制实施

过程控制实施就是在航天发射任务实施过程中落实质量风险环境计划，因此，过程控制的核心工作就是将质量风险环境计划付诸行动。在过程控制实施前，还应对控制点设置与质量安全环境控制措施进行复查、复审，以沟通和确认控制措施的适用性和充分性。与航天发射任务组织管理的层次性相一致，质量风险环境计划的执行通常是按控制节点的层次设置而展开，包括专业层面控制、系统层面控制和工程层面控制。

专业层面控制又称班组层面控制，是按照过程方法，依据控制点设置和相应的标准规范进行的，包括过程输入的前馈控制，过程实施的事中控制，过程输出的反馈控制等。前馈控制的重点是对过程实施前的准备情况进行确认，确认的内容包括岗位人员、设施设备、工具器具、技术状态、工作环境、任务程序、作业文件等。事中控制的重点是针对过程的实施，加强过程提示、警示和监控。如通过双岗三检查制度，保证技术操作的正确性；通过状态设置检查矩阵和检查表，避免技术操作中的疏忽和遗忘；通过视频留样等措施，保证工作的可追溯性。反馈控制的重点是针对过程的输出结果，比照符合性标准，检查确认过程结果是否满足要求，及时发现纠正过程实施偏差。主要措施包括数据判读比对、班后会、多方检查确认签字等。

系统控制的主要手段是节点把关。按照系统质量风险环境计划中的节点设置，工程各系统在节点处设立关卡，对照标准规范进行认真检查，确认前期工作是否满足要求，并给出阶段性工作结论。重点是针对前期工作中出现的问题、专家发现或提出的问题，以及后续工作面临的困难和条件要求，进行认真务实的评价和协商，提出具体处置办法。

工程控制又称为全系统控制，主要手段是里程碑考核，考核的依据是阶段放行准则。放行准则即开始下一阶段工作前必须满足的最低放行条件。

由于不确定性因素的存在，航天发射任务实施过程中的变更很难避免，对变更进行有效控制，是过程控制的重点工作之一。任务实施过程中的变更主要来自于受不确定性因素影响无法按原计划推进和经检查确认某技术状态不满足任务要求，此时，可能会依据任务实施的现实情况，对任务进度计划和原技术状态进行修改。航天发射任务中，变更控制的核心是全面分析变更带来的不利影响，必要时采取适当措施，确保不利影响控制在可接受范围内。航天发射任务实施过程中，涉及进度、工作项目和技术状态的变更，均需按照相应的程序进行评估和批准。

4.2.4　过程控制改进

过程控制改进的途径可划分成两种类型：一种是当质量问题发生时，通过质量问题归零完善质量控制措施，典型活动是举一反三；另一种是对质量安全环境控制措施及其实施情况进行归纳总结，从技术和管理两个方面丰富控制措施，提升控制的能力，典型做法是改进后的成果传递。

（1）举一反三与改进

举一反三作为技术质量问题归零的最后一条标准，要求所有参与航天发射的机构和单位都要把其他同类或相似航天工程中出现的质量问题及其处置成果作为自己的经验教训，图 4 - 3 对举一反三的具体路线图与质量控制改进的关系进行了简要说明。

图 4 - 3 说明举一反三可起到质量保证改进的作用，同时，举一反三还可以达到增长可靠性的目的，这可以使用杜安模型来证明。

对于可靠性指数模型

$$R(t) = R_0 e^{-\lambda t}$$

两边取对数，得

$$\ln R(t) = \ln R_0 - \lambda t \qquad (4-1)$$

据此可构建一个失效率表达式

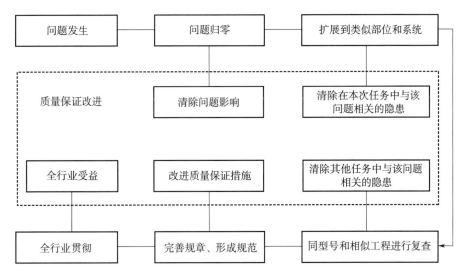

图 4 - 3　举一反三与质量控制改进关系

$$\ln\lambda = \ln\lambda_0 - \ln\Delta\lambda \tag{4-2}$$

式中　λ ——可靠性增长过程的累计失效率；

　　　λ_0 ——初始失效率；

　　　$\Delta\lambda$ ——可靠性增长量。

詹姆斯·T. 杜安发现，在双对数纸上，产品的失效率相对于累计时间有

$$\Delta\lambda = T^\alpha$$

代入式（4 - 2）得

$$\ln\lambda = \ln\lambda_0 - \ln T^\alpha \tag{4-3}$$

由此知

$$\lambda = \frac{\lambda_0}{T^\alpha} = \lambda_0 T^{-\alpha} \tag{4-4}$$

式中　α ——增长率，$\alpha = \Delta\lambda/\lambda$；

　　　T ——累积工作时间。

用 λ_Σ 表示累计失效率，在时间 t 时刻的瞬时失效率记为 λ_t，则有

$$\lambda_t = \lambda_\Sigma - \Delta\lambda = (1-\alpha)\lambda_\Sigma = \lambda_0(1-\alpha)T^{-\alpha} \tag{4-5}$$

联合式（4 - 4）和式（4 - 5），得到杜安模型

$$\begin{cases} \lambda_\Sigma = \lambda_0 T^{-\alpha} \\ \lambda_t = \lambda_0(1-\alpha)T^{-\alpha} \end{cases}$$

从杜安模型可以看出，无论是降低累计失效率还是瞬时失效率，都可以通过提高增长率 α 和延长累计工作时间 T 来实现。

举一反三是根据其他同型号或相似任务中出现的故障和问题收集信息，并在此次发射任务中得到解决，从而提高增长率 α。同时，举一反三将同类性质或同类结构的产品在其他任务中的运行看成是在本次任务中的累计运行（虚拟累计），从而延长了这些产品和结

构的累计工作时间 T。因此，举一反三可以达到增长系统可靠性的目的。

（2）改进后的成果传递

航天发射采用项目管理的模式，一次任务的质量策划和控制者常常与下次任务质量策划和控制者不是同一团队。因此，为保证任务过程质量，保证经验和教训得到继承和汲取，需要建立过程控制知识积累和成果共享传递机制。解决这一问题的通用办法是建立任务过程控制措施库、知识工具库和案例库（简称过程控制质量保证三库）。在航天发射任务总结时，将此次任务所获得的过程控制成果（包括成功做法、失利教训和心得体会）注入"三库"。在航天发射任务策划和执行时，过程控制的策划者和执行者都可以从"三库"中获得历次任务过程控制的成果，从而达到共享和传递过程控制成果的目的。图 4-4 对过程控制成果传递原理进行了简要示意。

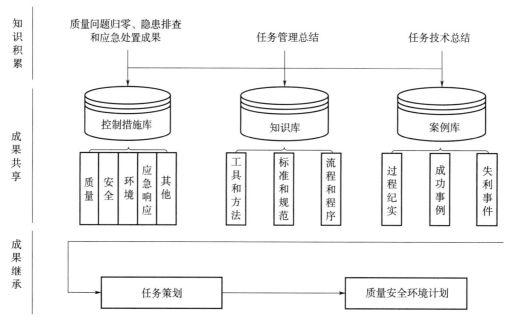

图 4-4　过程控制成果传递原理

图 4-4 是原理示意，适用于任务的各个层面（包括工程、系统和专业）。事实上，在"三库"中，各层面的知识和措施应是分类或分层存放的。

4.3　技术操作质量保证

4.3.1　质保内涵与方法

（1）差错分类

尽管事故是多种因素共同作用的结果，人们仍普遍认为处于"一线的"操作者是事故的"最终触发者"，因此，无论是事故原因的调查和分析，还是技术操作差错的辨识与预防，通常都是从处于"一线的"操作者的行为规范开始。为便于研究分析和组织管理，我们将航天发射技术操作定义为"一线的"人机交互行为，包括设施设备操作、数据判读以及指挥决策等。设施设备操作是指人通过对相关设施设备的操控来完成对航天产品的装配、测试、加注、发射和飞行测量与控制的过程；数据判读是人对获取的与航天发射任务相关的信息或数据进行处理、分析、评估和判断的活动。指挥决策是人通过对系统和环境状态的准确把握，实时做出判断、决策并调动相关资源达成预期目的的活动。

结合航天发射任务技术操作差错的典型特点，可将技术操作差错分为知识缺（知觉、理解错误）、规则错（选择了错误的"如果—那么"规则）、违章（有意不遵守规定的行为）、疏忽（无意地漏做）和遗忘（记忆失败）。

分类统计分析技术操作中的知识缺、规则错、违章、疏忽和遗忘是很有意义的，这是因为不同类型的技术操作差错通常会有不同的补救措施。如当技术操作差错表现为知识缺时，可以通过提供更好的培训和提供支持性的知识环境来解决；而当技术操作差错表现为遗忘时，可以采取检查单和外部提示等措施来解决。

（2）质保内涵

技术操作质量保证的核心工作是在航天发射任务实施过程中，不发生影响任务进度、质量和安全的操作差错。技术操作质量保证包含三层含义：一是从工程层面讲，不发生导致任务延误、失败和重大损失的计划和决策错误；二是从系统层面讲，不发生因工作程序、任务放行、组织计划等方面的错误而致使任务延期、任务失败、人员设备受到较大损害的事故；三是从岗位或工作组（一组相互关联、相互影响的岗位）层面讲，不发生因设施设备操作和数据判读错误而影响任务进度、质量和安全的问题。这里重点讨论岗位或班组层面的技术操作质量保证。

航天发射技术操作质量保证的目标是"零差错"。"零差错"的传统定义是一种用活动结果来度量活动本身质量的方法，属事后标准，从预防差错的角度看这种定义的价值和作用都不大。航天发射技术操作零差错理论研究和工程应用的重点不是对差错的度量，而应该是完整地辨识差错，有效地寻找差错诱因，系统地梳理并制定预防差错的针对性措施，即将事后差错的度量与评价转到事前的差错预防上来。大量的案例和研究成果表明，几乎所有事故都是由多种因素共同作用而引起的，包括恶劣的环境条件、糟糕的界面设计、不当的时间安排以及疲劳、没有足够的培训、设备和工具维修不到位、心存侥幸等，而这些因素的背后无不与组织管理相关。因此，为将事后的度量转到事前的差错预防，需要从差错诱因出发，规范实现"零差错"的事前标准，定义技术操作质量保证的事前内涵。

在人机界面已经固定、任务内容已经明确的条件下，技术操作质量保证的事前内涵应该是：

1）上岗人员训练有素。所有参加航天发射任务的定岗人员，依据岗位人员能力素质要求和任务分析结果，经考核确认满足任务要求。

2）任务定义清晰准确。航天发射工作范围识别完备，针对每项工作的任务描述明确（包括任务目的和目标、层级关系、物流和信息流、任务序列和活动步骤、任务场景和工作环境等），每项工作的具体计划清晰（针对 5W1H 的回答是明确的）。

3）工作环境具有余量。工作环境在满足任务明确的条件外，还应具有一定的余量，并具有较强的应对气候变化的能力。

4）时间安排科学合理。任务流程、工作计划合理，不存在超负荷工作和疲劳工作的时间安排。

5）可用工具先进适用。人机界面友好，工具（或装备）与任务性质、内容和难易相匹配。

6）操作差错识别充分。使用等级全息建模技术辨识操作差错，并针对可能发生的差错采取了有效措施。

7）信息反馈渠道畅通。在技术操作实施过程中，系统能及时将当前结果和即将发生的事件及时反馈给操作者，在操作者反应和关键的安全系统发生变化之间具有适当的预留时差。

（3）质保方法

航天发射技术操作质量保证方法是基于操作差错防控技术，对照质量保证事前和事后标准构建的为达成"零差错"目的的闭环管理过程，如图4-5所示。

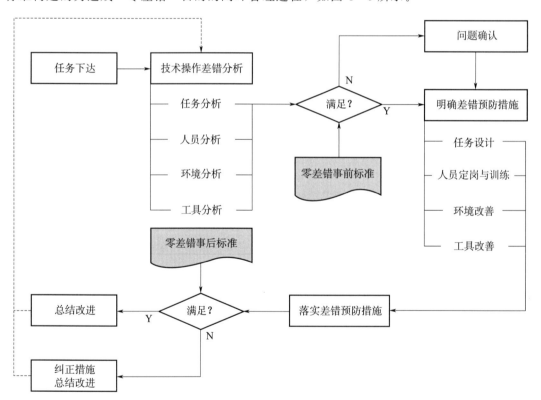

图4-5　技术操作质量保证方法示意

图4-5中，通过事前标准的有效实施达到防止操作差错发生的目的，是保证技术操作"零差错"的根本；通过事后标准的有效贯彻达到持续提升预防操作差错能力的目的，是技术操作质量保证持续改进的根本。二者相辅相成、相得益彰，共同保证航天发射技术

操作防控工作的有效性。

技术操作差错分析是贯彻质量保证事前标准的前提，通过技术操作差错分析来识别航天发射任务实施中可能存在的技术操作差错，包括任务分析、人员分析、环境分析和工具分析；然后，对照质量保证的事前标准明确岗位，尤其是关键岗位可能存在的操作问题，针对问题制定并落实相应的差错预防措施，包括任务设计、人员定岗与训练、环境和工具改善等，即便完全满足了质量保证事前标准，也同样存在针对可能发生操作差错的环节制定并落实预防措施的工作。

对照技术操作质量保证事后标准进行任务后的检查和分析是非常重要的，重点是比较确认是否达到预期结果，目的是对技术操作质量保证方法进行全面的梳理，重点是分析检查存在的问题和隐患，然后通过采取有效的纠正和预防措施达到持续改进技术操作质量保证水平的目的。

4.3.2 任务分析与设计

任务分析是技术操作质量保证的起点，目的是揭示任务本质，不仅为任务设计奠定基础，更重要的是为人员训练、环境和工具保证、组织管理等提供基本的信息输入，主要内容包括任务描述、人机交互分析和意外事件研究等，有关意外事件的研究见 3.4.1 节。

（1）任务描述

任务描述是通过收集、归类、分析和总结任务信息和数据，从任务层级关系、任务序列、信息流与物理空间等方面来描述任务。

层级关系是描述一个大任务如何由子任务组成以及这些子任务又是如何联合起来达成任务目的的。这里所讲的任务层级关系是面向技术操作的，因此，其底层应能描述技术操作者需要完成的操作项目，并能指向操作者须学习培训的内容。

任务序列是在任务层级分解的基础上，建立任务项目的顺序和不同任务在时间上的关系。建立和描述任务序列的技术有流程图、地图和时间序列图。流程图可以按时间顺序排列正常情况下的操作，也可以对备选路径的决策点进行描绘，如航天发射技术操作任务分析中常用的操作序列图（Operational Sequence Diagram，OSD）。当想考察任务序列的物理场所和物流时，地图常常更为有效，如航天发射中广为应用的基础设施设备布局和物流图。当想考察任务的时间属性时，时间序列图是更为简洁有效的工具，如航天发射中应用广泛的计划网络图等。

信息流与物理空间。几乎所有的航天发射任务技术操作都是由多名操作者相互协同来完成的，这需要在多名协同工作者之间建立有效的信息沟通渠道，规范信息格式和用语，制定协同工作程序，明确技术操作规程和应急处置预案等。同时，任何任务的展开都涉及物理空间要求问题，因此，任务分析还应明确设施设备布局和人员技术操作可用空间等。航天发射对于分布在不同地域或物理空间的、需要相互协同工作的技术操作普遍采用实时分级调度指挥的模式进行沟通，同时明确协同工作的操作规程、应急预案。对每个技术操作岗位，还应明确具体的操作规程、任务实施方案和应急处置预案，以达成岗位间密切协同的目的。

（2）人机交互分析

航天发射人机交互分析是任务分析的继续，是在任务描述的基础上，包括任务层次、任务序列、任务信息流与物理空间分析。对人的每次技术操作所进行的详细分析，通常包括人机交互流程分解、人机交互界面分析、人机交互差错预防研究三个步骤，目的是通过对人的输入与系统预期输出的关系研究，发现、评估在人机交互过程中发生和预防差错的可能性。

人机交互流程分解是将特定的人机交互流程详细分解为不同的人机界面和"一步一动"的操作步骤的过程。这里的操作步骤不单纯指操作动作，还包括状态检查、数据判读和态势判断等。

人机交互界面分析是系统地分析人机界面对于操作者完成操作的可用性、合理性和友好性。一个优秀的人机操作界面设计，应包含操作者对操作的所有合理性理解，既要使操作者非常容易理解、记忆，习惯所有的技术操作过程，能够顺畅地完成技术操作，又要使操作者在完成所有的技术操作过程中没有多余的动作或可能的误动作。在设计阶段，人机交互界面分析是为了使人机交互界面具备"机适人"的特点；在使用阶段，人机交互界面分析则主要是找出人机交互界面中的反面因素，通过反复练习使操作者不断提高"人适机"的水平，避免操作过程中的失误。

人机交互差错预防研究是寻找人机交互过程中人机不适应之处，并给出具体可行的差错预防措施的过程。这是人机交互流程分析的目的，尤其是在航天发射任务过程中，这一步骤对于防止技术操作差错的发生，确保圆满完成任务至关重要。

（3）任务设计

航天发射技术操作任务设计是依据任务分析的结果，在航天发射工艺流程和发射窗口允许范围内，通过改变操作者所做的事情，包括任务强度、睡眠管理和疲劳应对等，达到避免超负荷工作、消除或缓解操作者疲劳的目的。

解决或缓解航天发射技术操作超负荷和疲劳工作的措施有两种：一种是通过任务重新设计来减少技术操作者的工作负荷，消除和缓解技术操作者的疲劳；另一种是通过有效的针对性训练，提高技术操作者应对高时间压力和抗疲劳的能力。

由于航天发射工程的复杂性，为有效避免技术操作差错而进行的任务设计，须考虑状态检查确认的作用，包括常用的双岗、三检查、五不操作，一体化流程（见3.3节）和多种措施融合设计（见3.4.4节）等。双岗即技术操作设置一岗和二岗，一岗负责操作、二岗负责确认。三检查即一岗检查、二岗检查、指挥员检查。五不操作即没有指挥不操作、口令不清不操作、设备有故障不操作、协调不好不操作、不是自己分管的设备不操作。

4.3.3　能力因素与评价

人是技术操作零差错保证的主体，所有人因差错诱因都是通过人的操作行为而起作用的，人的操作行为又是由其工作能力主导的。人的工作能力不是孤立的，是相对于其所承担的任务、所处的环境、所使用的工具而言的，同时又受其所在单位的管理水平的影响。因此，无论是人的工作能力分析还是选拔与培训都不可能脱离上述因素而单独实施。

（1）能力因素

人因工程领域普遍认同人员能力、任务本质、环境条件、可用工具是人因差错的主要诱因，同时，人因差错与单位的管理水平强相关。事实上，在航天发射任务实践中，操作者能力与任务本质、环境条件、可用工具、单位管理水平和持续工作时间之间有很强的关联度，只有将上述因素一起考察时才能判断操作者的能力水平。因此，我们将操作者工作能力因素概括为：能力与任务需求的匹配度，对工作环境的适应程度，工具与承担任务的相称性，行为方式与单位监管方式的协调度，工作的持续时间等。

能力与任务需求的匹配度。作为人因差错诱因中的重要因素——任务本质，其复杂程度和难易情况以及可用时间都是相对的，如准确判断运载器的飞行状态，对于经验丰富的人和很少有相关经历的人其复杂和难易程度以及对时间的要求显然不同。事实上，一项有明确要求的任务对操作者可靠性（操作者在规定条件下成功完成任务的能力）的影响程度取决于操作者完成该任务的能力，或者说在于操作者能力与任务对能力需求间的匹配程度。由于航天发射技术操作中的非正常情况难以避免，因此，操作者处置非正常情况的能力应包含在完成任务所需能力中。

对工作环境的适应程度。几乎所有的人因工程专家都认为工作环境是影响操作者绩效输出的重要因素之一，优越的工作环境能改进操作者的绩效输出，较差的工作条件会增加操作者出错的概率。但是，优越与较差是相对的，如高度紧张的工作气氛对不同人的影响程度显然是不同的。事实上，工作环境对操作者绩效输出的影响程度在于操作者对工作环境的适应性，尤其是受航天发射特点和自然环境影响，一些工作环境条件一时无法改变，这时操作者能力因素中必须包含对特定环境的适应能力。如到高原、沙漠或海上执行航天发射任务的操作者，必须适应那里的自然环境条件。

工具与承担任务的相称性。操作者使用的工具对操作者犯错的概率有较大影响，与操作者承担任务相匹配的工具，不仅能减少操作者犯错的可能性，而且能在工作中及时发现错误征兆，便于操作者适时采取预防和纠正措施，有效避免错误发生或错误后果的扩大。显然，工具对操作者犯错概率的影响程度在于工具满足任务要求的程度，满足要求的程度越高，越利于操作者可靠性的提高。

行为方式与监管方式的协调度。在给定任务、规定条件后，单位管理因素中与操作者可靠性直接相关的是监管方式，显然，合理的有效的监管能减少操作者犯错的可能性。理论上讲，监管越细致、越严格，操作者犯错的可能性越小。但是，监管受效率的制约，同时，监管会影响操作者的心理和生理。所以，不能以单位监管的精细和严格程度来考察监管工作的有效性，代之的是考察单位监管的适当程度。

工作的持续时间。操作者能力表现受工作持续时间的影响，在长时间的工作过程中，受环境、任务压力和生理节律等因素的影响，操作者工作能力在一段时间之后会随时间的持续增长呈迅速下降趋势。通过分析这种影响机理来确定操作者可靠性曲线，对于确定合理的工作持续时间以减少操作者差错是非常有意义的。

（2）能力评价

航天发射技术操作岗位能力评价一般性流程如图4-6所示。

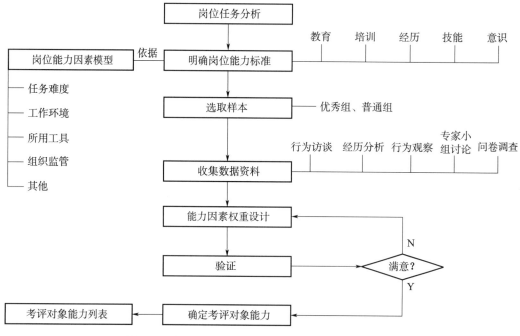

图4-6　航天发射技术操作岗位能力评价一般性流程

图中的能力评价方法有助于管理者了解岗位人员当前的能力水平，确认其能力素质的强项与不足，并根据大多数评价对象能力素质表现的统计结果，制定针对性培训计划和长期的人才培养方案，从而更好地满足航天发射对技术操作岗位人员能力素质的要求和组织发展的需要。

4.3.4　岗位培训与训练

航天发射岗位培训与训练依据其训练顺序和难易程度分成三种类型，即基础性训练、针对性训练和提高性训练。

（1）基础性训练

基础性训练是针对某类岗位所需的基础知识、基本养成而开展的带有通用性质的岗前培训，一般按岗位类别分别组织。所有新定岗人员，包括未参加过航天发射任务的定岗人员和被调整到新岗位的定岗人员，上岗前均须接受基础性训练并通过相关的考核。

基础性训练的内容是某类岗位所需的共同知识和技能，以运载器测试岗位为例，包括：

1）航天文化层面。包括使命、愿景、价值观，传统精神和作风，主要规章制度和个人行为规范要求等。

2）组织模式层面。包括航天发射一体化流程，任务组织机构及其职能、组织指挥模式，质量安全环境计划（也称为一体化计划）的主要内容和编制方法等。

3）总体技术层面。包括航天发射基本原理、系统构成、主要约束条件；发射场选址、设计和建设；测试发射系统构成、主要功能、信息流程、主要技术指标等。

4）岗位通用技能。包括可靠性保证技术、风险防控技术、质量工程技术等。

基础性训练要求一般限于熟悉和掌握其基本理论和工作常识。主要以专题讲座和参观见学的方式进行。由于训练内容大多属于陈述性知识和技能，因此考核可依据试题库，采用开卷或闭卷、机考或笔试等形式，也可采用现场抽题或提问的方式。

（2）针对性训练

针对性训练是针对具体岗位所需的特殊知识、操作技能、生理和心理素质而开展的岗前和岗中训练。根据操作者工作年限和承担岗位的不同，可将技术操作岗位划分为新岗、熟练岗和系统指挥岗三种类型，相应的针对性训练水平可以分为掌握、熟练和系统运用三个层次。

①训练内容

针对性训练的内容是某具体岗位所需知识和技能，包括协同工作程序、设施设备操作、专业拓展技能和协调沟通素质等内容。以运载器加注指挥岗位为例，训练内容包括：

1）协同工作程序。主要有加注系统组织指挥流程，任务过程资源调配、质量和风险控制，岗位协同指挥程序和口令，岗位责任制和各类规章制度的运作模式，设备发生异常时的应急处置，加注系统自检、转注操作规程，运载器塔上软管和设备气检操作规程，运载器加注、库房回流操作规程，推进剂泄出操作规程，废气处理操作规程，推进剂加注应急预案等。

2）设施设备操作。对于加注系统内的设备，训练的主要内容是"三熟悉"，即熟悉设施设备基本性能，熟悉设施设备数质量情况，熟悉设施设备日常管理制度。对于加注指挥岗位直接使用的设施设备，训练的主要内容是"三知四会"。"三知"是熟知设施设备原理性能，如设施设备工作原理、接口关系、关键技术指标、性能参数和可靠性水平等；熟知设施设备使用维护，如设施设备操作、检修维护方法、关键部件和薄弱环节等；熟知设施设备使用过程中的主要风险，发生异常情况时的应急处置办法等。"四会"是会检查测试、会维护保养、会操作使用、会排除一般故障。

3）专业拓展技能。与加注相关的学科专业知识，发现、分析、解决加注系统存在问题的能力，撰写与加注系统相关的各类技术文件的能力。

4）协调沟通素质。有效运用加注系统各种规章、规范、规则、标准处置正常和异常情况的能力，较好的语言表达和与人沟通的能力，较强的自我学习和教育的能力，良好的心理素质。

②训练方法

针对协同工作程序、设施设备操作、专业技能拓展、协调沟通素质和紧急情况处置等训练内容和特点，分别采用与其相适应的训练方法。

协同工作程序训练。通常在个人熟知背诵组织指挥流程和操作规程,熟练掌握应急预案内容后,由指挥员组织、所有相关岗位参加,按照真实流程的事件顺序、持续时间和操作动作进行模拟演练。演练尽可能模拟真实情景,达到训练指挥员与操作岗位之间、不同操作岗位之间密切协同工作的目的。

设施设备操作训练。主要训练方式包括传统的师傅带徒弟、下场所学习和"试训一致、试训结合"。下场所学习主要是利用设施设备研制和技改时机到承研承建单位学习掌握设施设备的原理、结构、接口、基本性能和不足。"试训一致、试训结合"是被训者直接参加设施设备的检测检修、基建技改和各种试验,将工作、学习和训练过程融为一体,在"干中学、学中干"。

专业技能拓展训练。主要训练方法包括学历教育、专业培训和岗位轮训。学历教育、专业培训使被训者通过全面系统的培训来获取与本岗位工作相关的专业知识。岗位轮训是将被训者安排到不同的岗位,通过在不同岗位的工作实践来拓展被训者的专业技能。

协调沟通素质训练。主要是通过让受训者组织和参加各种协调沟通活动来达到提高协调沟通能力的目的,如班前班后会、模拟演练、各种评审验证确认活动等。

紧急情况处置训练。主要方式是模拟演练、应急处置操作规程演练、应急故障模式集体想定和处置措施推演。训练目的是提高各相关岗位协同工作的熟练程度,锻炼相关岗位人员在发生故障时保持清醒、准确判断、果断指挥和操作的能力,同时,检查在不同任务剖面下发生故障时,与应急处置相关的人员、工具器材、备品备件等资源的集中调配,人员技术操作和相互配合的熟练程度,以及应急处置最终耗时等方面工作是否满足要求。

③考核办法

由于针对性训练内容庞杂、形式多样,相应的考核办法也灵活多变。以陈述性知识和技能为主的内容,考核类似于基础性训练的考核方式;以实装操作为主的内容,考核采用人员上机操作评定的方式;以沟通协同为主的内容,考核采用跟踪观察、能力确认的方式;以集体协同为主的内容,考核采用模拟演练、结果确认的方式。

(3)提高性训练

提高性训练是针对设施设备、工作环境、人机界面、组织模式、操作方法等方面改进而开展的训练。提高性训练通常是以质量控制小组(又称 QC 小组)的形式组织,也有一些是通过科研预备金项目、试验技术研究项目的形式,通过科研攻关,达到团队共同提高完成任务能力的目的。

提高性训练的内容非常广泛,除基础性训练和针对性训练的内容外,所有有目的性地提高操作者能力的活动都可认为是提高性训练的内容。

提高性训练的主体对象是小型协作团队,主要方法是集智攻关。在集智攻关的过程中,团队成员定义问题、设定目标,寻求各种解决问题的办法,并通过数据分析、试验验证等方式选择最佳解决方案,达到有效提高遂行任务能力的目的。

提高性训练结果评价常常以单位或团队为评价对象,评价内容既包括论文、成果和专利等硬性定量评价指标,也包括技术总结、交流汇报、项目演示等软性定性评价指标。

4.4　设施设备质量保证

4.4.1　质保模式

　　航天发射设施设备是指除航天产品外，直接参与航天发射任务或为其提供工作场所及保障条件的设施设备，有时又简称为参试设施设备。在长期的航天发射设施设备保障工程实践中，我们面向航天发射任务需求提出并设计出了一套以可靠性为中心的设施设备质量保证模式，如图 4 - 7 所示。

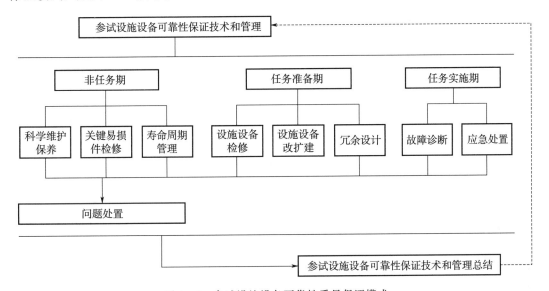

图 4 - 7　参试设施设备可靠性质量保证模式

　　图 4 - 7 显示，非任务期，对参试设施设备进行合理的维护保养，对关键易损件进行检修，对设施设备寿命周期进行管理；任务准备期，对参试设施设备进行全面检修，对不满足要求的设施设备进行改扩建，根据任务可靠性要求进行冗余设计；任务实施期，应用故障诊断技术，及时诊断设施设备故障，必要时采取应急处置措施。设施设备发生问题时，根据问题性质进行相应处理。参试设施设备可靠性保证技术和管理总结通常结合航天发射任务总结和年度工作总结进行，总结成果反馈到参试设施设备可靠性保证技术和管理的输入中，使其成为一个能持续改进的闭环管理过程。

　　按照统计学原理，设施设备问题或故障可简单划分为系统故障和随机故障。系统故障是指设施设备因设计制造、使用时间、环境条件等原因而产生的故障，此类故障一般可通过检测来发现。随机故障是指设施设备在某种随机因素的作用下而发生的故障，一般无法预先检测到。对于系统故障的解决办法是合理维护保养、及时进行关键易损件检修、加强设施设备生命期管理和任务前的全面检修。对于设施设备的随机故障，主要应对措施是快速故障诊断和应急处置，以期望将随机故障发生时的负面影响降到最低。

4.4.2　非任务期

非任务期质量保证方法包括合理维护保养，关键易损件检修和寿命周期管理等，工作的重点是保证设施设备处于完好状态，具备根据任务计划要求随时转换到参加航天发射任务时的状态，即参试状态。

（1）维护保养

维护是指维持和保护设施设备使之处在正常状态。保养是指为保持设施设备固有性能而进行的表面清洁、擦拭、通风、添加润滑剂或其他介质、充气、通电、运行等养护工作。依据是否有特殊要求可进一步将维护保养划分成一般维护保养和特殊维护保养。

根据设备运行状态以及设施设备本身特性的不同，设施设备一般性维护的周期也不尽相同，有的为每日维护、有的为每周维护、有的为每月维护或换季维护。维护保养工作主要由岗位操作人员负责（部分设施设备维护须专业技术人员或在专业技术人员指导下进行）。一般维护保养的主要内容包括三点：一是对设施设备各部位（主要是外部）进行检查、擦拭、润滑和调整，并保持环境清洁；如须点检，则按规定的项目进行清点检查，并在检查后按规定记录。二是对需要加电的设施设备进行加电、测试和性能检查，使设备经常处于良好状态。三是按 7S（Seiri 整理、Seiton 整顿、Seiso 清扫、Seiketsu 清洁、Shitsuke 素养、Safety 安全、Save 节约）的要求进行全面整理，并做好防尘、防雨、防冻等防护工作。

对于一些有特殊要求、需要专职人员或专门仪器、工具、专业方法进行维护保养的设施设备，则根据需要采取特殊维护。特殊维护保养会因工作的实际情况不同而存在较大差异，其一般性要求包括以下三点：一是设施设备的维护保养须有相应资质的组织或人员按照规定的程序和方法来实施。二是根据任务需要和市场供给情况，确定备品备件储备，确保不发生任务告急情况；维护保养用材料，如润滑材料、擦拭材料及清洗剂等，须严格按要求使用，不得使用不满足要求的替代品，尤其是润滑油与液压油，必须经过化验合格后方能使用，并在进入油箱前经过过滤。三是对环境有特殊要求的设备，应采取相应措施满足这些要求，确保设施设备性能和精度不受影响。

（2）关键易损件检修

针对关键易损件的质量保证方法主要有两种：一种是依据评估出的关键易损件使用寿命，在其失效前采取预先检修、定时检修和预防性检修，及时消除关键易损件存在的隐患；另一种是按关键易损件评估出的实际使用寿命，到达规定时间时即加以废弃，更换为新品。

（3）寿命周期管理

很多大型设施设备，如总装测试技术厂房、发射平台、脐带塔、勤务塔、导流槽、加注和供气设备、轨道转换车、桥式吊车等，其结构主体和大型部件多为钢结构、钢筋混凝土结构或传统的机电设备，故障分布一般服从"浴盆曲线"，分早期故障、性能稳定期故障和老化耗损期故障。因此，依据其寿命周期故障分布规律，对其进行阶段性质量控制具有重要意义。

大型设施设备在投入使用的早期阶段，虽然经过了出厂前的测试和检验，但由于系统总装通常都是在发射场进行的，因此设计、生产、工艺和使用等方面的固有缺陷未得到充分暴露，往往故障频发，故障形式多种多样但以设计原因为主。此阶段的质量保证应尽量模拟实战状况，全方位、全过程、全系统地进行运行检查，千方百计地暴露并彻底解决各种问题，尤其是设计问题，使设施设备尽快进入稳定期。

大型设施设备经历了早期故障较多的磨合阶段进入性能稳定期后，故障数量将会明显减少，由设计和与设计相关的生产、工艺等原因引起的故障基本上得到暴露和纠正。工程统计表明，这个阶段的故障原因主要是使用操作和管理不当，主要表现为操作使用失误、技术状态失控、不遵守维护保养和检修制度等。因此，性能稳定期质量控制的重点是完善各项规章制度，针对设施设备特点合理维护保养、科学检修检测、正确操作使用，同时，针对使用要求开展遵章守制教育和人员技能训练等。

大型设施设备经历了时间较长的性能稳定期后，将逐渐步入性能老化期，亦即设施设备性能耗损期。由于已接近使用寿命，设施设备性能经长年使用和环境侵蚀正逐步耗损、老化，故障率会明显增高。工程统计显示，此阶段的故障性质多为机械设备和电气电子设备的疲劳损伤、腐蚀损伤、磨损或润滑介质缺失、绝缘介质耗损老化等。因此，性能老化期质量保证的重点是加强设施设备的预防性检修，按时对其进行状态监测、功能检查、任务前检修，以准确掌握其功能性能状态，在其发生故障前或故障征兆显现时，及时进行预防性修复，以保持、恢复或改善其功能性能，保证其满足任务要求。

4.4.3　任务准备期

任务准备期的设施设备质量保证分为两种情况：一种情况是，当设施设备固有功能性能不满足任务要求时，需要实施改造、扩充或新建；另一种情况是，设施设备固有功能性能满足任务要求，此时应通过检测检修使单台套设施设备恢复到固有功能性能状态，通过冗余设计补偿单台套设施设备可靠性不能满足任务要求的缺陷。这里重点讨论检修检测和冗余设计，有关设施设备的改扩建属于设施设备研制或新建项目，读者可参阅相关资料。

（1）检测检修

设施设备检测检修（有时也称为检修）是指为使设施设备保持、恢复或改善到规定技术状态所进行的全部活动，其目的是提高设施设备的使用效能。检修可进一步划分为检测和修理，检测（又称测试）是检查设施设备是否处于正常状态，修理是将设施设备恢复到规定状态。检修检测包括确定检修策略、设计检修项目、明确检修方法并实施三类活动。

①确定检修策略

策略一般是指可以为实现目标的方案集合或根据形势发展而制定的行动方针和方法。因此，检修策略可定义为为最优地实现检修目标而选择的检修方式或检修方式的组合。检修策略是设施设备综合检修保障的顶层策划之一，是为达到最优检修效果的基础设计。

在国内外检修理论发展过程中，针对不同的设施设备主体和检修目标，先后出现了事后检修、预防检修、改善检修、状态检修、主动检修、生产检修、全面计划质量检修、以利用率为中心的检修、风险检修、绿色检修、预测检修等策略。这些检修策略各有优缺点，需要根据设施设备特点和运行要求科学选择。例如，对于关键和重要的航天发射设施设备，在任务期要求最优的可用度，须采用预防性检修；对于一般性的航天发射设施设备，在任务期要求可用度和检修费用综合最优，一般采用事后检修和预防检修相结合的综合检修策略。

检修策略选择最主要的是适用，即检修策略一定要适合设施设备、任务要求和使用单位的特点，最大限度地保持和提高设施设备效能。在通常情况下，一个单位，甚至一个系统或设备都会采取多种检修策略或多种策略复合后的综合检修策略，以达到相互补充、效用最优的目的。

航天发射及其所用设施设备的特点决定了其检修策略应以预防性检修为主，事后检修、改善检修和任务抢修为辅。此外，关键设施设备还须不断完善在线监测和故障诊断技术，推进预测检修的发展，才能进一步提高设施设备的综合检修保障水平。同时，还应结合具体设施设备的特点及其当前状态，制定和采用针对性的检修策略。如针对设施设备服役时间长，新旧设备共存的特点，应根据设施设备运行使用统计情况，评估分析设施设备寿命和质量状态，并确定其相应的检修策略；针对重大薄弱环节、设计缺陷、选型不足、功能性能不完全满足要求、技术落后、检修无保障和寿命到期等问题，应采取改善检修，以保持和提高设施设备技术性能。对于因受各种客观因素制约（如只生产1台或几台的超期服役设备、系统复杂且使用条件恶劣的特种装备、功能技术先进但尚不成熟的设施设备等）而固有可靠性较低的部分设施设备，应提前做好检测、保养、拆修等预防性检修工作，使其在执行任务期间处于最佳状态。

②设计检修项目

无论哪种检修理论，采用哪种检修策略，为了保证检修科学、高效，检修项目的设计都是最基础性的工作。检修项目的设计是一个迭代分析、去繁就简的过程，通常包含确定需检修的系统或设备、分解系统与设备、提炼功能性能指标、设计检修项目、明确检修方法等步骤。

确定检修范围。不同的航天发射任务对设施设备的要求不尽相同，检修工作需要针对当前或一段时期内的任务要求，分析确定检修范围。

分解设施设备。设施设备检修的主要目的是查找并消除设施设备故障和故障隐患，使设施设备恢复到规定状态。要达此目的，须对设施设备按层次进行分解，分解深度需综合考虑设施设备的复杂程度、功能性能要求和生产工艺等因素，以分解至可替换部件为原则。例如，对于集成度很高的集成电路板卡，通常不必分解至底层的晶体管、芯片、电阻、电容等器件，只需对电路板卡的整体功能性能指标进行测试即可；而对于诸如电缆摆杆这样的设施设备，由于各独立部件，如继电器、断路器、按钮等，均担负重要的功能，且易于分离检查，因此需要分解至具体的零部件。任何设施设备无论有多么复杂，都可按系统—子系统—单元—组件—部件—零件的层次进行分解。

提炼功能性能指标。设施设备功能性能一般都具有向下的传承性，即低一级的功能性能保证了上一级功能性能的实现，上一级的功能性能不但与低一级的功能性能有关，也与其所在层级的结构、布置、装配等有关。因此，当低一级功能性能指标合格后，在检查上一级的功能性能时，会产生新的检测项目。由于各层次的功能性能指标满足要求是最终保证整个设施设备可靠性安全性的基础，所以对一个设施设备来说，不同的层次级别具有不同的指标要求，零部件有零部件的指标，零部件组成一个子系统时有子系统的指标，子系统组成系统时又有系统的指标，不同级别的检测项目对应不同的指标要求，此即检测项目的指标体系。这种根据系统结构划分方式，自上而下地明确整个设施设备各层技术指标要求的方法被称之为基于系统结构的检修项目指标体系。

确定检修项目。检修项目就是需要实施检修的具体内容，设计检修项目是检修准备的一项重要内容。检修工作开始前进行检修项目设计并形成方案，依据方案确定的项目实施检修，可以确保检修的科学性、覆盖性、有效性和可操作性。检修项目的设计应考虑以下基本原则：检修项目的必要性、性能指标的覆盖性和检修的可操作性。

③明确检修方法并实施

在设计好不同级别的检测项目和指标体系后，需要明确检测方法，包括检测方法所采用的原理、检修程序、检修标准、所使用的工具和仪器、对检测人员能力素质的要求等。对组织不具备检测能力的设备，还需提出进行外协检测的意见和建议。对于一个详细、完备、可操作的检测程序，还应列出每一步的检测结果，供实际检测时参考。

设施设备间接口关系测试也是检测方法设计的一项重要内容。航天发射任务的一个特点是参加的设施设备多，设施设备间存在机械、电气、气路、液路等硬件接口和电磁兼容、信息约定等软件接口。接口关系测试方法通常包括静态测试、等效器测试、仿真测试、任务状态联调联试等。

检测方法明确后，应根据设施设备检修项目及其指标体系和标准、相应的指标检测方法对设施设备进行检查测试，根据检查测试的结果对功能性能不满足要求的设施设备进行修理，对设施设备的可靠性、安全性进行评估。适用时，应对航天发射关键和重要参试设施设备的检修情况进行评审，确保设施设备可靠性、安全性满足要求。

（2）冗余设计

这里讲的设施设备冗余设计是针对航天发射规定任务增加更多的功能通道，以保证在有限数量通道故障的情况下，系统仍能完成规定任务。主要表现为：在进行航天发射总体技术和组织实施方案设计与策划时，投入多台不同功能性能的设施设备或单元同时完成规定的任务或同时通过不同的技术手段完成同一工作。

航天发射任务设施设备冗余设计的方法主要有：

1）硬件冗余，通过使用备份设施设备和通信信道等实现冗余。

2）数据/信息冗余，通过使用重复发送、执行某些指令或程序段等实现冗余。

3）静态冗余，只利用冗余资源把故障的后果屏蔽掉，而不对原来的系统结构进行改变。

4）动态冗余，在发生故障后，对有故障的部件或分系统进行切换或对系统进行重构或恢复。

5）工作冗余，各设施设备同时工作，保证有限个单元故障时，冗余系统仍然能够完成预定任务，且不需要其他装置完成故障检测和通道转换。

6）备用冗余，冗余单元不工作，处于贮备或等待状态，只有当工作单元发生故障时，通过转换装置切换至冗余单元接替工作。

4.4.4　任务实施期

任务实施期设施设备质量保证，一方面应严格按操作规程使用设施设备，杜绝超负荷、过性能、带故障工作等情况的发生，以有效减少设施设备的系统故障。另一方面是完善故障诊断和应急处置，以有效应对随机故障导致的不利情况。

（1）故障诊断

在任务实施期，当设施设备发生故障时，故障的分析与处置必须在不影响任务进度的条件下或虽对任务进度有影响但影响程度在可接受范围内完成。显然，设施设备一旦在任务实施期出现故障，快速准确地故障诊断是单位能否在给定时间内排除故障的先决条件。由于航天发射任务设施设备故障诊断面对的是多变的、复杂的系统，目前尚没有一种方法能普遍适用于各种系统的故障诊断，因此，工程实践中通常将数种实用的方法相互融合使用，以通过取长补短来达到快速、准确定位故障的目的。常用的设施设备故障诊断技术有基于解析数学模型法、基于知识的故障诊断法和基于数据驱动的故障诊断法。

①基于解析数学模型法

基于解析数学模型法是最先发展起来的一类故障诊断技术，其基本思想是根据组成系统的元器件间的关系，建立被诊断系统的数学解析模型；根据所建立的系统模型和系统的输入，导出系统正常运行时的预期行为；若实际观测到的系统运行状态与系统预期的行为状态存在差异，从而形成残差，则判断任务系统发生了故障，然后再对残差进行分析处理从而实现故障诊断。基于解析数学模型法又可以分为参数估计法、状态估计法和等价空间法，研究分析表明上述三种方法是相互关联的，且已证明状态估计法与等价空间法是等价的。

基于解析数学模型法通过构建精确的数学模型，能深入系统本质并进行实时诊断，具有较好的早期感知能力和分辨率，故障诊断准确率高，在计算机上实现也较容易。但是，应用该方法的前提是必须建立被诊断系统的精确数学模型，而在实际系统中，一方面很难获得能够描述故障诊断的精确数学模型；另一方面，即使建立了相应的模型，有时会因其对噪声和虚假信号的鲁棒性较差，且工艺流程改变时适应能力也很差，因此这种方法不容易被直接应用，从而限制了该类方法的应用范围。通常，当被诊断系统的数学定量模型能够比较准确且容易建立时，应优先选择此类方法。

②基于知识的故障诊断法

基于知识的诊断方法不必知道诊断对象的准确数学模型，通过引入被诊断对象的系统结构、工作状态和环境等知识，充分利用专家诊断知识和人工智能技术实现故障诊断。其特点是以知识处理技术为基础，通过在处理方法和概念上的知识化，实现数理逻辑与辩证逻辑的结合，数值处理与符号处理的统一，算法过程与推理过程的集成，从而实现系统故障诊断的智能化。基于知识的故障诊断方法发展很快，各种各样的具体方法非常多，目前主要应用的方法有专家系统、故障树、神经网络等。

专家故障诊断系统主要应用于没有数学模型或是难以建立有效数学模型的系统中，根据领域专家丰富的实践经验、专家分析问题和解决问题的思路，建立故障诊断的知识库、规则库和推理机。然后，设计一个计算机程序，根据知识库提供的知识、规则库通过的规则和推理机使用的推理机制进行故障诊断。优点是不需要数学模型，能模仿专家分析问题和解决问题的思路，而且能够解释自己的推理过程，解释结论是如何获得的，无论是在理论上还是在工程上应用都很广泛。缺点是存在知识获取的"瓶颈"问题，由于专家知识具有一定局限性和专家知识表述规则化有相当大的难度，两者造成了诊断知识库不完备，表现为当遇到一个没有相关规则与之对应的新故障现象时，系统显得无能为力，且自我学习和自我完善能力较弱。

故障树分析法是以系统最不希望发生的事件作为分析的目标（顶事件），找出系统内部可能发生的部件失效、环境变化、人为失误等因素与系统失效之间的联系，以便于可以将故障原因查出。其描述形式是用适当的符号和逻辑将故障事件发生的原因逐级细化出来，构成一棵故障树。当系统发生故障后，通过对故障树的分析来寻找故障源。优点是基于故障树的方法类似于人类的思维方式，易于理解，直观性强，灵活性大，通用性好。缺点是建树烦琐，工作量大，易错漏。

基于神经网络的故障诊断方法是通过模拟人类大脑神经网络处理和记忆信息的方式来完成信息处理功能。神经网络采用隐式知识表示，用领域专家解决问题的实例训练神经网络，自动获取网络结构和权值表示的领域知识。优点是在知识获取方面，只需要用该领域专家解决问题的实例或范例来训练神经网络；在知识表示方面，采用隐式表示法，获取知识的同时，自动产生的知识由网络结构及权值来表示，并将某一问题的若干知识表示在同一网络中，通用性强，便于实现知识的自动获取和并行联想推理；在知识推理方面，通过神经元之间的相互作用来实现，网络的同层推理是并行的，不同层推理是串行的。缺点有二，一是功能实现是一个"黑箱"，不能对所提供的结论做出解释和证明；二是只能利用一些明确的故障诊断实例，且需要足够的学习样本，学习周期长，收敛速度慢，缺乏有效的追加学习能力。

③基于数据驱动的故障诊断法

基于数据驱动的故障诊断方法是对系统的在线数据和历史数据进行分析处理，在不需要知道系统模型的情况下完成故障诊断任务。基于数据驱动的故障诊断方法主要有基于统计分析的方法和基于信号处理的方法两大类。

基于统计分析的故障诊断方法应用统计理论对大量的过程数据进行分析处理，从而发掘出掩盖在数据中的有用信息，并利用其中的变化提取特征，从而达到故障诊断的目的。

基于统计分析的故障诊断方法可分为单变量统计方法和多变量统计方法，其中多变量统计方法是其主要的应用方法。多变量统计方法根据多变量历史数据，利用多元投影方法将多变量样本空间降维形成反映数据主要变化的低维空间，利用特征统计量判断数据是否异常，该类方法主要有主元分析法（PCA）、Fisher 判别分析法（FDA）、偏最小二乘法（PLS）和规则变量分析法（CVA）等。

基于信号处理的故障诊断方法是基于故障源与过程信号之间在幅值、相位以及频谱等方面存在的联系，利用各种信号处理技术直接分析可测信号，提取出这些信号间的内在联系，实现系统故障诊断。常用方法有谱分析法、相关分析法和小波分析法。优点是直接利用系统过程数据进行分析，对于精确数学模型难以建立，且过程知识获取也很费时费力的大系统，是一种有效的方法。缺点是没有可用的数学模型和相关知识，使得该方法一般难以对故障的可检测性、可识别性、可分离性等基本问题进行严格的理论分析；而且须有足够有用的数据才能保证诊断结果的有效性。

（2）应急处置

在任务实施期设施设备发生故障，尤其是影响任务进程的设施设备故障，其修复过程不允许"按部就班"地对故障进行诊断及排除，需要依据应急处置预案启动故障应急处置程序以保证航天发射任务的顺利实施。因此，航天发射设施设备应急处置的本质是在不影响任务顺利实施的前提下，综合运用应急修复技术使故障设施设备在期望时间内迅速恢复到可使用状态。

对于航天发射设施设备故障应急处置来讲，应急处置的时间要求是不影响后续任务的顺利实施。受发射窗口和其他因素的约束，留给设施设备应急处置的时间十分有限，尤其是进入发射程序之后，列入最低发射条件的设施设备应急处置时间常常只有数分钟。因此，设施设备故障应急处置必须明确应急处置条件、确认应急处置措施、制定应急处置程序。

工程实践中，航天发射设施设备故障应急处置均应制订应急预案，明确应急处置的时机、责任人和参与者、应急处置措施和程序，启动应急预案的条件等。常用的处置措施包括暂不处理、更换备件、切换、切除、重构或重组、拆换、替代、原件修复和制配等。

暂不处理是对于不影响系统基本功能正常工作的故障，如故障部分有冗余手段或监测部分发生故障，可待工作项目完成后再做处理；对于不影响航天发射工程后续工作和最终成功的故障，如进入发射程序后未列入最低发射条件的设施设备发生故障，也可暂不处理。

更换备件是故障可明确定位到某可更换的单元或部件，且更换时间允许，可直接更换故障单元或部件。

切换是通过电（液、气）路转换（或改接管道）脱开故障部分，接通备用部分，或者将原来担负非基本功能的完好部分改换到出现故障的基本功能电（液、气）路中。

切除或称"剪除""旁路"等，是把故障部分甩掉（或切断某油、气、电路），以使其不影响安全使用和不中断基本功能项目的运行。如某些监测电路本身不参与系统控制，但其出现短路、过流时会引起控制电路的保护性动作，进而影响到系统基本功能的完成，此时则可切除该监测电路。

重构或重组是对于某些大型复杂系统出现故障后，可通过其基本设施设备或某些功能模块的重构与重组使其能够完成当前需要的基本功能。如某测量设备发生故障时可通过其他测量设备的重新布站达到完成任务的目的。

拆换也称"拆拼"修理，此处的拆换区别于备件更换，是特指拆卸同型或不同型设备上的单元替换故障单元，即同型拆换与异型拆换。

替代是用性能上有差别的单元或仪器仪表、工具暂时代替设施设备中的故障部分以使其恢复基本功能。替代可能是"以高代低"，也可能是"以低代高"，只要不会带来直接的安全性问题即可。

原件修复是利用在现场可用手段恢复故障单元的基本功能，以保证系统完成当前任务。

制配是临时自制元器件、零部件替换故障件以恢复系统的基本功能。制配工作主要有按图制配、按样（品）制配、无样（品）制配等。

4.5　任务软件质量保证

4.5.1　质保要求与方法

航天发射任务软件是泛指参与航天发射的所有计算机应用软件，又称参试软件。在航天发射任务中，为确保组织指挥、测试发射、测量控制、通信保障和技术勤务保障过程高效可靠，设计开发了大量的工程应用软件，广泛用于任务实施中的各重要环节。这些任务软件以圆满完成航天发射任务为核心目标，在计算机、网络和各类信息化设备的支持下，综合运用信息采集、传输、存储、处理、分析、状态控制和监视显示等技术为任务实施中的各类技术操作岗位、工程技术专家和组织指挥人员提供设施设备控制、判断决策支持和任务调度指挥等工作的平台。

航天发射任务客观上要求任务软件在任务准备期，研制开发能够保证按时交付满足要求的软件产品；在任务实施期，软件使用运行不发生影响任务按计划实施的问题或因其缺陷、故障而导致的不可接受损失等。为保证上述目标的实现，基于软件工程方法和工程实践经验，针对航天发射任务软件质量保证要求，研究开发了图 4-8 所示的任务软件质量保证方法。

航天发射任务软件开发和使用是两个相互独立又互有联系的不同阶段，开发出高质量的任务软件是保证软件圆满完成任务的基础，正确地操作使用是提高任务软件可靠性的重要内容，二者共同构成任务软件质量保证的基础。图 4-8 中的任务软件质量保证方法是在传统软件研发质量控制的基础上，增加对软件使用环节的质量控制，并通过航天发射任务组织机构使二者有机地衔接起来。方法分别围绕软件开发维护团队层面的软件工程化、任务组织机构层面的质量监督、使用单位和人员层面的状态控制三个相对独立的过程展

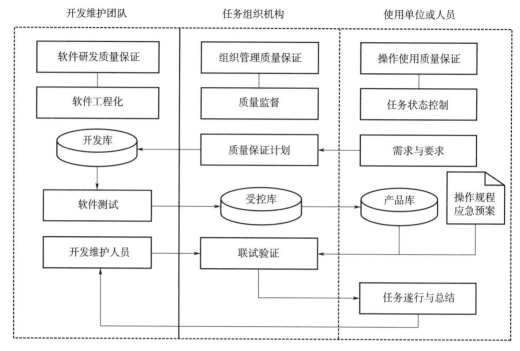

图 4-8　任务软件质量保证方法

开，既保证了每一过程具有相对独立性，又使它们彼此相互关联和支撑，将软件开发与使用这两个看似相互独立的环节紧密地连接在一起，共同保证任务软件质量目标的实现。

4.5.2　开发与维护控制

（1）开发控制

任务软件开发质量控制贯穿于软件研制的全周期，包括需求分析、软件设计、软件编码和软件测试等。

需求分析是在对用户需求进行论证和明确之后，进入软件项目开发的第一项活动，所有与软件产品开发相关的质量活动开始启动，如配置管理、质量保证、软件开发技术培训、技术调研、系统间接口协调等。需求分析时不但要着眼软件本身的可靠性、安全性，进行故障树分析和故障模式影响分析，还要紧密结合任务可靠性要求，从任务需求出发，提出软件监测重点。在航天发射测试活动中，曾经出现所监测的遥测参数并非来自监测对象的状态变化，而是由遥测传输环境引起的数据跳变（野值）。对这种现象需要客观显示受干扰的情况，以便发现和消除原因；同时，还需要通过算法对干扰数据进行有效剔除，使监测参数能够正确参与辅助决策判断。

软件设计包括概要设计和详细设计。概要设计是对软件系统的初步设计，其目的是将系统或子系统分解为计算机软件配置项、部件和单元；详细设计则是对单元（通常是函数或类的方法）内部的处理流程设计。任务软件设计规格必须与《需求规格说明》保持一致，并满足航天发射任务对人机交互可靠性、使用感官、避错和信息安全设计等方面的要求，所确定的软件架构应具备灵活性、可维护性并且能够满足用户对性能的要求。技术评审和日常活动按计划与要求进行，设计变更按程序进行评审和报批。

软件编码作为软件实现的实体生成过程，其质量保证是在严格落实软件工程化的基础上，使用可靠的编程平台，明确相应的编码规范，并强制要求代码按照编码规范规定的风格、结构和要求进行编写，代码实现与设计一致，所有代码均得到走查、所有修改均得到适当标识。

软件测试是对软件正确性的验证，在各种条件下运行程序是测试的主要活动。任务软件测试阶段的质量保证是确保明确测试验收标准、再测试标准及测试修改的控制流程，确保测试计划对于满足任务要求是充分的，并且软件测试是按照测试计划规定的流程进行的。

（2）软件维护

软件维护是软件产品交付使用后，为纠正错误、改进性能或适应改变了的环境而进行的修改活动。软件维护质量控制包括维护申请、维护实施和回归测试等。

维护申请。软件维护申请人员须全面收集掌握拟维护软件的情况，包括开发阶段的各类软件文档、设计思想、程序结构、关键模块接口、程序编制标准和约定、软件维护方法和特殊要求、软件问题报告等，向软件维护主管机构提交软件更动报告、软件问题报告单和附加报告等。软件维护主管机构主持维护需求分析，拟定软件维护方案，评估修改带来的影响，确定软件维护优先级，成立软件维护团队。

维护实施。软件维护团队制定软件维护计划，经软件维护主管批准后开始执行，批准后的维护计划修改须经软件维护主管同意。修改后的软件必须进行回归测试。软件维护工作与新软件开发工作相似，分为需求分析、设计、实现、测试等步骤，在软件维护阶段应做好软件维护记录。维护工作结束后，维护人员须编写维护记录和文档更改清单，并同软件问题报告、软件维护申请和软件维护计划一起作为软件文档保存。

回归测试。软件维护后，须对被修改部分进行回归测试。产生新版本时，应该同新开发的软件一样，按规定进行验收。

4.5.3　配置与使用管理

（1）配置管理

任务软件配置管理是通过技术及行政手段对软件产品及其开发、维护、使用过程和生命周期进行控制、规范的一系列措施和过程，在航天发射项目软件开发、维护与使用中提供了结构化、有序化和产品化的管理方法，是航天发射任务软件管理的基础工作。

①配置管理要求

任务软件配置管理要求主要包括：

1）建立并有效运行配置管理组织，包括配置控制委员会和配置管理组，并指定专人负责处理软件配置管理事务。

2）建立并维护三库，包括：

——以配置项为单位建立并维护的受控库；

——在项目开发组内建立并维护的开发库；

——在系统、子系统级上建立并维护的产品库。

3）建立并实施软件配置管理规程，包括：

——明确各级、各库中所管的软件实体清单；

——保证可靠性、完备性和可追踪性的具体措施；

——入库控制办法和审批手续；

——出库条件及其必备的手续；

——更动控制办法和审批手续等。

②配置管理项标识要求

任务软件配置管理项标识包括文档标识、程序标识、数据标识和版本标识等，标识要求主要包括：把要求受控的软件实体标识为软件配置管理项，并为每个软件配置管理项赋予唯一标识符；用一种编号法提供软件配置管理项的信息，所用标识法应反映"谁于何时因何故对何物做何更动"，且利于软件配置管理项的状态控制；确定文档的格式、内容和控制机构，在配置管理各层次中保持可追溯性。

③配置控制

任务软件配置控制主要包括出入库控制、存储控制、更改控制和版本控制。

出入库控制，包括：

1）经管理员检查合格的软件配置管理项方可入库；

2）作为受控的软件配置管理项应存入受控库；

3）作为产品交付给用户使用的软件配置管理项应从受控库转入产品库；

4）进入受控库的任务软件应进行介质鉴别、病毒检测、访问权限确认并为每次出库/入库建立日志。

存储控制。软件配置管理项应以主、副本双份记录保存在不同的地方，副本应脱机保存，并定期（通常每半年一次）进行检查和复制，存储环境应满足任务软件安全性要求。

更改控制。对已进入受控库或产品库的软件配置管理项（程序、文档、接口、数据等）的更改应履行审批手续，包括更改提出、申请、审批和实施。更改后的软件配置管理项应重新履行入库手续，并将更改情况通知到相关人员。

版本控制。配置管理工具应支持软件版本追踪，修改的软件配置管理项应进行版本升级，受控库和产品库中的配置管理项版本升级应经配置控制委员会批准。

④配置审核

为确保航天发射任务软件正确，防止误用软件、版本错误、状态不一致等问题发生，应定期或在软件状态发生变化、航天产品进场前，对相关任务软件进行配置管理审核，以验证软件配置管理项的可追踪性，确认其正确反映了软件需求。

（2）使用管理

由于航天发射任务软件自身和运行环境的复杂性，致使软件测试无法穷尽所有可能条件，发现所有软件缺陷，而且，有些潜在风险即使已得到识别，受技术和条件约束在设计环节也缺乏有效的规避手段，因此，需要通过联调联试进一步检查测试软件的适用性，通过状态控制有效规避软件缺陷。

①联调联试

软件接口联调和系统联试是将航天发射任务软件置于实战或近似实战的环境中，按照真实或近似真实的流程，对其进行连续的运行考核，以检验其功能、性能以及应对突发事件的能力，是检查、验证和确认软件是否满足任务要求的最后环节。此外，通过联试联调，也可以同时达到训练、考核软件操作人员技能，磨合岗位间协同工作的目的。

任务软件联试联调须满足全息性、充分性和匹配性要求。全息性即联试联调的验证确认活动须包括信息的采集、传输、处理、存储、显示和控制等，涉及接口的匹配性、处理方法的正确性、工作环境的适宜性和资源保障的充分性等。充分性即联调联试的验证确认活动须覆盖所有任务剖面下的软件运行和技术操作，尤其是指挥程序、操作规程和应急预案的验证活动，需要重点关注异常情况下的处置能力，包括系统容错、主备切换、岗位协同和故障处置等。匹配性即联试联调需要全面检查任务软件之间和任务软件与运行环境之间的匹配性，按照自下而上的系统集成方式来组织，在全部的单向接口关系得到验证后，再组织联合检查和全系统检查。

②状态控制

状态控制是指软件在执行任务过程中的行为控制。对于一次航天发射任务而言，软件运行状态源于接口控制文件中对软硬件接口协议、信息传输格式、参数内容和使用方法、显示效果等的规定。接口控制文件的完备性、正确性和科学性主要依靠评审和验证来保证，包括文档审核、会议评审和接口联调等。接口控制文件要求的落实，包括计算机状态及其资源配置、通信协议配置、信息处理数据库配置等，依靠联试确认、过程控制和节点评审等措施来保证。

航天发射任务软件运行状态控制的成功做法是设计并落实软件运行时的状态检查单，内容包括所有识别出的可能引起状态错误的环节及其正确性的判据、可追溯性的保持等。任务执行过程中严格落实软件状态检查单可以同时达到操作提示、过程监督和问题追溯的目的。

4.5.4　操作与运行支持

航天发射任务实施过程中，为保证任务软件操作和运行中的可靠性、安全性，需要针对软件运行时的任务剖面，制定并落实操作规程、应急预案，确定紧急处置原则，开展设计开发人员跟踪保障活动等。

（1）操作规程

任务软件操作规程是规定任务实施过程中软件运行及人员操作的文件。任务分析和工程实践显示，由软件缺陷导致运行错误的风险可以通过规范化的软件使用加以有效控制（如规避可能导致不可预知问题的随意操作）。由于航天发射任务流程是事先计划好的（除随机性的异常事件外），所有与任务软件相关的操作活动都是可以预知的，因此，基于任务流程和人机交互界面编写科学、完整、规范的任务软件操作规程，并要求操作者严格遵守，可以达到有效规避软件内在缺陷，提高软件可靠性的目的。

（2）应急预案

任务软件应急预案是任务软件应急处置的方案，其针对可认识的各种异常情况进行分类，对问题现象明确、机理清楚的异常情况给出具体的应急处理措施，对可能发生的但机理不明的异常情况，针对异常现象提出定性处置原则，目的是当异常情况发生时能做出正确、快捷的响应，保证应急处置正确有效。

应针对应急预案涉及的内容进行演练，演练的目的一方面是检验预案的科学性和可行性，另一方面是确保相关人员熟知预案的内容并就预案要求和处置程序、方法达成一致性理解，保证在异常情况发生时能够按预案进行高效处置。

（3）应急处置原则

航天发射任务软件应急处置原则有三种，包括优先级原则、补救原则和告急原则。

优先级原则。当发生多种故障或发生的故障可以采取多种应对措施，以及多种应对措施可进行不同排列组合时，应对应急处置方案进行优选，包括：发生危机时，首先确保什么；条件允许时，重点保护什么；分系统失效时，哪种替代方案最符合现场需要等。

补救原则。在发生任务软件操作差错后应尽可能采取补救措施，以消除差错造成的危害或使其危害降到最低。软件操作差错会对系统运行造成一定范围的影响，例如异常关闭了某个方向的通信链路，错误切换了某台设备的弹道曲线，误操作关闭了与数据库的连接，错误选择了任务所依赖的系统时间等，应分别针对可能存在的操作差错，制定相应的补救办法。

告急原则。当由外部原因引起的任务软件异常无法通过软件自身管理和技术手段解决，且若任其发展可能会导致严重后果时，应发出告急信息，并连同异常现象及可能后果一起报给软件使用者或任务组织机构，避免其发展和累积。

（4）跟踪保障

任务软件开发人员跟踪软件的操作使用和运行情况：一方面，及时获取软件使用中暴露的缺陷，按照质量保证要求适时对软件进行完善性维护；另一方面，及时与软件使用者进行沟通，在软件运行出现预案外的异常时，按照应急处置原则提出合理化应对措施。

4.6　航天产品质量保证

零疑点是航天发射工程中对航天产品质量保证最根本性的要求。疑点是在航天产品测试发射过程中发现的不放心的现象、数据或问题。零疑点就是通过一定的分析手段和方法，明确这些现象、数据或问题是正常工作现象还是有待归零的质量问题，并对所有有待归零的质量问题进行归零处理或给出不影响发射成功的结论。及时发现并确认各类疑点是航天产品零疑点管控的前提和关键，科学、准确的检查测试是实现零疑点目的的基本途径，也是航天产品零疑点最直接、最有效的保证。针对测试检查中发现的问题，严格按照质量问题"双五条"归零标准进行彻底归零处理，是航天产品零疑点管控的根本方法。适时开展航天产品质量复查是航天产品零疑点管控方法的重要补充；测试、归零和复查共同构成了航天产品零疑点管控的基本内容，也是航天产品发射场工作质量保证的根本方法。

4.6.1　产品测试

航天产品发射场测试是在发射场条件下对运载火箭、卫星、飞船、空间实验室等产品的技术参数、控制功能、飞行时序等进行全面检查测试，以评价其是否具备发射条件的一系列活动。测试的目的是对产品的功能和性能做出全面评价，发现和解决产品存在的质量问题，分析处理可能存在的隐患，积累产品可靠性数据，检验使用文件的正确性和完整性，标定和提供惯性器件参数等。

航天产品在发射场一般要进行技术区和发射区测试。技术区测试包括各系统的单元测试、分系统测试、匹配测试和总检查测试等项目；发射区测试包括分系统测试、功能检查以及临射检查等。具体的测试项目和内容根据航天产品型号的不同以及任务模式的不同而不同。以常规运载火箭为例，发射场测试内容包括单元测试、分系统测试、匹配检查、总检查和射前检查等。

单元测试是指对箭上单机进行的检查、测试和标定。测试目的是检查单个仪器设备的性能，包括对各种功能与参数指标的测试，以便使单元仪器设备做好系统集成前的技术准备，有时也可对测试过程中发现的性能异常设备进行单机故障检查和调整。单元测试通常包括控制系统单元测试、动力系统单元测试、遥外测系统单元测试、利用系统单元测试、火工品单元测试和电池单元测试等。为缩短发射场测试周期，在互不干扰的前提下，各系统单元测试通常并行进行。

分系统测试是将经过测试合格的单机联成系统（通常安装至箭上），对单机所在系统进行综合性检查。分系统测试的目的是检查单元仪器设备在接入系统后各分系统的功能性能指标。对于不同型号、不同批次的运载火箭，分系统测试的项目不尽相同。分系统测试项目主要有：导通绝缘检查、手动配电检查、脱插脱落电路检查、一级伺服机构相序检查、伺服机构油气压测试、伺服机构启动电压测试、稳定系统指令极性测试、加速度表精度测试、定时关机测试、耗尽关机测试、总检II状态测试和紧急关机测试等具体测试项目和内容。

匹配检查一般安排在运载火箭各分系统测试结束之后进行，检查的主要目的有：检验总体对遥测系统提出的测量参数和要求的合理性，考核遥测系统测量方案及与各系统电气接口的正确性，检验箭上控制系统与其他分系统间程序指令和联动信号设计的正确性，检查火箭各系统间的电磁兼容性。检查的项目主要有：控制与外安系统匹配检查、控制与遥测系统匹配检查、外安与遥测系统匹配检查、推进剂利用系统与遥测系统匹配检查。

总检查测试是对运载火箭各系统进行的综合检查与测试，目的是：考核各分系统在全系统对接状态下功能的正确性；考核各分系统按飞行程序工作的正确性；考核全箭火工品电路按程序工作的正确性；检查姿态控制系统极性的正确性；检查制导系统关机时间的准确性；检查供、配电系统参数及各级点火、分离时序等的准确性；检查各分系统遥测参数是否符合技术要求；检查安全自毁系统的自毁控制功能；检查转电电路和脱落电路的功能；检查紧急关机电路的功能和关机程序的正确性。要达成上述目的，需要运载火箭处于不同的测试状态，且不同测试状态下需要不同的地面设施设备参加，因此，总检查测试可能需要做多次。

射前检查是在火箭点火前对航天产品所进行的系统性诊断，也是点火发射前的最后一次检查，检查的内容通常围绕最低发射条件而设置，目的在于最后一次确认航天产品是否具备点火发射的条件。

4.6.2　数据判读

数据判读是在航天产品测试过程中，工作人员对获得的有关航天产品功能性能的数据进行分析比较、判别检验的行为，目的是确认航天产品功能性能是否满足设计要求。主要方法有三步法、智能判读法和成功数据包络分析法。

（1）三步法

航天产品发射场测试数据判读比对通常分三步进行，因此称为"三步法"。

步骤一，依据测试细则和操作规程，确定测试项目，应判断产品的主要功能项目、性能参数、接口参数，并编制测试表。

步骤二，按测试细则和操作规程对产品进行检查和测试，按测试表要求如实填写记录测试数据。产品功能状态必须在产品测试过程中进行适时记录。性能参数可在测试过程中进行记录，或在测试完成后进行数据回放和专门判读时记录。

步骤三，对测试的产品功能状态与技术要求的功能状态进行比对，对测试数据与参数的技术要求或合格范围、前一次测试值、出厂测试值进行比对，确认测试结果是否满足技术要求、测试数据是否一致。

对于判读结果不合格的超差数据，应分析其原因，必要时进行复现试验，确认是否为产品故障引起的，同时进行相应的处理。对于接近合格范围边缘的数据，应进一步分析其产生的原因和可能的发展趋势，提出应对措施。

（2）智能判读法

随着信息化技术和计算机技术的快速发展，航天产品智能测试与诊断已成为必然趋势。一是随着航天产品上各类单机、仪表智能化程度的不断提高，以 BIT 技术、先进总线技术和故障诊断技术为代表的先进测试技术不断得到应用，使得原来的大量手动测试、点对点测试发展为智能总线测试和自动故障诊断测试。二是随着计算机处理技术和软件技术的不断发展，更为自动化、智能化的测试数据快速、精确处理方法不断得到开发，各种历史数据包络线分析法、自适应阈值法、神经网络法等先进的数据处理和比对方法得到应用，使得发射场能够充分挖掘测试数据中的有用信息，做到见微知著，更准确、更及时地发现各类可能存在的疑点。

（3）成功数据包络分析法

成功数据包络是指已成功完成地面试验和飞行试验的航天产品（主要指关键单机、零部件及原材料）各项参数的上下边界范围。成功数据包络分析法是确认产品各项参数是否在成功数据包络内，并对超出成功数据包络的参数开展风险分析和评估。在成功数据包络分析过程中，对于可检验、测试的产品参数，一般应进行性能参数成功数据包络分析；对于不可检验、测试的产品参数，一般应进行原材料、工艺参数成功数据包络分析；对于与飞行环境密切相关的参数，一般应进行环境参数成功数据包络分析。对于超出成功数据包络的参数应逐一进行风险分析，判断该参数是否在设计裕度和地面试验验证等范围内，并给出是否给本次飞行任务带来风险的明确结论。

4.6.3　问题归零

"归零"管理的概念始于 1990 年中国上海航空工业公司 MD - 822 飞机质量保证体系的经验，这套保证体系的关键点之一是闭环归零，即 T0、F0、A0 三个 0。T0 即工具、工装要保证问题为零，否则不能发出生产指令；F0 即如何加工，用什么工具加工，要达到什么质量标准，须有严格、明确的规程，经核实没有问题才可以生产；A0 即装配指令归零，要求在没有任何问题的情况下，才能够开始装配；其实质是要求不带问题生产。经过一个时期的发展，"归零"概念逐步深化，形成了质量问题技术归零的五条标准。技术归零是指由于技术原因造成的质量问题的归零工作，为了彻底解决问题，避免重复发生，须按照"定位准确、机理清楚、问题复现、措施有效、举一反三"五条标准逐项落实，并形成文件。在技术归零实施过程中，进一步发现质量问题往往与管理不到位有关，继而又提出了管理归零的概念。质量问题的管理归零是指由于管理原因造成的质量问题的归零工作，为根除问题、杜绝反复，须按照"过程清楚、责任明确、措施落实、严肃处理、完善规章"五条标准逐项落实，并形成文件。

（1）归零标准

技术归零标准。定位准确要求准确确定发生问题的部位，不仅要分离到是哪个分系统、哪台设备，而且要分离到哪个零部件或元器件出现故障。机理清楚要求对故障发生的外部原因、内在生成方式和形成原理都要查得清清楚楚，故障原因与故障现象、故障部位必须符合严密的逻辑关系，同时，对故障模式、故障影响和故障危害也要分析验证透彻。问题复现要求通过地面模拟试验或其他试验方法复现问题发生的现象，验证定位的准确性和机理分析的正确性。措施有效要求处理措施能够彻底解决故障产生的外部原因、内在生成方式和形成原理。举一反三要求将发生的质量问题、原因及纠正措施等信息反馈给相关单位和系统，查找同类和相近型号产品是否存在类似问题，及时采取措施，防止同类问题的发生。

"定位准确、机理清楚、问题复现、措施有效、举一反三"是统一的有机整体，缺一不可，目的是防止质量问题的重复发生，实现产品质量和工作质量的不断改进。定位准确是前提，是处理质量问题的基本条件。机理清楚是关键，要求对质量问题不仅要知其然，还要知其所以然，只有弄清问题发生的机理，才能对症下药，制定切实可行的措施。问题复现是手段，只有通过问题复现，才能验证定位是否准确，机理是否正确。措施有效是解决质量问题的核心，真正有效的措施不仅仅是消除现存的不合格或缺陷，还应确保不再发生重复性质量问题。举一反三是延伸，也就是说对某个质量问题的处理不能就事论事，也不能只局限于本型号、本单位，只有做到举一反三，才能从根本上达到防止质量问题重复发生的目的。技术归零五条要求是有序排列的，前三条是分析问题的方法，后两条是根除问题、杜绝质量问题重复发生的措施。

管理归零标准。过程清楚要求查明质量问题发生、发展的全过程，从有关的每一环节中，分析问题产生的原因，查找管理上的薄弱环节或漏洞。责任明确要求分清造成质量问题各环节和有关部门人员应承担的责任，区别责任的性质和主次。措施落实要求制定并落实有效的具体纠正和预防措施，堵塞管理漏洞，举一反三，杜绝类似问题的再发生。严肃处理要求对导致管理质量问题的有关责任单位和人员进行严肃处理。完善规章要求在查找问题、分析原因、落实措施、严肃处理的基础上，完善和健全规章制度，规范和约束管理活动，防止问题重复发生。

（2）归零程序

航天产品发射场质量问题归零工作程序一般按照问题报告、问题确认、归零工作开展、归零评审与复核、成文信息归档或入库五个步骤实施。

步骤一，发现航天产品质量问题的工作人员应在排除安全隐患后注意保护好现场，及时向现场技术负责人报告。现场技术负责人组织收集质量问题信息，详细记录质量问题的发现过程、现象和工作环境条件等，填写"质量问题（故障）信息单"，报相关任务组织机构。

步骤二，相关任务组织机构组织质量问题分析，明确归零责任单位、问题处置方案和归零工作计划，依据质量问题归零条件，确定是在发射场进行归零还是返回研制厂所归零。

步骤三，航天产品质量问题归零工作无论是在发射场进行还是返回研制厂所归零，均需严格落实质量问题归零工作的"双五条标准"，保持质量问题归零工作的可追溯性。

步骤四，归零工作完成以后，由归零责任单位组织编写归零报告，并视问题性质组织归零评审。评审完成之后，将归零报告提交任务质量控制组织机构复核。只有评审和复核均获通过后，归零处理工作才能结束。

步骤五，经评审和复核确认已经归零的质量问题，其相关的成文信息，包括为保持其可追溯性所需的标识和证据，应作为历史资料归档或入库保存。

（3）归零范围与责任

技术归零范围包括航天产品工作时发生故障、航天产品功能性能不满足设计要求、航天产品与其他系统间接口不匹配，以及经航天发射任务质量控制机构确认的须技术归零的其他类质量问题。管理归零范围包括重复性质量问题、人为责任问题、无章可循或规章制度不健全造成的质量问题、技术状态管理问题，以及经任务指挥控制机构确认的须管理归零的其他类质量问题。符合质量问题归零范围的问题，应按归零标准要求进行归零；既属技术归零范围，又属管理归零范围的质量问题，须同时进行技术和管理双归零。

质量问题归零的组织管理工作由责任单位负责，难以分清责任时，按以下原则进行：难以分清设计和生产责任时，由设计单位组织归零；难以分清总体和系统/分系统责任时，由总体单位组织归零；难以分清系统或分系统间责任时，由上级单位组织归零；难以分清系统/分系统和单机责任时，由系统/分系统单位组织归零；难以分清单机间责任时，由系统/分系统单位组织归零；外协产品的质量问题，订货单位作为责任单位之一，负责监督外协单位按规定归零。

（4）归零评审与复核

技术问题归零评审由责任单位的上级组织实施，所有相关方参加，评审的主要内容包括：质量问题的现象描述是否清楚；质量问题的定位是否明确，是否具有唯一性；产生问题的机理是否清楚，是否含有不确定因素；问题是否复现，复现试验的条件与问题发生时是否一致；纠正和预防措施是否经过有效验证，是否已落实到产品设计、工艺或任务文件中，具体落实到哪些文件中；在责任单位内的举一反三结果，改进措施和预防措施是否已得到落实；归零报告的编写是否符合标准规定的要求。

管理问题归零评审由责任单位的上级组织实施，评审的主要内容包括：质量问题的发生过程是否清楚；发生问题的主要原因和问题性质是否明确；主要责任单位和责任人是否明确，相关单位是否认识到应承担的责任并采取了改进措施；是否结合出现的质量问题对人员进行了教育，采取什么形式教育；需要对责任单位和责任人进行处罚的是否进行了处罚，处罚是否妥当，是否有文字记录或通报；属无章可循或规章制度不健全的问题是否已完善规章，完善了哪些规章；归零报告的编写是否符合标准规定的要求。

质量问题归零复核由发射场区质量控制机构实施，复核重点包括：归零过程是否符合程序要求；归零手续、证据和相关资料是否完整、有效；归零结论是否正确可信。

4.6.4　质量复查

（1）复查内容

质量保证复查是对产品质量形成过程和产品当前状态所进行的再确认，是一种追溯性的反向质量检查，主要包括设计复查、状态复查、问题复查、风险复查和专项复查等。

设计复查。设计复查的内容主要包括故障模式判据、产品功能、时序和环境等内容的复查。故障模式判据复查主要是针对产品在地面和飞行过程中可能发生的故障模式、判据及门限值进行检查确认，对相关技术文件的完整性及要求的落实情况进行复查。产品功能复查重点是对历次任务未执行的逃逸安控、极限工况下分离系统工作状况、首飞产品的设计验证等进行复查确认。时序复查是对产品尤其是运载器的时序（包括火箭飞行时序和逃逸飞行时序）设计、正确响应进行的再分析和再确认。环境复查是针对产品在特殊环境下的适应性所进行的检查确认，如夏季高温环境、冬季寒冷天气、推进剂温度预估、天地差异性等。

状态复查。状态复查的内容包括对各系统技术状态的正确性和更改情况、测试发射流程和操作规程、发射场测试数据和出厂测试数据的一致性等进行的复查。

问题复查。问题复查的内容包括对产品在出厂评审、发射场阶段质量评审中提出问题的处置情况进行的复查和产品在发射场测试中出现的质量问题归零情况进行复查。

风险复查。风险复查的内容包括对测试发射任务安全和存在风险进行分析，对风险应对措施和应急处置预案进行复查。

专项复查。专项复查是针对某种未考核到或未测试到的项目、其他相关型号产品发生的质量问题在本型号产品上是否存在所进行的复查。

（2）复查程序

质量保证复查程序包括数据采集、分析验证和给出结论三个步骤。

数据采集。依托发射场和产品研制部门，全面收集证实产品发射场装配、测试和试验的全过程的数据。数据采集工作应科学设计复查项目，保证从单机到系统的复查项目具有一致性，同时确保采集到的数据完整、真实和有效。

分析验证。分析验证重点关注以下五点：一是符合性检查，检查所有复查项目是否都达到了文、图、物一致；二是边界参数分析，依据判定标准并对照成功或历史数据分析评估接近边界值的参数；三是稳定性分析，对同一产品在不同条件下的测试数据进行分析，观察其参数的稳定性；四是趋势分析，对同型号产品的关键参数在历次任务中的测试结果进行横向比较，观察其是否有单调变化的趋势；五是协调性分析，对于系统间的协调匹配参数应重点分析检查，确保正确协调。

给出结论。工作组应针对复查内容给出是否满足要求的明确结论，包括单机复查结论、系统复查结论和总体复查结论等。

（3）复查要求

质量保证复查要求主要有三点：一是用数据说话，明确数据采集规范与内容。数据采集和分析只有真正做到完整、真实、有效且不留死角，才能统计出确切的数据，拿出可以与设计比对、与出厂测试比对的数据，得出正确有效的复查结论。二是统一标准，制定严谨明确的实施文件。在制定质量复查工作实施文件时，应充分体现"5W1H"的原则，明确规定复查的目的、内容、时机、岗位责任制、完成单位、审查单位和方式。同时，针对不同型号产品特点，尤其是采用新技术、新产品以及技术状态变化情况，进一步明确规定本次发射任务的复查评审项目、复查内容、特殊要求、计划节点和完成单位。三是突出重点，点面结合。质量复查时间有限，应针对薄弱环节施力，针对产品特点加劲，避免眉毛胡子一把抓。

（4）复查工具

有关航天产品质量复查的典型工具有"双想""两比""十新""五交集"等。

"双想"是在任务转阶段前，由各系统组织开展的质量"回想、预想"活动，其本质是动员所有参与航天发射任务的人员开展群众性的"不放心"活动，以进一步堵住可能存在的隐患和漏洞。"回想"是对已经完成工作的全面回顾，想一想还有哪些工作没有完善，哪些工作没有到位，哪些工作没有完全满足要求，如查找已完成的技术操作和组织指挥工作是否有不当之处，测试数据判读还有没有疑点或疏漏，质量问题处理是否按归零要求归零和放行准则放行等。回想是对前面工作的查漏补缺和总结提高，常常会发现一些遗漏的质量问题，需要及时纠正或便于在后续工作中改进。"预想"是对下一阶段工作进行的预先考虑，想一想还有哪些准备工作要做，哪些工作可能会出现安全问题，出现问题需要采取哪些措施。预想是对后续准备工作的完善，可有效提高组织指挥、测试发射、测量控制、通信和技术勤务保障等方面的工作质量，减小后续工作发生质量问题的可能性。

"两比"即纵向比对和横向比对。针对本型号产品各阶段的测试数据开展纵向比对和型号间的横向比对，对于超出产品成功数据包络的参数，要进行理论分析和地面试验验证，给出是否会给任务带来风险的明确结论，通常会将"两比"结果纳入测试汇报、总结和审核工作中。

"十新"即新技术、新材料、新工艺、新流程、新状态、新环境、新单位、新岗位、新人员、新设备。工程统计显示，技术、人员、设备和环境等因素的变更是导致产品质量问题的最主要原因之一，因此，严格"变化控制"是确保产品质量的有效手段。近年来，产品研制、管理人员根据数据统计分析的结果，总结提出了产品质量控制的"十新"方法，并形成了一套行之有效的针对"十新"的质量管理方法。同时，有关"十新"的技术风险分析、质量安全控制措施的执行也成为产品在发射场质量复查工作中的重点。

"五交集"是指状态有变化、质量有前科、测试不到、单点失效、上天有动作五要素的集合。工程实践表明，航天发射任务中的很多质量问题都发生在具有"五交集"中一个或多个要素的产品上，因此，应针对存在"五交集"要素的产品质量进行重点控制，确保其质量控制措施有效。对于存在两个以上"五交集"要素的产品，更是质量控制的重中之重，须在发射场进行全面的质量复查确认，确保其功能性能满足设计要求。

参 考 文 献

［1］ 陆晋荣，董学军．航天发射质量工程［M］.北京：国防工业出版社，2016.

［2］ 孙家栋，杨长风，等．北斗二号卫星工程系统工程管理［M］.北京：国防工业出版社，2017.

［3］ 宋征宇．运载火箭地面测试与发射控制技术［M］.北京：国防工业出版社，2016.

［4］ 黄春平，侯光明．载人航天运载火箭系统研制管理［M］.北京：科学出版社，2007.

［5］ 徐建强．火箭卫星产品试验［M］.北京：中国宇航出版社，2012.

［6］ 张育林．航天发射项目管理［M］.北京：国防工业出版社，2012.

［7］ 张洪太，余后满．航天器项目管理［M］.北京：北京理工大学出版社，2018.

［8］ 余后满．航天器产品保证［M］.北京：北京理工大学出版社，2018.

［9］ 徐克俊．航天发射故障诊断技术［M］.北京：国防工业出版社，2007.

［10］ 康锐，何益海．质量工程技术基础［M］.北京：北京航空航天大学出版社，2012.

［11］ 扈延光．现代质量工程［M］.北京：北京航空航天大学出版社，2008.

［12］ 刘小方，谢义．装备全寿命质量管理［M］.北京：国防工业出版社，2014.

［13］ 张增照．以可靠性为中心的质量设计、分析和控制［M］.北京：电子工业出版社，2010.

［14］ 张笃周，袁利，冶元菲．宇航产品面向全周期的设计方法与质量保证［M］.北京：中国宇航出版社，2016.

［15］ 白凤凯，秦晓君．美军装备质量监督研究［M］.北京：兵器工业出版社，2016.

［16］ 范燕平，高伟娜．航天电子产品常见质量缺陷案例［M］.北京：中国宇航出版社，2014.

［17］ 杨孟飞．航天企业质量管理成熟度模型［M］.北京：中国宇航出版社，2012.

［18］ 李树广．装备质量论证［M］.北京：军事科学出版社，2008.

［19］ 田思明，等．军工质量管理体系与装备承制资格评定实践［M］.北京：北京理工大学出版社，2008.

［20］ 陆晓鹏，唐薇，陈正茂．武器装备质量管理和风险管理［M］.北京：海潮出版社，2009.

［21］ 张性原．航空航天工业现代质量管理［M］.北京：中国航空航天工业质量管理协会，1991.

［22］ 龚源．军品质量工程［M］.北京：国防工业出版社，2008.

［23］ 高俊峰，江劲勇，等．装备质量与可信性管理［M］.北京：国防工业出版社，2007.

［24］ 束洪春．电力系统以可靠性为中心的维修［M］.北京：机械工业出版社，2008.

［25］ 王绍印．故障模式和影响分析［M］.广州：中山大学出版社，2003.

［26］ 袁家军．航天产品工程［M］.北京：中国宇航出版社，2011.

［27］ 栾恩杰．航天系统工程运行［M］.北京：中国宇航出版社，2010.

［28］ 胡莘．天绘一号卫星工程及应用［M］.北京：测绘出版社，2014.

［29］ 武小悦，刘琦．装备试验与评价［M］.北京：国防工业出版社，2008.

第5章
航天发射安全保证方法

航天发射高投入、高风险决定了零事故是其安全保证方法的本质要求。本章从风险管理基础、危险源辨识、风险评估、风险防控和应急响应与调查处理五个方面论述零事故安全保证方法。

5.1　风险管理基础

安全是指生命、财产和环境处于不受损害的状态，风险是不利事件的可能性与后果的组合。因此，安全的本质是排除风险后的状态，风险是对不安全状态的量化，安全管理即风险管理。安全管理的目标通常设置为"零事故"，"零事故"包括两方面标准：一是事前标准，即所有危险源得到识别控制，所有风险得到有效防控且被控制在可接受状态；二是事后标准，即任务完成或阶段性工作后，除不可抗拒力导致的事故外其他事故和不利事件为零。

5.1.1　事故致因理论

事故致因理论是从大量典型事故中分析得到的事故发生和发展的一般原理，反映了事故发生的原因和规律性，能够为事故原因的定性、定量分析，为预防事故提供理论依据。加强航天发射安全管理，必须了解和掌握这些机理，科学施策、综合防控、高效救援。

（1）本质安全

人的不安全行为、物的不安全状态是事故的直接诱因，因此，安全工程中把人参与的设施设备运行、物理环境等生产服务条件的安全称为本质安全，有时特指设施设备或技术工艺含有内在的能够从根本上防止事故发生的功能，即在发生误操作或发生故障的情况下也不会造成事故的功能。本质安全通常包括针对人的不安全行为实现"失误安全"功能和针对物的不安全状态实现"故障安全"功能两个方面。失误安全功能是指人的误操作不会导致事故发生或自动阻止误操作；故障安全功能是指设备故障不会导致事故发生或自动转变至安全状态。

由于受实际存在的技术和经济等客观条件制约，且人的行为受各种意识和无意识的支配，航天发射本质安全很难通过某一因素来实现。为此，航天发射安全管理通过追求业务过程中人、物、环境、管理和系统等诸要素的和谐统一，确保各种危害因素始终处于受控状态，进而尽可能地趋近本质性、长远性安全目标。

（2）海恩法则与隐患排查

海恩通过对多起航空事故的分析，发现每一次事故总有一些征兆表现出来，但是，人们往往不去注意而没有发现，或者即使发现了，也没有引起足够的重视，从而导致事故的发生，后来人们把这一现象称为"海恩法则"。这一法则认为："每起严重事故的背后，必然有30多次轻微事故和300多起未遂先兆，以及1 000多起事故隐患。"其基本思想包括：一是事故发生前都有"未遂先兆"和"事故隐患"，要想消除事故，就必须控制住这些先兆和隐患；二是事故的发生都是"量"的积累结果，因而要密切关注"先兆"和"隐患"的渐进过程或量的变化；三是再好的技术，再完美的规章，在实际操作层面，也无法取代人自身的素质和责任心。

航天发射安全管理在海恩法则的基础上，结合自身的工程实践，逐渐认知并掌握了事故隐患分析排查的机理，主要内容包括：一是系统认识危险源和事故隐患，尤其是对重大危险源和主要事故隐患应有全面认知，进而准确把握事故发生的原因和机理，为及时彻底根除和严控安全隐患创造条件。二是建立轻微事故和未遂先兆报告分析系统，查找轻微事故和未遂先兆的致因，将其作为主要安全隐患列入隐患治理清单。三是彻底根除和严控主要安全隐患，采取积极措施，动用多种手段，在人员、设备、环境、技术、管理等方面综合施策，遏制隐患发展，确保在事故发生前消除隐患。四是针对重大危险源建立持续监控系统，运用安全技术和方法约束限制系统中的能量和信息，防止发生能量的意外释放和涉密信息的扩散。

（3）"墨菲定律"与事件因果链

"墨菲定律"是由美国空军上尉工程师爱德华·墨菲提出来的。他在 1949 年参加美国空军的一项实验，其中一个项目是将 16 个火箭加速度计悬空装在受试者上方，当时，有两种方法将加速度计固定在支架上，有人竟将 16 个加速度计全部装在错误的位置上。事后，墨菲认为如果有两种或两种以上的选择，其中一种将导致灾难，则必定有人会做出这种选择。后来，墨菲定律的内涵逐渐扩大，并衍生出菲纳格定律，即如果一件事情可能发生，那么它就一定会发生，会出错的，终将会出错。再后来，人们在实践中发现，通过细致地检查发现差错并及时加以纠正，就可以避免因差错而导致的不利事件，并将其发展为"新墨菲定律"，即"可能发现的差错，必将发现"。

事件因果链原理是指安全事故的发生与某些因素存在着必然的因果关系，是多种因素互为因果连续发生作用的结果。事故的发生可看作是一连串有内在关联的事件导致的，包括不安全心理、不安全行为、不安全状态和不可控因素等，它们构成一个彼此相连的"因果链"，一环生一环，一环套一环，链的末端是事件后果——事故和损失。就像多米诺骨牌一样，一块倒下又导致另一块倒下，最后整个骨牌全盘崩溃，而如果去掉多米诺骨牌游戏中的某一块牌，就可以防止整个骨牌全盘崩溃。航天发射安全管理强调运用这种原理，去掉"因果链"中的某个危险因素以及时切断整条"因果链"，从而防止事故的发生。

航天发射安全管理运用"墨菲定律"与事件因果链原理，就是要辩证地认清航天发射事故发生的因果关系，既要认识到只要存在某一事故发生的可能性则该事故最终一定会发生，又要认识到只要把安全防控与隐患治理做深、做细，差错和故障就可以被及时发现并得到纠正，事故发生的因果关系链就可以被切断或终止。因此，航天发射安全保证应将安全防控与隐患治理落实到各个环节、各个场所和各个单位，做到预想在先、检查到位、查清隐患、治理彻底，将人的不安全行为、物的不安全状态、环境条件的不安全因素、管理上的缺陷和失误消灭在萌芽状态。

（4）管理失误因果机理

管理失误因果理论将人的不安全行为、物的不安全状态和环境条件的不安全因素视为现场失误，认为现场失误是由于组织领导者及事故预防工作人员的管理失误造成的，其模型见表 5-1。管理失误因果机理强调管理失误在事故因果中的主导地位，涉及管理工作中的方针目标、职责权限、制度规范、领导决策和个人行为等诸多方面，提示安全管理不能仅关注现场失误问题，应提高对管理失误的认识，强化管理的监控作用。

表 5-1 管理失误因果论模型

管理体制	→	管理失误	→	现场失误	→	事故	→	伤害或损坏
	领导者在下述方面决策失误或没有决策：	技术安全人员在下述方面管理失误或疏忽：						
方针、目标 组织 机能	权威 责任 职责 注意范围 权限授予	行为 责任 权威 规则 指导 主动性 积极性 业务活动		不安全行为 不安全状态 环境条件缺陷		事故		伤害 损坏

航天发射安全管理运用管理失误因果机理，在单位层面建立健全安全教育培训、环境条件保障、事故防控措施、应急准备响应、检查考核评价等制度，在岗位层面构建安全操作规程、应急响应预案和安全检查表格等"两书一表"，将安全管理融入航天发射所有业务活动和所有危险源，确保所有工作场所规范有序，确保所有不安全因素处于受控状态。

（5）能量转移理论

能量转移理论认为事故是能量的不正常转移，预防事故的本质是能量控制。为此，研究事故防控应从事故能量作用类型、能量转移作用规律、能级控制技术、能量转移的时间和空间规律等方面进行。预防事故应通过使用能量消除、疏导、隔离、屏蔽、转移、作用空间控制、作用时间控制等技术措施来达到消除、约束和限制能量非正常转移的目的。

航天发射安全管理应用能量转移理论将航天发射所涉及的能量划分为机械能（动能、势能）、电能、化学能、热能、辐射能、声能等，针对能量意外释放和转移常采取以下措施：

1）用安全能源代替不安全能源，如用绿色推进剂替代有毒推进剂；

2）使用低能工艺或设备，如用低压设备，限制火工品装药量；

3）防止能量蓄积、及时泄放多余能量，如安装静电释放装置、避雷装置；

4）缓慢能量转移，如安装减振装置、消音器；

5）设置屏蔽设施，如防护罩、安全围栏、个人防护用品；

6）在时间上、空间上把能量与人隔离，如暂时或定期禁止人员通行；

7）信息形式屏蔽，如使用警告牌、警戒线、警报和信息号等防止人员不安全行为。

（6）能量意外释放论＋奶酪模型理论

能量意外释放论认为，事故发射的根源在于能量或有害物质的存在，能量或有害物质的失控就可能导致事故发生。能量或有害物质为什么会失控，奶酪模型理论给出的解释是，任何防控措施（屏障）都不是完美无缺的，而是像"瑞士奶酪"那样，不同程度地存在这样或那样的漏洞，从而可能导致其作用失常；如果屏蔽某一能量或有害物质的所有措施（屏障）在某一时刻全部失去作用，就会导致能量或有害物质的失控，进而造成事故的发生。

能量意外释放论解释了事故发生的根源（或内因），奶酪模型理论解释了事故发生的外在原因，二者结合不仅能科学合理地解释事故的致因机理，而且在航天发射领域已推演出一套科学的危险源辨识与风险防控方法，并在实际工作中得到了广泛应用。

5.1.2　风险防控模型

航天发射在多年安全管理实践中，基于事故致因理论，持续总结经验吸取教训，反复凝练提出了全域风险动态防控模型和蝴蝶结风险管理模型。

（1）全域风险动态防控模型

航天发射基于"本质安全"的理念，综合考虑所处内外环境和风险管理目标，借鉴全面风险管理模型、持续风险管理模式和 ISO 高级管理体系架构模式，构建了全域风险动态防控模型，如图 5-1 所示。

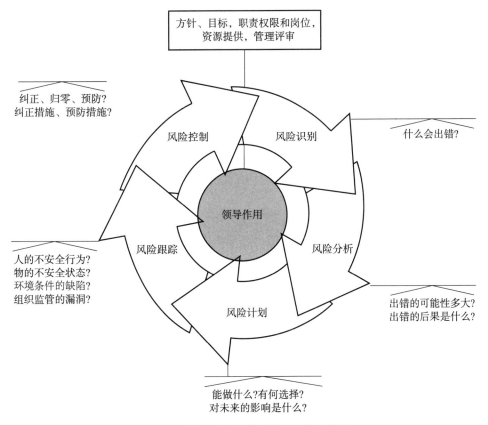

图 5-1　航天发射全域风险动态防控模型

全域风险动态防控模型集成了全面风险管理模型，要求所有单位、所有人员在规定的和适用的时机针对正在或预期从事的活动和工作回答以下问题：

1）什么会出错？

2）出错的可能性多大？后果是什么？

3）能做什么？有什么可用的选择？对未来的影响？

4）人的不安全行为有哪些？物的不安全状态有哪些？环境条件有何缺陷？组织监管有何漏洞？

5）发现的问题或隐患是否得到纠正？纠正措施是否落实？相关质量问题是否归零？预防措施是否到位？

全域风险动态防控模型集成了持续风险管理模型，要求所有单位、所有人员针对正在开展和预期从事的活动和工作持续开展以下活动：

1）危险源和风险识别，确认什么会出错；

2）风险分析，评价出错的可能性和后果；

3）风险管理计划制定、落实和修订，确认能做什么、有什么可用的选择和对未来的影响；

4）跟踪监测风险状态，包括风险计划的制定、落实和修订；

5）风险控制，包括风险控制措施的落实、存在问题和隐患的纠正、纠正措施的制定落实、质量问题的归零、预防措施的检查确认等。

全域风险动态防控模型集成了管理体系高级框架结构，要求领导层为全域动态风险管理持续有效提供不竭动力，包括：

1）确立风险管理方针、目标；

2）在单位内分配职责权限，建立健全安全责任制；

3）为风险管理提供资源保障；

4）定期组织风险管理评审；

5）建立落实安全奖惩制度。

（2）蝴蝶结风险管理模型

蝴蝶结模型又称领结图模型，因其图示化形状像蝴蝶结（领结）而得名，是一种普适的风险管理方法，尤其在风险防控和应急响应有效性方面，有着独特的优势。以压力容器中的高压有毒推进剂为例，其模型如图 5-2 所示。

图 5-2 显示，“蝴蝶结”模型的基本构成就是一个个“奶酪模型”。左侧是由防止“顶级事件”发生而设置的主动防控屏障所形成的一个个“奶酪模型”，右侧则是由防止“顶级事件”恶化而设置的被动响应屏障所形成的一个个“奶酪模型”。实际构建蝴蝶结模型时，可按照以下步骤进行：

1）找出可能发生的顶事件，如有毒推进剂泄漏；

2）针对顶事件找出危险源可能发生失控的各种原因或途径（威胁），如材料疲劳、过压、腐蚀等；

3）针对顶事件找出进一步发展可能导致的各种不同后果，如火灾、人员中毒、污染环境等，然后评价每类风险；

4）针对危险源形成的各种威胁，为防止威胁失控导致顶事件发生分别制定相应的屏

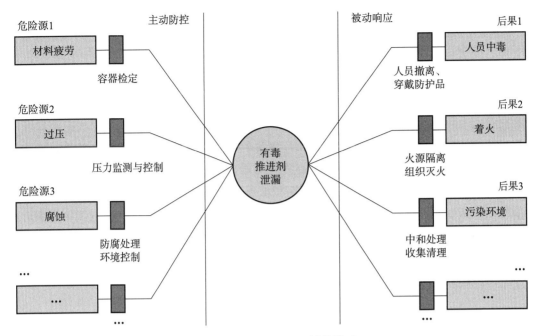

图 5-2　风险管理的蝴蝶结模型

障（防控措施），如针对材料疲劳进行压力容器检定，针对过压进行压力监测和控制，针对腐蚀进行防腐工艺处理和环境条件控制等；

5）针对顶事件导致的各种后果，为防止顶事件进一步发展分别制定相应的屏障（应急准备与响应措施），并形成应急预案和响应机制；

6）实施相应的屏障（防控措施和应急准备与响应措施），落实安全防控与应急响应所需条件，包括组织任务流程和应急响应演练。

全域风险动态防控模型实现了风险防控的全面性、动态性和持续性，可以确保航天发射风险管理覆盖所有可预知危险；蝴蝶结模型针对需要具体防控的危险源实现了从预防和响应两个方面规划落实风险管理措施，可以确保航天发射风险管理统筹考虑风险防控与事件应急的针对性和有效性；二者的有机配合可以保证航天发射风险管理的充分性、适用性和有效性。

5.1.3　安全管理概述

航天发射安全管理是指通过危险源辨识、风险评估技术去认识航天发射面对的各种风险，并以此为基础科学合理地策划并落实风险应对措施，以有效控制风险等级、妥善处置意外事件，确保安全目标实现的过程。

（1）风险定义

迄今为止，理论界对风险（Risk）没有准确定义。Webster 认为风险是发生损失或伤害（Hazard）的可能性，要点有三：一是如果该对象发生，就会有一定程度的损失；二是该对象有一定规律可循；三是该对象可以控制。Kerzner 则认为风险是不确定性和造成损害的函数。Jones 等人则认为风险不但包含损失的危险，也包含获利的机会。美国国防部和 NASA 使用的是韦氏词典的定义："通常表征风险特征的变量有二：发生的概率和损失的强度，两者的乘积便是风险期望损失，用来表示风险大小。"

风险是客观存在的，但风险量化却包含有主观因素。出于不同目的，不同主体对风险量化的角度也会不同。正如 Goovaerts 等所指出的，即使某一风险测度具有很好的性质，也不存在一个风险测度的公理假设集合适用于所有类型的风险决策。期望损失是风险量化最常用的方法，即在所有事件集合中将每一事件的发生概率同发生时的损失相乘，再将这些乘积加总运算。这个运算等同度量了高损失低概率的极端事件与低损失高概率的不利事件。Haimes 指出，分析家们所用的这种期望值函数（某些效用函数）的做法，扭曲了这些事件以及所发生序列的相关重要性，相对于经常发生的小危害事故，决策者更为关心的是低概率的极端损害事件，因此，风险期望损失不是一个真正传递管理者或决策者意图或感觉的度量。基于上述原因，本书在处理风险定义时，依据损失程度按下式定义航天发射任务中的风险，即风险 R（Risk）是

$$R = \begin{cases} H \times P(H), H \notin \{\text{disaster}\} \\ H \bigcup P(H), H \in \{\text{disaster}\} \end{cases}$$

式中，$P(H)$ 是损害发生的可能性，$\{\text{disaster}\}$ 是航天发射灾难集合。

（2）安全管理任务

航天发射安全管理的核心是确保人员、航天产品和地面设施设备等处于不受损害的状态，其主要任务包括：

1）明确安全管理职责和权限，按权限对安全及其管理工作进行审查与决策；

2）建立适用的安全管理框架，制定安全管理计划；

3）在工作策划时开展危险源辨识、风险评估，制定风险防控措施；

4）在航天发射任务实施全过程中开展全域动态风险管理，在关键节点处进行风险评审；

5）在支持保障过程中开展持续风险管理，对重要危险源及安全因素进行评估，制定并落实控制措施；

6）建立和保持风险沟通渠道，确保重大危险源及安全因素传递到所有相关方；

7）持续改进安全管理过程，坚持预防优先、主动管理、动态评估；

8）记录、维护安全管理信息，确保其准确有效，适用时可追溯。

（3）安全管理原则

引发事故发生的危险源包括人的不安全行为、物的不安全状态、管理和环境缺陷，这些诱因相互影响、相互制约，因此，风险管理应当坚持系统思维、相互联系和动静结合的原则。

系统思维原则要求在进行危险源辨识、风险评估和防控时做到"三个坚持"：一是坚持把"人、物、环境和管理"作为一个整体进行考查和研究；二是坚持区分层次、全方位观察分析复杂系统中的危险源和风险；三是坚持用联动交叉的方法辨识、评价和防控

风险。

相互联系原则要求危险源辨识、风险评价与防控需要使用双向或多向关系思维，包括人与人、设施设备、物资、自然环境、人工环境、社会环境、单位管理等，设施设备与设施设备、物资、自然环境、人工环境、社会环境、单位管理等，物资与物资、自然环境、人工环境、社会环境、单位管理等，自然环境与自然环境、人工环境、社会环境、单位管理等，人工环境与人工环境、社会环境、单位管理等，社会环境与社会环境、单位管理等，单位管理与单位管理等。

动静结合原则要求将静态分析与动态分析相结合。静态分析即对人、物、管理和环境单独进行危险源辨识和风险评估，包括：主体人的状况，客体人的状况，设施设备的运行状态，物资贮存现状及其物理化学性能是否在可控、可约束的安全范围内，自然环境状况，人工环境状况，社会环境状况，生物环境状况，管理制度规范状况，组织监管状况等。动态分析是在研究人、物、环境和管理的系统时，既要研究其相对静止的现状，也要研究其相互联系与发展变化的趋势，利用现状、环境和科学知识等要素推断预测安全发展趋势。

（4）安全管理程序

由于风险是业务活动的"伴生品"，所以安全管理一定是与业务活动同步开展的。航天发射安全管理过程主要包括风险防控策划、危险源辨识、风险评估（包括分析和评价）和风险控制等，见表 5-2。

表 5-2　风险防控工作程序

序号	过程	主要工作内容
1	风险防控策划	识别分析内外部环境，明确风险管理职责权限及决策流程；确定危险源辨识、风险评估和风险防控的准则、方法和时机；确定风险管理所需资源
2	危险源辨识（含风险识别）	从能量释放、危险物质、涉密信息、人的失误、物的故障、环境不良、管理不周等方面全面辨识可能导致人身伤害、财物损失、涉密信息泄漏和环境破坏的根源
3	风险分析	选择分析方法，辨识不确定性，进行危害和可能性分析
4	风险评价	确定风险等级，过滤不需考虑的风险，确定风险优先次序
5	风险控制	分析可供选择的措施，确定落实消除、规避、替代、转移、降低风险的措施；监测风险状况，验证风险防控措施；作出风险决策，应对和处理发生的风险事件，消除和缩小不利事件后果；采取风险防范措施，监控潜在风险发展
6	风险沟通	风险沟通不是一项独立的活动，而是贯穿于风险防控工作全过程
自航天发射任务准备开始，步骤 1~5 持续循环执行，直至该次航天发射任务结束		

危险源辨识、风险评估和控制措施确定的方法、程序及要求应在业务程序文件和方案中明确。年度一体化管理或安全管理工作策划时，应全面系统地识别危险源、评估风险并梳理和确定风险防控措施；执行航天发射任务过程中，应持续主动地进行危险源辨识、风险评估并确定相应的控制措施；发生变更时，应在变更前识别与该变更相关的危险源和风险，当需要变更安全控制措施或应急预案时，应按权限报批。应保留危险源辨识、风险评

估和控制措施确定结果的成文信息并及时更新。

风险防控策划应按照以下流程进行：

步骤一，针对航天发射工作和相关业务过程，概要识别危险源、评价风险，明确风险管理各单位（机构）的职责、权限、单位（机构）间接口和相关信息沟通渠道和方式。

步骤二，各单位（机构）依据职责，确定风险评价准则，详细识别明确危险源、评价风险，梳理重大危险源及其相关的风险控制措施；适用时，编制风险防控计划和应急预案并组织评审。

步骤三，重大危险源、风险及其相关的防控措施、预案应报主管部门备案；适用时，主管部门组织对重大危险源、风险及其相关的风险防控措施和预案进行评审。

有下列情况时，须抓好危险源辨识和风险评价的动态管理，及时更新风险防控措施和应急预案：

1）新的（包括新修订的）法律法规和标准规范发布时；

2）任务状态发生变化时，包括开展新试验、应用新技术、启用新设备、使用新流程、更改任务软件和更换人员单位等；

3）工作环境发生变化时；

4）发生事故或者发现安全隐患时；

5）上级明确阶段性安全管控重点时；

6）其他可能带来新的危险源和新风险的情况。

5.2　危险源辨识

危险源是导致任务失利、人员伤害、产品受损、环境破坏、经济财产损失和涉密信息泄漏等不利事件的根源或状态。危险源辨识与全域动态风险防控模型中的风险识别相对应，是风险管理的第一步，是风险管理的前提和基础，也是实施有效风险管理至关重要的一环。书中不区分危险源辨识与风险识别的不同。

5.2.1　危险源分类

危险源的本质，一是存在能量、有害物质和涉密信息（根源），二是存在导致能量或危害物质、涉密信息的约束和限制措施被破坏或失效的因素（状态）。习惯上将可能发生意外释放的能量（能源或能源载体）和危险物质、意外泄漏的涉密信息称之为第一类危险源，由于它们是事故发生的根源或源头，因此有时又将它们称之为固有型危险源或源头类危险源。将导致能量、危险物质或涉密信息的约束和限制措施破坏或失效的各种因素，包括物的不安全状态、人的不安全行为、环境和管理缺陷称之为第二类危险源，这类危险源常常是事故的直接诱发因素，因此有时又将它们称之为衍生类危险源或诱因类危险源。由于管理缺陷常常是事故的间接诱因，因此，也有人将管理缺陷称之为第三类危险源，以区别于第一和第二类危险源。一次活动中，上述三类危险源可能同时存在，以高压电气设备检修为例：第一类危险源是带电导体；第二类危险源主要有外露线路绝缘层破坏、设备漏电、绝缘手套和绝缘靴存在缺陷、不按规程操作、停电检修过程中合闸通电等；第三类危险源主要有操作规程或检修程序存在缺陷、组织监管不力等。

（1）第一类危险源

由于能量、有害物质、涉密信息是客观存在的，不以人的主观意志为转移，因此，管控此类危险源的办法是在辨识的基础上，设置相应的防护屏障，防止意外失控，从而避免事故发生。

航天发射系统中，第一类危险源主要包括：

1）危险化学品，如运载器和航天器用推进剂，航天发射保障用各种燃料和有毒化学药剂等；

2）高压能量，如高压气瓶、高压泵、高压供气管路、高压或高温蒸汽管线等；

3）高压电能，如高低压变压器、高低压配电柜等；

4）热能，如废气处理锅炉、大功率电热器等；

5）辐射能，如雷达电磁辐射、作业噪声等；

6）势能，如吊装物、高空坠落物等；

7）动能，如移动中车辆、运行中电梯、使用中机械工具等；

8）信息能，如涉密信息、涉密网络、密码设备、密钥、涉密载体等。

第一类危险源的特点是自身具有一定的物理化学或其他固有危险特性，在一定条件下受其自身或外部条件触发而发生意外释放。因此，在管理此类危险源时要关注该危险源"自身"和"外部"约束条件，将危险源约束在可控的安全范围之内。

（2）第二类危险源

第二类危险源是指导致约束和限制能量、有害物质、涉密信息的措施被破坏或失效的各种因素，包括：人的不安全行为、物的不安全状态和环境不良等。

航天发射系统中第二类危险源主要包括：

1）设备故障或存在缺陷，如安全装置失效，设施设备器材老化，使用不安全设备等；

2）基础设施较差或设施不完善，如接地电阻不合格、无防雷设施或不完善、防护用具配备不齐全、各类标识缺乏等；

3）设计缺陷，如设施设备安全距离不够、设施设备使用人体工效学考虑不周等；

4）人员安全素养不够与违章操作，如用手工替代自动化作业；

5）冒险进入危险场所；

6）攀坐不安全位置；

7）在吊物下作业、停留；

8）设备运转时修理、检查、调整、清扫等；

9）注意力分散；

10）忽视使用个人防护用品用具；

11）对易燃易爆等危险品处理不当；

12）自然环境因素，如雷电、地震、泥石流；

13）社会环境因素，如传染病源、周边社会安全稳定形势；

14）工作环境因素，如机房内光线不当、高温、高湿；

15）生物环境因素，如工作区范围内的鼠害。

与第一类危险源不同的是，此类危险源并不是客观存在的，无论是人的不安全行为、物的不安全状态和环境不良，归根结底都与人为因素有关，因此，管理此类危险源应重点关注人因，通过技术和管理两种途径使此类危险源处于受控状态。

（3）第三类危险源

组织管理缺陷（包括人的不安全思想）是导致事故发生的间接因素，航天发射安全管理习惯上将组织不健全、制度有缺陷、判断决策失误、现场指挥失当、组织监管不力、人员安全思想意识不够等组织管理缺陷（包括人的不安全思想）称为第三类危险源。

航天发射系统中，管理缺陷主要包括：

1）安全管理机构不健全、管理责任不落实；

2）安全策略和事物决策失误；

3）安全管理制度和安全操作规程不完善；

4）安全教育培训不到位；

5）人的不安全思想，主要表现为：

——由于人员性格孤僻、心理素质差、意志薄弱等，不能正确面对与处理矛盾问题，导致发生自残、自杀倾向，甚至萌生仇视、怨恨社会思想；

——由于人员存在的趋利思想、侥幸心理，理想、道德、信念发生偏差，从而产生不按规定办事、投机取巧、打擦边球和"走捷径"的思想，甚至违反纪律和法律法规；

——由于受极端宗教思想的影响，产生通过恐怖主义活动达到极端目的的激进犯罪思想；

——由于受到社会邪教的影响，意图通过各种违法行动表达对异端邪教的效忠或传播邪教思想。

第三类危险源通常是事故背后的深层次因素，是诱发事故的间接因素，常常具有隐蔽性，在进行危险源辨识和风险防控时，应透过现象看本质，查找和发现不合理的规章制度、监管缺陷并持续改进，尤其是组织的安全文化和人员的不安全思想，要持续关注，及时解决思想认识上的深层次问题。

（4）潜在与现实危险源

按照危险源存在状态，还可以将危险源分为"现实型"与"潜在型"两种类型。如在一项作业或活动开始前进行危险源辨识，所识别的危险源属于可能会出现的潜在型危险源。对作业或活动进行风险管理的目的在于，通过识别潜在型危险源并进行风险评估，视情采取相应控制措施，防止因其失控而导致事故发生。在已开始的作业或活动中，进行安全检查时发现的第二、第三类危险源，如螺栓松动（脱落）、转动部件防护罩缺失等，就属于已经存在的现实型危险源，又称之为"隐患"。由于隐患是潜在型危险源失控的结果，距离引发事故更进一步，因此对隐患整改要比潜在危险源防控更为迫切。

潜在危险源可以理解为有失控的可能性但尚未失控的危险源，如采用螺栓固定物体，螺母存在松动、脱落导致固定失效的可能，但如果检查维护及时，就能够避免这种情况的出现，进而避免事故的发生，这正是安全风险防控的目的所在。因此，如果一个系统中的所有危险源均处于潜在状态，说明预防工作得力。反之，如果很多潜在型危险源没有得到有效控制而让其转化为现实型危险源——隐患，则表明该系统的风险程度大大增加。

5.2.2 危险源辨识过程

我国航天发射通常按年度编制计划，因此，从事航天发射的单位在接到年度航天发射计划后应集中开展一次危险源辨识和风险评价活动。此外，应针对每次航天发射任务的特点要求，在航天产品进场前组织开展针对性的危险源辨识和风险评估。危险源辨识对于任何一个单位均应是一项经常性的活动，为此，航天发射危险源辨识活动还应与单位的常规危险源辨识活动相结合，真正融入到单位的业务流程之中。

航天发射危险源辨识活动的输入通常包括：

1）作业场所；

2）各级各类人员（尤其是危险作业人员）的特点、资质和安全素养；

3）参与航天发射的航天产品、设施设备的数质量及状态；

4）使用的推进剂、特燃特气等物资器材的特性、形态和化学特性及安全使用说明书；

5）使用的能源种类；

6）使用的工具及操作、保养说明；

7）自然和社会环境的特点和状态；

8）相关的工作制度、操作和工艺规定；

9）历史数据和信息；

10）任务过程监视测量的措施方法；

11）危险源辨识的方法、程序；

12）下级危险源辨识输出；

13）其他需要考虑的因素。

航天发射危险源辨识过程，通常针对业务活动所涉及的要素和作业活动步骤顺序，按照"自下而上""先分后总"的程序实施。需重点关注的对象包括：推进剂、火工品、点火失败后的运载火箭、油库、锅炉、蒸汽管线、热力管线、燃气管线、电力管线、油机、电源、密闭的污水井池、危房、毒麻限剧药品、大功率老旧用电设备、缺乏漏电保护和接地保护的配电箱、不稳定人员、车辆驾驶和失泄密等。

航天发射危险源辨识活动的输出通常包括：

1）危险源辨识清单（样表见表 5 - 3）；

2）重大危险源（见 5.2.4 节）；

3）无控制措施或现有控制措施不充分的危险源等。

表 5 - 3　　过程（活动）危险源统计表（样表）

危险源类型	特性或特点	危害途径	防控措施	措施强化建议或计划
能源类				
有害物质类				
涉密信息类				
物的不安全状态				
人的不安全行为				
环境缺陷				
管理缺陷				

航天发射危险源辨识应着重将影响成败、关系人身安全和具有普遍性、代表性的危险源纳入风险防控计划，严格防控。遇到下列情况或认为必要时，安全责任领导应及时组织有关人员对危险源进行再辨识：

1）法律法规及其他要求发生较大变更时；

2）重要设施设备发生重大变化时；

3）发射失利或发生事故后；

4）发现遗漏的重大危险源后；

5）人员情况发生较大变化时。

危险源辨识通常与隐患排查相结合，通过深入细致的危险源辨识活动，逐个场所、逐个产品、逐个设施设备、逐个项目、逐个过程、逐个作业地排查隐患，将源头类危险源约束在可控的安全范围之内，将诱因类危险源消灭在萌芽或征兆状态。

5.2.3　危险源辨识方法

危险源辨识方法众多，航天发射危险源辨识常见方法有：故障模式与影响分析法（FMEA）、风险等级全息建模技术（RHHM）、故障树分析法（FTA）、事件树分析法（ETA）、对照经验法、安全检查表法、调查分析法、头脑风暴法等。其中故障模式与影响分析方法和风险等级全息建模技术在航天发射任务中得到广泛应用。

（1）故障模式与影响分析法（FMEA）

"故障"一词源于英文 Failure，英文"Failure"具有"失败、失效、故障、事故、中断、损坏、衰退、缺少和不足"等含义，因此，英文"Failure"泛指各种问题，而不局限于中文"故障"的含义。故障模式影响分析（Failure Mode Effects Analysis，FMEA）方法是一种对各种可能风险进行分析评价，以便在现有技术基础上消除或将其减小到可接受水平的方法，是故障模式分析（FMA）和故障影响分析（FEA）的结合。该方法被广泛应用于航天发射可靠性和风险管理以及质量过程和体系的改进，并可根据其应用对象进一步细分成设计 FMEA、过程 FMEA、使用 FMEA 和服务 FMEA 四类。

航天发射任务中，使用 FMEA 方法开展风险管理工作的基本程序如下：

1）明确系统情况和功能；

2）绘制功能框图和可靠性框图；

3）确定分析的层次；

4）建立故障模式清单，分析故障模式及影响；

5）研究故障检测方法，判定风险等级；

6）制定控制措施；

7）形成故障类型及影响分析记录。

航天发射任务中，FMEA 的内容涉及产品功能/过程目的、故障模式、故障影响、严重度、原因/机理、频度、设计控制、检测方法、风险指数、建议的改进和补偿措施、责任单位/人及完成时限，实施的改进补偿措施和日期以及改进后的效果等内容，表 5-4 以发射平台泵站过滤器为对象，简要示意了故障模式影响分析的内容。

表 5-4　发射平台泵站过滤器在航天发射任务中的故障模式影响分析示意

产品功能或过程目的		过滤液压油中固体污染物	
故障模式		堵塞	漏油
故障原因		液压油或液体污染	密封圈失效，连接不紧固
任务阶段及工作方式		发射平台在发射区期间需液压系统正常工作时	
故障影响	局部	泵吸油不足或主回油路堵塞	油量不足
	高一层次	泵吸空或回油不畅	泵吸空
	最终	平台系统不能正常工作	缩短泵使用寿命
检测方法		油质抽样检验，感观检查	感观检查
补偿措施		任务前拆检和油质抽检	更换密封圈，任务前紧固
补偿措施前	严酷度	Ⅱ级	Ⅲ级
	频度	C	C
	风险指数	6	11
补偿措施后	严酷度	Ⅱ级	Ⅲ级
	频度	E	E
	风险指数	15	17

（2）风险等级全息建模技术

风险等级全息建模技术是一种全面的思想和方法论，目的在于多方面、多视角、多维度、多层次地捕捉展现系统和过程的内在不同特征与本质。风险等级全息建模技术在风险管理中常用于风险识别，由于本书中不区分风险识别与危险源辨识，因此，风险等级全息建模技术也被视为危险源识别方法中的一种。

"全息"是指当确定系统脆弱性和过程薄弱环节时，希望有一个系统的、全面的多视角图像。如不同视角的风险包括（但不限于）：地理、气象、时间、组织、管理、技术、实物、资源和知识。为获得一个全息的结果，分析者应具有广泛的知识和经验。

"等级"是指在系统和过程的不同层面上分析研究"什么会出问题、会出什么问题"。等级性指出，一个系统高层管理者所了解的宏观风险不同于低层管理者所观察到的微观风险，因此，风险识别者应包括来自各层面的人员。

等级全息建模思想的主旨是：复杂系统和过程无法用单一视角、单一模型来描述，等级全息建模技术是将复杂系统和过程以互补、协作的方式分解为子系统和子过程、部件和工作项等层次，每一层次都是完整系统的某一特定视角结构。等级全息建模技术使多视角、多方位的风险识别变得更加可行，且更利于评估子系统、子过程风险，尤其适用于具有等级特性的大型复杂系统和过程的风险识别。图 5-3 以发射场系统为对象，简要示意了风险识别等级全息建模的应用。

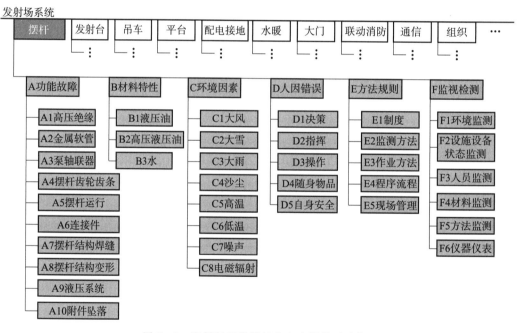

图 5-3　发射场系统等级全息建模简要示意

图中：

Ⅰ级是发射场系统。

Ⅱ级包括摆杆分系统、发射台分系统、吊车分系统、平台分系统、配电接地分系统、水暖分系统、大门分系统、联动消防分系统、通信分系统等和组织管理。

Ⅲ级以摆杆分系统的风险类型为例展开，包括功能故障、材料故障、环境因素、人因差错、方法规则和监视检测等。

Ⅳ级是对摆杆分系统风险的全息识别，共计 37 项风险。

5.2.4　重大危险源

（1）重大危险源判定

航天发射任务中，有可能导致以下情况的危险源应判定为重大危险源：

1）威胁航天员安全；

2）人员死亡或重度受伤、大范围人员中毒、严重指挥操作差错；

3）重要信息泄漏或丢失；

4）推进剂泄漏及着火；

5）危险化学品泄漏、扩散、爆炸；

6）任务单点及关键设施设备故障；

7）其他影响任务成败的情况。

长期或临时生产、运输、使用、储存危险物品，且危险物品的数量等于或者超过临界量时，也应被判为重大危险源。临界量判定方法如下：

当单元（包括场所和设施）内的危险物品为单一品种时，其数量等于或超过相应危险物品临界量；当单元（包括场所和设施）内的危险物品为多品种时，计算结果满足以下公式

$$\frac{q_1}{Q_1} + \frac{q_2}{Q_2} + \cdots + \frac{q_n}{Q_n} \geqslant 1$$

式中，q_1，$q_2 \cdots$，q_n 为每种危险物品实际存在量；Q_1，Q_2，$\cdots$，Q_n 为各危险物品对应的储存临界量。

航天发射重大危险源统计样表示例见表 5 - 5。

表 5 - 5　航天发射重大危险源统计（示例）

编号	活动或过程	第一类危险源		第二类危险源			第三类危险源	危害途径性质	现有控制措施及其充分性
		名称	特性	人误	物障	环境			
1	加注液体推进剂后的航天产品测试	加注后卫星、箭体等产品	易燃、易爆、有毒气液体	人员误入危险区,安全意识不强,专业知识和技能不足,操作差错	箭体或管路泄漏	通风不畅;静电积累	安全制度未落实;未严格按照规程操作测试;人员管控不到位	人员中毒、燃烧、爆炸	充分。上岗前进行专业技能培训和安全教育;测试设备做好自检;配备必要的释放静电装置;严格落实各项规章制度和操作规程;严控测试场所人员;配备防护装具;制作张贴危险警告、释放静电标识等
……	……	……	……	……	……	……	……	……	……

说明：

（2）重大危险源监控

须严密监控重大危险源，相关措施包括但不限于：

1）建立健全重大危险源安全管理规章制度，制订重大危险源安全管理与监控的实施方案。

2）对接触重大危险源的人员进行安全教育和提供技术培训，使其掌握安全操作技能和应急防范措施。

3）在重大危险源现场设置明显的危险源标识（如名称、特性、参数等）、安全警示标志，配置通信设备，并加强对重大危险源的监控和有关设备、设施的安全管理。

4）对重大危险源的工艺参数、危险物质进行定期的检测，对重要的设备、设施进行经常性的检测、检验，并做好记录。

5）对重大危险源的安全状况进行定期检查，并建立重大危险源安全管理档案。

6）对存在事故隐患的重大危险源，各级必须立即整改，采取切实可行的安全措施防止事故发生，并及时向上级报告。

7）针对重大危险源制订现场应急预案和紧急救援方案，落实方案预案的各项措施，每年至少开展一次事故应急救援演练。

8）在知情范围内，公示重大危险源及其应急措施。

5.3　风险评估

习惯上将风险识别、分析和评价统称为风险评估。书中将风险识别等同于危险源辨识，因此，这里的风险评估只包括风险分析与评价，并与全域风险动态防控模型中的风险分析相对应。

5.3.1　风险分析

风险分析的主要工作包括：风险分析方法、后果分析和可能性分析。

（1）风险分析方法

受历史数据和现有知识等条件约束，仅使用一种风险分析方法得出的结论可能与实际偏差较大或结论过于宽泛导致指导性不够，为增强风险分析可信性和准确性，航天发射任务中对同一风险通常综合利用多种风险分析方法，融合各方信息进行分析。常用的风险分析方法简要介绍见表 5-6。

（2）后果分析

后果分析是假定某一风险（危险源）导致特定事件发生，然后确定事件后果的性质、范围和程度的过程。后果分析基于同类、类似或相关已发生事件的后果，通过借用、借鉴、比较、推理等手段和技术，判断特定事件及其后果。

表 5 - 6　风险分析方法简要示例

工具及技术	简要说明
概率风险分析（PRA）	PRA 是一种针对复杂系统的定量风险评价方法,以事件树分析和故障树分析为核心工具,综合运用多种风险分析方法,通过评估分析将初始事件转化成风险剖面的系统方法,主要工作包括风险模型建立和风险模型量化。风险模型包括描述危险事件发生可能性的模型和描述危险事件造成损失的模型,通常采用 ETA 与 FTA 相结合的方法建模,ETA 用来确定导致不期望后果的系统故障次序,FTA 用来识别导致系统故障的部件失效或人的错误组合。风险模型量化主要是计算基本事件、危险事件发生概率的点估计和区间估计以及不确定性,从概率的意义上区分各种不同因素对风险影响的重要程度
失效模式影响分析（FMEA）	见 5.2.3 节
故障树分析（FTA）	始于不良事项(顶事件)的分析并确定导致该事件发生的所有可能原因,然后使用逻辑树形图的形式进行展示。在建立起故障树后,须考虑如何减轻或消除潜在的危险源
事件树分析（ETA）	ETA 是运用归纳推理方法将各种可能的初始事件转化成可能发生的结果
贝叶斯分析法	贝叶斯分析法是一种统计方法,利用先验分布数据来评估结果的可能性,其推断的准确程度依赖于先验分布和似然率的准确性。贝叶斯推理网络通过捕捉那些能产生一定结果的各种输入数据之间的概率关系来对原因及结果进行模拟
风险过滤与排序法	一种用于过滤掉不须关注的风险,并对剩余风险进行比较和排序的工具。习惯上借助风险矩阵对风险进行排序
蒙特卡罗模拟法	以一个概率模型为基础,按照这个模型所描绘的过程进行模拟实验,将模拟实验的结果作为问题的近似解
德尔菲法	一种综合各类专家观点并促其一致的方法,这些观点有利于支持危险源及影响的识别、可能性与后果分析以及风险评价。需要独立分析和专家投票
情景分析	在想象和推测的基础上,对可能发生的未来情景加以描述。可以通过正式或非正式的、定性或定量的手段进行情景分析
检查表	一种简单的识别技术,提供了一系列典型的需要考虑的不确定性因素。使用者可参照以前的风险清单、规定或标准
预先危险分析（PHA）	PHA 是一种简单的归纳分析方法,其目标是识别风险以及可能危害特定活动、设备或系统的危险性情况及事项
危险分析与关键控制点（HACCP）	HACCP 是一种系统的、前瞻性及预防性的技术,通过测量并监控那些应处于规定限值内的具体特征来确保产品质量、可靠性以及过程的安全性
危险与可操作性分析（HAZOP）	HAZOP 是一种综合性的风险识别过程,用于明确可能偏离预期绩效的偏差,并可评估偏离的危害度。它使用一种基于引导词的系统
业务影响分析	分析重要风险影响业务运营的方式,同时明确如何对这些风险进行管理
决策树分析	对于决策问题的细节提供了一种清楚的图解说明
技术成熟度评价	评价技术满足预期装备目标程度(分为 9 级)的方法。用于查找关键技术的薄弱环节
制造成熟度评价	评价特定产品生产能力满足预期装备生产要求的程度(分为 10 级)的方法,用于查找工艺工装、成本、人员等制造过程的薄弱环节
风险指数	风险指数可以提供一种有效的划分风险等级的工具
因果分析	综合运用故障树分析和事件树分析,并允许时间延误。初始事件的原因和后果都要予以考虑

续表

工具及技术	简要说明
蝶形图法 （Bow – tie）	一种简单的图形描述方式，分析了风险从危险发展到后果的各类路径，并可审核风险控制措施。可将其视为分析事项起因（由蝶形图的结代表）的故障树和分析后果的事件树这两种方法的结合体
层次分析法	定性与定量分析相结合，适合于多目标、多层次、多因素的复杂系统的决策
根原因分析	对发生的单项损失进行分析，以理解造成损失的原因以及如何改进系统或过程以避免未来出现类似的损失。分析应考虑发生损失时可使用的风险控制方法以及怎样改进风险控制方法
马尔可夫分析法	马尔可夫分析通常用于对那些存在多种状态（包括各种降级使用状态）的可维修复杂系统进行分析
FN 曲线	FN 曲线通过区域块来表示风险，并可进行风险比较，可用于系统或过程设计以及现有系统的管理

风险后果应考虑：

1）可能产生的所有危害；

2）必要时，可能产生的有利影响或结果；

3）涉及的相关方；

4）即将发生及一段时间后可能发生的危害和次生危害。

（3）可能性分析

可能性分析用于确定风险事件发生的概率。应考虑使用以下方法分析风险事件的可能性：

1）利用相关历史数据来推断风险发生的可能性；

2）使用统计分析技术来定量预测；

3）当历史数据无法获取或不够充分时，使用试验、评审、验证、仿真等技术推断风险发生的可能性；

4）通过整合专家观点估计风险发生的可能性。

5.3.2　风险评价

风险评价的主要工作包括风险过滤、合规性评价、确定风险等级和风险排序。

（1）风险过滤

大型复杂系统和过程使用等级全息建模方法识别出的风险数目众多，在任务实施过程和预期的时间内，并非所有的风险都存在或都需考虑。因此，可基于专家经验和历史数据，通过对系统和过程的情景分析，直接过滤掉不需要考虑的风险。

以在秋季实施的卫星发射任务中发射塔架摆杆分系统风险评价为例，在图 5 - 3 示意的 37 项风险中，根据工作范围、使用者职责和工程常识，考虑发射场所在地理位置和在任务实施期间的气候特征，使用情景分析方法，可过滤掉 C2—大雪、C3—大雨、C4—沙尘、C5—高温和 C6—低温等 5 项风险；考虑到任务为成熟性任务，可以过滤掉 E1—制度、E2—监测方法、E3—作业方法、E4—程序方法、E5—现场管理和 F5—方法监测等 6 项风险。

（2）合规性评价

合规即航天发射风险控制措施及其效果须满足法律法规、条令条例、上级要求和行业标准。合规性评价就是对照上述要求，评价确认在风险控制措施及其效果方面是否满足要求，如果不满足要求，必须尽快纠正，属重大隐患的必须立即纠正。

（3）确定风险等级

航天发射风险等级度量通常使用风险矩阵法，即分别从可能性、危害两个方面确定同一风险的等级，然后使用风险矩阵整合可能性和危害等级，得出风险指数作为风险等级的终值进行风险排序。这种风险等级量化评价方法属数学期望值法的范畴，优点是简单有效，弊端是难以区分小概率极端事件和大概率轻度事件的风险等级。因此，对于极端事件风险，航天发射风险评价通常使用概率风险评价法，即给出极端事件的风险概率。

确定风险危害等级：航天发射风险危害等级划分标准见表 5－7。

表 5－7　航天发射风险危害等级划分标准

等级	程度	程度定义
Ⅰ	灾难的	任务失败、人员死亡、主要航天产品毁坏、重要设施设备毁坏、重大环境损害
Ⅱ	重大的	任务部分失败、人员受到严重伤害、主要航天产品严重受损、重要设施设备严重受损、严重环境损害、重大经济损失
Ⅲ	严重的	任务延误、人员受到中等程度伤害、主要航天产品中等受损、重要设施设备中等受损、中等程度环境损害、中等程度的经济损失
Ⅳ	轻度的	引起人员轻度伤害、航天产品受到轻度损害、重要设施设备受到轻度损坏、轻度环境损害、轻度经济损失

摆杆分系统风险（过滤后）危害等级评价结果示意见表 5－8。

表 5－8　摆杆分系统风险危害等级评价结果

序号	风险名称	等级	序号	风险名称	等级
1	A1—高压绝缘	Ⅲ	14	C1—大风	Ⅰ
2	A2—金属软管	Ⅳ	15	C7—噪声	Ⅲ
3	A3—泵轴联器	Ⅲ	16	C8—电磁辐射	Ⅲ
4	A4—摆杆齿轮齿条	Ⅱ	17	D1—决策	Ⅰ
5	A5—摆杆运行	Ⅱ	18	D2—指挥	Ⅱ
6	A6—连接件	Ⅲ	19	D3—操作	Ⅱ
7	A7—摆杆结构焊缝	Ⅳ	20	D4—随身物品	Ⅲ
8	A8—摆杆结构变形	Ⅱ	21	D5—自身安全	Ⅲ
9	A9—液压系统	Ⅲ	22	F1—环境监测	Ⅰ
10	A10—附件坠落	Ⅲ	23	F2—设施设备状态监测	Ⅱ
11	B1—液压油	Ⅱ	24	F3—人员监测	Ⅳ
12	B2—高压液压油	Ⅲ	25	F4—材料监测	Ⅲ
13	B3—水	Ⅳ	26	F6—仪器仪表	Ⅲ

确定风险可能性等级：航天发射风险可能性等级划分标准见表 5-9。

表 5-9　航天发射风险可能性等级划分标准

等级	可能性	损害发生概率	
		定量分析 $P(H)$ 参考标准	定性分析参考标准
A	非常高	$P(H) > 1 \times 10^{-1}$	连续发生
B	高	$1 \times 10^{-2} < P(H) \leqslant 1 \times 10^{-1}$	经常发生
C	中等	$1 \times 10^{-4} < P(H) \leqslant 1 \times 10^{-2}$	发生若干次
D	较低	$1 \times 10^{-6} < P(H) \leqslant 1 \times 10^{-4}$	不易发生,但有理由预期可能发生
E	极低	$P(H) \leqslant 1 \times 10^{-6}$	不易发生,但有极小可能发生

摆杆分系统风险（过滤后）可能性等级评价结果示意见表 5-10。

表 5-10　摆杆分系统风险可能性等级评价结果

序号	风险名称	等级	序号	风险名称	等级
1	A1—高压绝缘	E	14	C1—大风	E
2	A2—金属软管	D	15	C7—噪声	D
3	A3—泵轴联器	E	16	C8—电磁辐射	E
4	A4—摆杆齿轮齿条	E	17	D1—决策	E
5	A5—摆杆运行	E	18	D2—指挥	E
6	A6—连接件	E	19	D3—操作	E
7	A7—摆杆结构焊缝	C	20	D4—随身物品	D
8	A8—摆杆结构变形	E	21	D5—自身安全	E
9	A9—液压系统	D	22	F1—环境监测	E
10	A10—附件坠落	E	23	F2—设施设备状态监测	E
11	B1—液压油	E	24	F3—人员监测	D
12	B2—高压液压油	D	25	F4—材料监测	E
13	B3—水	D	26	F6—仪器仪表	E

（4）风险排序

基于风险可能性等级和危害严重程度等级标准，绘制风险矩阵图，横坐标表示可能性等级，纵坐标表示危害等级，坐标交会区域表示风险指数，如图 5-4 所示。

依据对风险的承受能力或容忍度，航天发射一般将风险矩阵划分为 4 个区域：

Ⅰ区，不可接受区域。特大风险，风险指数为 1～5，风险水平严重。

Ⅱ区，不希望区域。重大风险，风险指数为 6～9，一般不接受，风险水平高。

Ⅲ区，可接受区域，但须经评审。较大风险，风险指数为 10～17，风险水平中。

Ⅳ区，可接受区域。一般风险，风险指数为 18～20，风险水平低。

根据风险指数对诸项风险进行排序，以便做出风险控制的优先顺序，必要时可单独形成风险排序清单。风险评价的结果应满足风险控制决策的需要，否则，应做进一步分析。

综合表 5-8 和表 5-10 的评价结果，使用图 5-4 风险矩阵标准，建立摆杆分系统风

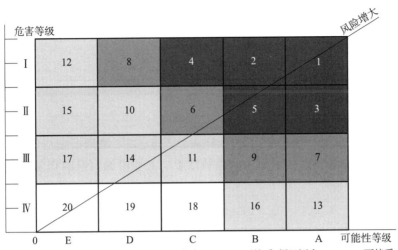

图 5-4　风险矩阵图

险评价矩阵图，如图 5-5 所示。图中，粗折线为临界线，其下方为可接受和可接受但须经评审风险，上方为不希望和不可接受风险。

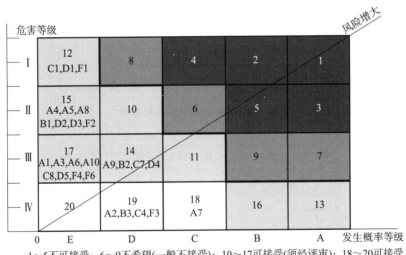

图 5-5　发射场摆杆分系统风险评价矩阵图

可接受风险包括：

1）风险指数为 18，A7—摆杆结构焊缝；

2）风险指数为 19，A2—金属软管、B3—水、C4—沙尘、F3—人员监测。

可接受但须经评审的风险包括：

1）风险指数为 12，C1—大风、D1—决策、F1—环境监测；

2）风险指数为 14，A9—液压系统、B2—高压液压油、C7—噪声、D4—随身物品；

3）风险指数为 15，A4—摆杆齿轮齿条、A5—摆杆运行、A8—摆杆结构变形、B1—

液压油、D2—指挥、D3—操作、F2—设施设备状态监测;

　　4)风险指数为17,A1—高压绝缘、A3—泵轴联器、A6—连接件、A10—附件坠落、C8—电磁辐射、D5—自身安全、F4—材料监测、F6—仪器仪表。

　　不存在不希望和不可接受风险。

5.3.3　评估输出

　　应保留风险评估结果(风险登记册),样表见表5-11,清理汇总不合规、风险指数小于17的风险,并根据需要适时更新风险评估结果。必要时编写风险评估报告,内容要素见表5-12。

表 5 - 11　风险登记册(样表)

风险编号	风险描述	不利事件	风险评价					
			是否合规	矩阵法评价结果			其他方法评价	结论
				危害	可能性	指数		
C1－X1	风速高于规定限值时组织发射	运载器倾倒	不合规					不可接受
C1－X2	风速高于规定限值时组织火箭转场	运载器受损	不合规					不可接受
C1－X3	发射塔架工作平台风载荷试验	平台受损	合规	I	E	12		可接受但须评审
……	……	……	……	……	……	……	……	……

表 5 - 12　风险报告要素简要说明

内容	说明
1　概述	概况:背景、要求与目标;系统描述:系统组成、功能要求、技术性能指标等;该阶段(或当前)主要工作及成果等
2　引用文件	列出引用的标准化文件、规章制度及技术文件等。给出所列文件的编号、名称、版次、发布机构等信息
3　风险管理策略	本阶段(或当前)的风险管理目标与要求;内外部环境变化及被评估对象与内外环境的关联情况;所使用的风险准则及其合理性等
4　风险管理工作及其成效	简要说明本阶段风险管理工作及其成果,主要包括:对已识别的风险开展的分析、应对、监控等工作,包括方法、措施、参与人员等;风险应对效果评价;必要时,说明风险管理计划变更情况、风险管理委员会或主要人员履职情况等
5　后续工作存在风险及其应对措施	针对后续工作识别出的风险,采用的风险评价方法及评估结果,风险对后续工作的影响范围及程度;拟采取的风险应对措施,重点说明重大风险应对方案,包括责任人、资源配置和预计达到的效果
6　结论与建议	给出对本阶段(或当前)风险状况的总体评价结论,相关方是否接受;针对上述结论,提出是否转入下一阶段工作的建议等
7　附件	根据需要,附件可能包括:风险管理计划及变更说明;风险登记册或风险排序清单;本阶段风险应对效果证明文件,如计算分析报告、试验报告、评审记录、变更记录等;后续重大风险应对方案;其他支持性文件

5.4　风险防控

5.4.1　风险防控策划

航天发射风险防控策划包括确定防控策略、选择防控措施、制定防控计划，与全域风险动态防控模型中的风险计划相对应。

（1）防控策略

航天发射风险防控策略包括风险水平控制原则和风险防控措施选择原则。须根据具体任务的性质，结合已识别的风险、可提供的资源、应对风险的态度等多方面因素综合确定，必要时，还需根据任务发展形势进行适时调整。

①风险水平控制原则

常见的航天发射风险水平控制原则包括：

1）对不可接受和不希望风险，应制定消除或降低风险的控制措施，采用计算、分析、评审、验证等手段，确认控制措施的有效性；

2）对可接受须通过评审风险，应按要求组织相应专家进行风险评估和控制措施评价，依据评审结果采取相应措施；

3）按照风险优先顺序对所有风险进行监控、跟踪并记录其当前状态及其变化情况，防止风险等级上升；

4）对剩余和次生风险，应进行评估，除不可抗拒力导致的风险外，必须确保所有剩余风险均处于可接受状态；

5）在风险控制效益和资源成本或机会成本平衡优化的基础上，优化资源配置，力求效益最大化。

②风险防控措施选择原则

在资源效益允许的情况下，航天发射风险防控措施选择原则按以下顺序确定：

1）消除或规避，更改设计、技术要求和规范以消除或规避某项不确定性因素。

2）风险降低，包括：

——替代措施，用低危害物质替代或降低系统能量（如较低的动力、电流、压力、温度等）；

——工程控制措施，安装通风系统、机械防护、联锁装置、隔声罩、消音器等；

——标识和（或）警告，如安全标识、危险区域标识、发光标识、人行道标识、警告器或警告灯、报警器；

——管理控制措施，如安全规程、设备检修、门禁控制、作业安全制度、操作牌和作业许可等；

——个体防护装备，安全防护眼镜、听力保护器具、面罩、安全带和安全索、口罩和手套等。

3）风险分担，将风险可能产生的危害在航天发射参与单位和机构之间分担，也可将风险转移或重新分配到不同的工作分解结构单元或工作包中。

4）风险承担，判定风险可容忍并予以接受，尤其是商业航天发射，需要在风险与收益之间取得平衡。

由于航天发射的特殊性，除民商和对外的航天发射外，参与航天发射的单位均不应考虑将风险转移到相关方。

（2）措施选择

风险评估后应针对风险优先次序，分析确认每项风险的现有防控措施，包括预防和应急两个方面，确认现有防控措施的适宜性和有效性，做出沿用、更改和废弃的决定。

依据风险评估结果，基于现有控制措施分析情况，针对具体风险，梳理当前有哪些可供选择的风险防控措施或方案，比较这些措施或方案的优劣。

从可供选择的风险防控措施或方案中选择措施时，除按照消除或规避、替代、工程控制、标识警示、管理控制和个人防护的顺序选择外，还应考虑：

1）风险控制措施的适用性、充分性和有效性，及其与风险优先次序的匹配性；

2）评估其剩余风险的性质和程度，如剩余风险不可接受，应调整、选择或补充新的风险控制措施，直到剩余风险可以接受；

3）评审采取风险防控措施后可能产生的次生风险，对次生风险也应开展评估和控制；

4）从备选措施中选择综合效益最佳的风险控制措施，适用时，应获得相关方的同意；

5）风险控制措施与相关管理计划的协调性，必要时，对相关管理计划做出调整。

风险防控责任单位或机构应针对具体风险建立措施登记册，登记册样式见表 5-13。

表 5-13　风险防控措施登记册（样表）

风险编号	风险描述	风险指数	现有风险控制措施	后续风险控制措施（新增与变更）	资源需求
01-XY-1	加注泵汽蚀	19	1）泵运行前先灌泵，灌泵后点动排气，确保液体充满泵腔； 2）加注时提高泵前压力； 3）发现泵后压力和泵电流不稳定时，及时采取泵腔排气措施，改善泵的运行状况	现有措施充分有效，无须新增或变更风险防控措施	—
01-YZ-1	箭上两种推进剂同时大量泄漏	15	1）上岗前人员按三级防护要求穿戴好防护装具； 2）防护用品、洗消用品、备品备件齐全到位； 3）设计推进剂泄漏浓度监测系统和消防系统，及早发现险情并及时进行处置	新增： 1）成立应急抢险分队，明确职责、分工和指挥关系； 2）制定应急抢险预案，明确火箭加注、停放、临射检查时段推进剂泄漏浓度监测和应急处置方法； 3）制定紧急情况人员撤离方案； 4）按应急预案组织演练	—

（3）风险计划与方案

应为每次航天发射编制风险计划，计划可单独成册也可与其他计划合并，明确风险防控过程、措施、监控时机方法、责任人和监督人。

对于不可接受和不希望风险，应针对确定的风险防控措施，单独编制详尽的风险防控方案。方案内容应现实可行、可度量、可考核，并可以依据其描述开展风险防控活动。方案经审批后实施，必要时，可提交相关方确认。风险防控方案的主要信息应纳入风险登记册。

5.4.2　风险防控实施

航天发射风险防控实施包括风险防控准备和风险防控措施落实两个方面，与全域风险动态防控模型中的风险控制相对应。

（1）风险防控准备

航天发射任务风险防控准备特指在任务准备期间，为保证任务实施时的风险处于可接受状态而做的准备工作，这包括建立规章制度，落实基建技改，配置个人防护用具，开展安全教育训练和做好应急响应准备等。

建立规章制度。应根据危险源类型和风险评价结果制定相应的规章制度、操作规程，或直接引用国家、行业相关的安全政策、法规、制度和标准，确定单位机构的风险防控责任和监管办法，规范相关人员行为。

落实基建技改。按照风险防控策划的结果，针对不满足风险防控要求的基础设施设备和防护装置，落实基础建设和技术改造要求，完善各类标识告示，包括禁止、警告、指令、提示和警戒等。

配置个人防护用具。为在工作或避险过程中可能会受到健康和生命伤害的人员配置防护用具用品，典型的有防微波、防烧灼、防高压电、放中毒、防高空坠落、防噪声、防传染病和防静电类的用具用品。

开展安全教育训练。学习教育内容主要包括安全常识、警示、形势、法规、风险防控体系文书等，采取的形式主要有集中授课、专题研讨、经验交流、现场观摩、心理疏导、媒体宣传等。安全训练内容主要包括安全防护技能、安全操作技能、紧急避险、自救互救等，采取的形式主要有典型案例研究、特情处置、模拟演练等。

做好应急响应准备。应急响应准备是针对每种可合理预见的紧急情况，建立应急响应预案，为每一应急预案配置所需的设备和资源，开通通信渠道，疏通救援路线，组织相关培训和预案演练，确保预案可行、有效。

（2）风险防控措施落实

对于不合规和不可接受风险，应立即停止工作或活动，制定方案并采取措施将不合规风险防控变为合规，将不可接受风险消除或降为可接受风险。

在航天发射任务实施过程中，应根据批准的风险防控计划落实防控措施。开展工作或活动应进行事前检查、过程控制和事后审核。阶段工作结束后组织评审，评价风险控制措施实施情况，分析面临的风险及其应对措施。遇到不可接受或不希望风险征兆时，采取集中决策的方式进行处置。出现推进剂泄漏、发射延迟或失败等紧急情况时，按照事先制定的预案和应急响应程序进行处置。

事前检查是在一项工作或活动开展前，尤其是关键工作，检查风险防控措施落实情况，待确认风险防控措施按要求落实到位后，工作或活动才能按程序启动。以航天产品测试为例，在航天产品加电测试前，技术安全组要对供电、接地、消防、洁净度、温湿度和产品防护等测试环境进行检查，确认全部符合要求并经检查人签字后，才能启动后续工作；测试实施前，一岗人员对测试用设施设备和航天产品的状态进行检查，对测试用规程、程序、测试过程中的状态变化进行确认，并经二岗人员检查签字提交指挥人员审定后，指挥人员才能下达口令开始测试工作。

过程监控是在一项工作或活动实施过程中，依据工作程序和状态检查表监控活动实施过程。对于关键工作，在工作现场设立质量安全员，保证各级各类人员按定岗要求及时到位，工作过程落实程序、规程、质量和风险控制措施，同时，通过视频留样制度，记录工作过程，保证过程和结果的可追溯性。

事后审核是一项工作或活动结束后，对其结果进行审核，待确认结果正确后才能开展后续工作或活动，以保证不将风险传递给下道工序。如针对运载器单元、分系统、匹配测试和总检查，在每个分项目测试完毕后都组织相应的数据判读、比对和确认，在每个关键节点处都组织测试汇报和评审，待确认结果正确后方允许进行下一检查测试工作或活动。

阶段评审又称里程碑评审，是在关键节点处组织评审，确认前一阶段工作质量安全满足要求，后一阶段工作准备充分，所有风险处于可接受状态，方允许转入下一阶段工作。

应急处置是在紧急情况下依据应急处置原则和预案，采取一系列应急响应和救援活动，以使损失降到最小。应确保应急处置所需条件得到满足，适用时还应组织应急处置演练，以验证预案的可行性和有效性。

5.4.3　风险防控监管

航天发射风险防控监管包括风险跟踪、安全检查、问题或隐患治理三个方面，与全域风险动态防控模型中风险跟踪相对应，与风险控制相交叉。

（1）风险跟踪

关键和重要工作或活动的风险跟踪是按照风险计划的安排，由质量安全员深入任务现场，检查确认风险防控措施的落实情况。质量安全员在跟踪过程中公开记录所发现的问题，及时统计问题类型、性质和数量，并反馈给相关部门采取相应措施。

任务实施过程的风险跟踪一般依靠技术安全检查、工作情况汇报、转阶段安全评审、射前状态复查等活动来实施，通过排查安全隐患、分析不利事件征兆、评估风险水平、确认危险源状态等工作，对任务实施过程中的风险进行有效监控。

（2）安全检查

安全检查是安全管理工作的重要环节和内容，通过对人、物、环境和管理等诸多方面的安全检查，掌握任务安全管理情况，发现人的不安全行为、物的不安全状态、环境条件缺陷和安全管理工作的漏洞，以便及时纠正并有计划地制定实施纠正措施，防止安全事故的发生。

航天发射安全检查一般按照任务计划进行，特殊情况按任务指挥机构的部署进行，依据职责分工，采取自查和上级检查相结合，分级、定期和适时相结合的方式进行。依据性质可将安全检查分为：综合检查、专项检查和季节性检查等。

综合检查，重点检查履行安全管理职责、落实安全法规制度、组织安全教育与训练、加强安全建设、完善风险防范机制的情况。

专项检查，主要是针对任务实施过程中的某一或某几个活动，检查人员资质与技能、危险物品的状态、设施设备的状况、工作环境的条件、安全防护设施与用具的状态、组织实施程序与安全操作规程的有效性、应急预案及其演练情况、应急准备情况等。

季节性检查，根据季节性特点开展的安全检查，如冬季防火、防极限低温，夏季防汛、防雷、防极限高温等。

（3）问题或隐患治理

问题或隐患治理是针对风险跟踪和安全检查发现的问题或隐患，及时采取措施进行纠正并处置由此引发的不良后果，适用时，按照"双五条"标准进行归零。常用措施有：教育培训、现场纠正、集中整治、专家支持和隐患归零等。

教育培训。针对工作人员在思想认识、工作态度、安全常识、安全技能等方面存在的隐患问题，若为个例，应认真做好一人一事的工作；若带有倾向性，则采取集中学习教育、组织专门培训等措施，及时进行整改。

现场纠正。对现场发现的问题和隐患能够立即纠正的，按照"业务谁主管纠正谁负责、责任谁承担纠正谁实施"的原则，立即进行现场纠正。

集中整治。对查出的隐患和问题，检查结束后以简报形式公示检查结果，使用安全隐患整改通知书责令责任单位及时纠正并制定落实纠正措施，消除隐患产生原因，避免其再次发生或在其他场合发生。

专家支持。对于技术性较强的安全隐患，应组织有关技术专家对隐患的危险性和安全风险进行评估，研究确定隐患治理措施。

隐患归零。像对待质量问题一样，按照"双五条"归零标准对安全隐患进行归零处理。

（4）评估验收

针对技术复杂和性质重大的隐患整改项目，建立并落实评估验收制度，常用的评估验收方式有联检验收、专家评审制度和跟踪问效制度。

联检验收。对工作量大、涉及面广、情况复杂、治理时间较长的安全隐患治理项目，在阶段性或全部治理任务完成后，由上级主管业务部门组织相关单位成立联合检查组，检查评估治理成效，确认验收治理成果。

专家评审制度。对技术性强的安全隐患治理项目，应由专家组或评审委员会评估验收治理成果。

跟踪问效制度。定期对已完成的隐患治理项目进行检查，检查隐患有无反复、评估措施是否有效，确认有无新的隐患出现等，以巩固和保持治理成效。

5.5　应急响应与调查处理

5.5.1　应急响应

参加航天发射的各单位均应针对所有可预见的紧急情况和事故，分级分类制定应急预案。应急预案应经过评审，条件允许时应进行演练。紧急情况或事故发生时，首先应执行应急预案，没有预案或情况发展到预案不适用时，应按照应急响应原则组织救援。以下以发射场区应急响应为对象，讨论应急响应原则、现场应急救援、应急响应保障和应急响应基本程序。

（1）应急响应原则

提前谋划、充分准备。建立应急响应机制，完善应急预案，加强应急力量建设，备齐应急物资器材，常态化开展应急处置训练演练。

快速反应、迅即报告。坚持边请示边行动、边处置边报告，迅即报告初始信息，快速启动救援行动，合理安排警戒力量，有效控制事故现场，及时续报事态进展。

以人为本、科学施救。把保护生命安全放在首位，优先救治危重伤员，及时组织人员脱险，严格防止次生灾害发生。

统一指挥、协调联动。依托突发事件指挥体系，就近调动救援力量，由现场最高指挥员统一部署调度、临机指挥，协调各方力量紧密配合。

客观严谨、尊重事实。依法依规、实事求是地查明事故原因，总结经验教训，不放过任一疑点，做到证据可靠、结论可信、疑惑可释、经验可用，并适时发布信息，正确引导舆论。

（2）现场应急救援

开设救援指挥所。组织重大事故、特大事故的应急救援，应当在事故现场附近适当位置开设救援指挥所；救援指挥所通常设现场指挥组、伤员救治组、救援保障组、善后处理组。

严密控制事故现场。划定危险区和安全区，合理安排警戒力量。实施事故现场交通管制时，应当开辟救援车辆专用通道，明确进出危险区的路线，设置调整哨和临时停车场，及时清理路障、抢修应急道路。适用时，保护事故现场，便于事故调查。

科学组织现场救援。严格落实应急处置原则，按预案实施救援，必要时实施危机管理，防止事态扩大。

组织实施人员救护。组织自救互救，搜寻遇险人员，利用就便器材进行先期处置，就近就便后送、转移伤员。

严格控制宣传报道。加强舆情管控，未经事故现场应急救援最高指挥员批准，任何单位或个人不得在事故现场采访、拍照、摄像、录音，不得擅自散播相关信息；事故情况需要公开发布的，由相关部门按照规定实施。

（3）应急响应保障

装备保障。为执行救援任务的工程抢险车、消防车、救护车等装备配齐相关的救护设备和专业救生工具，保持其性能良好、配套实用。

医疗保障。派遣专业对口的医疗救护人员，携带足够的医疗设备、器械、药品，迅速赶赴事故现场实施救援。

通信保障。建立应急通信信道，确保通信畅通，及时准确地传递救援信息。

交通运输保障。合理调配运输工具，选择最快捷、最安全的交通运输路线和运输方式，并根据需要采取交通管制措施。

气象水文保障。准确预报气象信息，及时收集水文信息，提出相关建议。

技术保障。组织技术人员运用监控、监测、逃生、搜救、打捞、消防等技术设备，提供可靠的技术支持。

生活保障。安排急需的经费和物资供应，保障遇险人员、救援人员的日常生活和救援行动的顺利进行。

法律保障。根据事故类别和处置事故的需要，派遣或者聘请熟悉相关法律事务的专业人员，提供法律咨询保障。

（4）应急响应基本程序

报告初始信息。由事故现场人员和发生事故单位立即上报。

指导事故救援。开展自救互救，根据救治需要协调派遣医疗专家，协调技术力量参与救援，协调社会力量增援，合理安排现场安全警戒。

控制事态发展。准确把握现场态势，积极引导社会舆论，妥善应对外界炒作和干预，减小负面影响。

清理事故现场。全面消除事故隐患，组织相关救援力量回撤，恢复单位各项秩序。

5.5.2　调查处置

事态稳定后，应按照调查权限对事故进行调查处理，事故调查处理坚持"事故原因分析不清不放过，事故责任者没有处理不放过，人员没有受到教育不放过，没有举一反三采取防范措施不放过"的原则，防止类似事件再次发生。

（1）事故调查权限

一般事故，通常由参试单位自行组织，发射场区审查；严重事故，由发射场区指挥部组织，报上级单位审查；重大和特大事故，发射场区上报，由上级单位或部门组织调查。

根据需要，上级可以将属于本级权限的事故调查授权下级组织实施，也可以直接组织实施属于下级权限的事故调查。

（2）事故调查程序

事故调查的一般性程序是成立事故调查组，开展事故调查取证，提交事故调查报告，根据调查结果进行处置，包括改进风险控制措施、追究责任、恢复秩序、补偿受害人和安抚群众等。

（3）事故调查方法

事故调查方法主要有勘查现场、座谈询问、查阅资料、情景再现、综合分析和组织听证等。

勘查现场。对事故现场进行拍照、摄像，组织采集数据、搜集残骸和碎片等残留物。

座谈询问。分别与目击者、单位人员、有关专家座谈，个别询问事故当事人。

查阅资料。调阅活动计划、安全预案、监控录像等资料，查看要事日记、值班日志等原始记录。

情景再现。运用模拟试验、参数判读、专家论证等手段，排列事故链，动态复原事故经过。

综合分析。采取定性与定量相结合的方法，汇总、梳理掌握的各种证据，做出调查结论。

组织听证。在事故调查终结前，根据需要召开由事故发生单位领导、当事人和有关人员参加的事故调查听证会，陈述事故经过、直接原因和主要教训，必要时现场询问相关人员，核实事故调查结论。

（4）事故善后处理

发生事故单位应当客观、准确地评估事故损失并按要求上报。事故损失评估结论通常应当在事故调查结束时做出；情况特殊难以及时做出完整的评估结论时，应当在事故调查结束时做出初步评估结论。

组织事故善后处理，应当如实统计死亡、失踪和受伤人员的情况，妥善处理死亡人员遗体，及时清理、登记、移交死亡人员遗物。发生事故的单位应当协调民政部门，做好事故伤亡人员亲属的接待和安抚工作。

追究事故发生单位及责任人的刑事责任。

（5）事故借鉴预防

应有效利用每一次事故调查获取的信息改进安全管理工作，及时增补、修正风险控制措施和应急响应手段。事故责任单位应利用事故调查收集到的信息，分析事故原因，查找问题根源，采取纠正措施，防止事故扩大和再发生。发射场区应开展举一反三，排查治理安全隐患，持续改进风险防控体系。

参 考 文 献

[1]   胡月亭. 事故防控策略与技术 [M]. 北京：石油工业出版社，2017.

[2]   罗云，裴晶晶. 风险分析与安全评价 [M]. 北京：化学工业出版社，2016.

[3]   王周伟. 风险管理 [M]. 2 版. 北京：机械工业出版社，2017.

[4]   刘茂. 事故风险分析理论与方法 [M]. 北京：北京大学出版社，2011.

[5]   朱鹏，张益，丁玮. 事故管理与应急处置 [M]. 北京：化学工业出版社，2018.

[6]   王黎静，王彦龙. 事故管理与应急处置 [M]. 北京：航空工业出版社，2015.

[7]   葛健，郭慧馨. 产品质量安全风险监控的组织体系研究 [M]. 北京：经济管理出版社，2017.

[8]   周晟瀚，等. 复杂装备试验安全风险评估与预警 [M]. 北京：中国电力出版社，2017.

[9]   张曾莲. 风险评估方法 [M]. 北京：机械工业出版社，2017.

[10] 王晋东. 信息系统安全风险评估与防御决策 [M]. 北京：国防工业出版社，2017.

[11] 方光正. 公司战略与风险管理理论、实务与案例 [M]. 西安：西安电子科技大学出版社，2016.

[12] 李晋，任常兴. 大型浮顶油罐区火灾风险防范指南 [M]. 天津：天津大学出版社，2016.

[13] 何家禧. 职业危害风险评估与防控 [M]. 北京：中国环境科学出版社，2016.

[14] 詹承豫. 从危机管理到风险治理：基于理论、制度及实践的分析 [M]. 北京：中国法制出版社，2016.

[15] 孙向东，王幼明. 定量风险分析指南 [M]. 3 版. 北京：中国农业出版社，2016.

[16] 牟宝喜. 生产企业风险与风险管理 [M]. 北京：中国石化出版社，2015.

[17] 杨明. 当代技术风险的文化研究 [M]. 北京：清华大学出版社，2015.

[18] 张小良，杨军民. 安全新观察——第三方风险测评探索与实践 [M]. 北京：国防工业出版社，2015.

[19] 曾繁旭，戴佳. 风险传播 [M]. 北京：清华大学出版社，2015.

[20] 国家安全生产应急救援指挥中心. 危险化学品应急救援 [M]. 北京：煤炭工业出版社，2008.

[21] 章国材. 自然灾害风险评估与区划原理和方法 [M]. 北京：气象出版社，2014.

[22] 段锋. 美国国家安全航天体制 [M]. 北京：中国宇航出版社，2018.

[23] 邵荃. 机场安全管理 [M]. 北京：科学出版社，2018.

[24] 闪淳昌. 中国突发事件应急体系顶层设计 [M]. 北京：科学出版社，2017.

[25] 王冬. 武器装备安全性保证 [M]. 北京：中国宇航出版社，2016.

[26] 杜俊敏. 人为因素与飞行安全 [M]. 北京：北京航空航天大学出版社，2016.

[27] 黄智勇. 液体推进剂安全工程基础 [M]. 西安：西北工业大学出版社，2016.

[28] 苗俊霞，周为民. 民用航空安全与管理 [M]. 北京：清华大学出版社，2015.

[29] 陆书玉. 电离辐射环境安全 [M]. 上海：上海交通大学出版社，2016.

[30] 张秦洞. 军队科学防范重大安全问题概论 [M]. 北京：军事科学出版社，2015.

[31] 王华伟，吴海桥. 航空安全工程 [M]. 北京：科学出版社，2014.

[32] 胡双启，赵海霞，肖忠良. 火炸药安全技术 [M]. 北京：北京理工大学出版社，2014.

［33］　秦天 . 重大安全威胁临界管理研究［M］. 北京：国防大学出版社，2014.

［34］　张爱军 . 公共安全应急管理教程［M］. 徐州：中国矿业大学出版社，2016.

［35］　王雷，赵秋红，王欣 . 应急管理技术与方法［M］. 北京：北京航空航天大学出版社，2016.

［36］　刘娇，王雷 . 应急决策、指挥与处置［M］. 北京：中国人民公安大学出版社，2016.

［37］　程惠霞 . 危机管理从应急迈向前置［M］. 北京：清华大学出版社，2016.

［38］　张永领 . 应急物资储备与评估［M］. 北京：中国科学技术出版社，2015.

［39］　戴成岗 . 移动应急指挥平台［M］. 南京：河海大学出版社，2015.

［40］　董幼鸿 . 应急管理［M］. 上海：上海人民出版社，2014.

［41］　孙梅 . 危机管理——突发公共卫生事件应急处置问题与策略［M］. 上海：复旦大学出版社，2013.

［42］　雷晓康 . 应急质量管理［M］. 北京：北京大学出版社，2013.

［43］　国家质量监督检验检疫总局，特种设备事故调查处理中心 . 特种设备事故应急与调查处理：机电类分册［M］. 北京：中国标准出版社，2012.

［44］　吕小明 . 环境污染事件应急处理技术［M］. 北京：中国环境科学出版社，2012.

［45］　夏保成，张小兵，王慧彦 . 突发事件应急演习与演习设计［M］. 北京：当代中国出版社，2011.

［46］　沈惠璋 . 突发危机事件应急序贯群决策与支持系统［M］. 北京：科学出版社，2011.

［47］　中国职业安全健康协会 . T/COSHA 004—2020 危险源辨识、风险评价和控制措施策划指南［S］. 北京：中国标准出版社，2020.

［48］　中华人民共和国卫生健康委员会 . 第 5 号　工作场所职业卫生管理规定［Z］. 2021.

第 6 章
航天发射环境保护方法

　　蓝绿净寓意"天蓝、地绿、水净"，是航天发射必须坚持的环保方针。本章从环境管理基础，大气污染防治技术，水污染防治技术、土壤污染防治技术、噪声和电磁辐射防治技术五个方面论述"蓝绿净"环境保护内容。

6.1　环境管理基础

6.1.1　环境与环境管理

《中华人民共和国环境保护法》第二条指出，"环境是指影响人类生存和发展的各种天然的和经过人工改造的自然因素的总和，包括大气、水、海洋、土地、矿藏、森林、草原、野生生物、自然遗迹、人文遗迹、自然保护区、风景名胜区、城市和乡村等。"环境问题是指由于人类活动作用于周围环境所引起的环境质量变化，这类变化对人类生产、生活和健康产生不利影响，包括大气污染、水体污染和土壤污染等环境污染问题，也包括土壤荒漠化、水土流失、生物多样性减少、草原退化、森林面积锐减等环境破坏，又称非污染性环境问题。

航天发射环境是指航天发射活动赖以存在和发展的外部因素，包括大气、水、土地、自然资源、植物、动物、人，以及他们之间的相互关系。航天发射活动中使用的"环境管理体系""环境因素""环境状况""环境影响""环境问题""环境保护""环境污染和破坏"等术语中的"环境"均指此意。航天发射环境影响主要表现为：水体污染、水质变化，空气污染、臭氧层消耗和气候变化，土壤腐蚀、土壤污染、土地占用，电磁辐射、化学品泄漏释放对周围人体健康损害，自然资源消耗、节约和保护等。

航天发射环境管理是对损害自然环境质量的活动，如推进剂废液排放、导流槽废水处理等，通过行政的、法律的、经济的、技术的和教育的手段进行管理，以达到避免或减少环境问题的目的。航天发射环境管理技术是利用现有环境因素识别与评价、预测与监测、控制和修复等技术，使航天发射活动中的环境因素管理实现预期目标、达成预期效果。

6.1.2　环境因素识别

环境因素识别是实施有效环境管理的起点和基础，应尽力避免因环境因素辨识不彻底、不全面而导致管理制度、措施和手段缺失的情况。为此，航天发射环境因素识别应坚持"宁滥毋缺"的原则，分别从以下几个方面进行辨识，然后再统一梳理合并相同因素：

1）三类对象，业务活动、航天产品、设施设备；

2）两个方面，能够控制和能够施加影响的因素；

3）三种时态，过去、现在和将来；

4）三种状态，正常、异常和紧急；

5）八种类型，向大气排放、向水体排放、向土地排放、原材料和自然资源使用、能源使用、能量释放、废物和副产品、空间利用。

环境因素识别的细化程度应大到能够对其进行验证，小到能够对其进行充分理解，具体程度应与能对其实施有效管理的程度一致。如将"锅炉废气排放"细化为"二氧化硫排放""氮氧化物排放"和"烟尘排放"等。

航天发射环境因素识别过程中，应结合活动、产品和服务的特点，使用过程分析法、产品生命周期分析法、物料衡算法、问卷调查法、专家评议法和对比分析法等，识别环境因素及其环境影响，并填写环境因素、环境影响评价和控制措施表。适用时，环境因素包括但不限于：推进剂废液、废水和废气的产生、收集与处理，与推进剂有关的固体废弃物的排放，锅炉废气、废渣的处理、排放，设备更新改造的废弃物和包装物的处置，生活污水、垃圾等的处理、排放，建筑垃圾的排放，报废机油的排放，噪声排放，电磁辐射，水、煤、电、气、油和纸张的消耗，突发事件产生的环境因素等。

在描述环境因素时，宜使用"动词＋名词"或"名词＋动词"的形式表述，所采用的动词应与环境影响相对应。通常使用无修饰的词组表述活动产生的有害影响，如：……的运行、……的例行保养、……的储存、……的产生、……的释放、……的意外释放、……的排放、……的消耗、……的使用、……的渗入、……流入……、……排入……、在……中……散发等；或使用有修饰的词组表述产生的有利影响，如：高效……的设计、方案减少/避免……的使用/消耗、减少/避免……的排放、减少/避免……的释放、减少/避免……的产生、减少/避免……的废弃、在……中减少……的消耗、……的回收和再利用等。

6.1.3　环境因素评价

环境因素评价的目的是从识别出的众多航天发射环境因素中评价出重要环境因素，以针对重要环境因素识别环境保护风险、确定环境管理目标、策划并落实环境管理措施。

（1）输入

航天发射环境因素评价输入包括：

1）适用的环境法律法规和其他要求，即合规义务；

2）相关方的利益；

3）环境因素的类型、规模、发生的频次；

4）环境影响的规模、严重程度、频率、持续时间或可恢复性；

5）改变环境影响的技术难度；

6）改变环境影响的经济需求；

7）改变环境影响对其他活动带来的影响和效果；

8）潜在的环境风险；

9）其他需要考虑的情况。

（2）评价方法

航天发射环境因素评价方法主要有：合规性评价、是非判断法、对比判定法、专家评议法、多因子打分法。

合规性评价。环境因素满足下列准则之一时即判断为不合规环境因素：

1）违反法律法规；

2）使用明令禁止和限制的物质；

3）使用限期替代的物质；

4）违反合同要求；

5）未有效履行对外做出的承诺。

是非判断法。环境因素满足下列准则之一时即判断为重要环境因素：

1）合规性评价为不合规；

2）接近违反法律法规要求或已违背单位的环境方针；

3）异常或紧急状态下预计会产生严重环境影响。

对比判定法。对于能源消耗、资源消耗、危险化学品使用、废弃物产生等环境因素，当满足下列准则之一时即判断为重要环境因素：

1）能源消耗超过上年度总量25％；

2）资源消耗超过上年度总量25％；

3）危险化学品使用量超过上年度总量25％；

4）废弃物产生量超过上年度总量25％；

5）能源、资源消耗高于同行业平均水平。

专家评议法。专家根据环境影响的规模、严重程度、频率、持续时间和可恢复性，资源能源的利用、浪费和节约情况等，利用专业知识和经验进行分析、判断，确认哪些因素构成重要环境因素。

多因子打分法。使用是非判断法和对比判定法未被判定为重要环境因素时，利用影响范围 a、影响持续性或可恢复性 b、发生频次 c、公众及社会对影响的关注程度 d（敏感因子）四个评价因子对环境因素的重要性进行评价打分，总评价分值 $M = a + b + c + d$。如果 $M \geqslant 15$，相应环境因素可视为重要环境因素。环境影响评价因子等级划分标准见表 6-1。

表 6-1　环境影响评价因子等级划分标准

等级	a	b	c	d	得分
I	全球范围严重破坏	不可恢复或一年以上可恢复	日发生量不少于一次	社会极度关注	5
II	国家范围严重破坏	半年以上至一年内可恢复	日发生量少于一次	场区极度关注	4
III	场区及周边严重破坏	一月以上至半年内可恢复	周发生量少于一次或异常状态	场区关注	3
IV	场区及周边一般破坏	一周以上至一月内可恢复	月发生量少于一次	单位关注	2
V	单位内及周边破坏	一周内可恢复	年发生量少于一次	不为关注	1

（3）输出

环境因素评价输出主要包括：针对航天发射活动所涉及的所有环境因素，哪些是重要环境因素、哪些是一般环境因素、哪些是可以忽略的环境因素。

航天发射环境管理的主要目的是针对重要环境因素确认是否需要制定并落实新的控制措施或在原有控制措施基础上加严控制，确保重要环境因素满足"合规义务"的要求。这里的"合规义务"是指航天发射必须遵守的法律法规要求、单位对社会或外界做出的环境保护和改善的承诺、采纳或选择采纳的与环境管理有关的相关方要求、必须遵守或选择遵守的其他要求。

6.1.4　环境监测

针对航天发射可能对发射场区域所造成的环境污染，参加航天发射的单位应执行环境保护和污染防治最新法律法规和标准，这包括：《中华人民共和国环境保护法》《中华人民共和国大气污染防治法》《中华人民共和国水污染防治法》《中华人民共和国固体废物污染环境防治法》《中华人民共和国消防法》《中华人民共和国海洋环境保护法》《中华人民共和国环境噪声污染防治法》和《排污许可管理条例》等法律法规要求；GJB 3485A《肼类燃料和硝基氧化剂废水处理与排放要求》、GB 8978《废水综合排放标准》、GB 13224《火电厂大气污染物排放标准》、GB 16297《大气污染物综合排放标准》、GJB 1474.3《航天发射场推进剂使用规则　氦气》、GJB 1963《甲基肼规范》、GJB 1964《绿色四氧化二氮规范》、1673《四氧化二氮规范》、GJB 2215—94《肼类燃料和硝基氧化剂包装、贮存、运输要求》、GJB 2252A《四氧化二氮安全应用准则》、GJB 2253A《氮气和液氮安全应用准则》、GJB 2989《甲基肼安全应用准则》、GJB 2990《液氧安全应用准则》、GJB 4014《氦气安全应用准则》、GJB 5403《无水肼安全应用准则》、GJB 5404《偏二甲肼安全应用准则》、GJB 5405《液氢安全应用准则》和 GB12348《工业企业厂界环境噪声排放标准》等标准要求。

参加航天发射的单位须按照有关法律法规和相关技术规范的要求，安装污染物排放监控设备，监测并确保监控设备正常有效运行；同时，建立环境监测制度，制定监测方案，对污染物排放状况及其对周边环境质量的影响开展监测，保存原始监测记录，公布监测结果。

航天发射可能存在的潜在环境风险主要有推进剂泄漏引发火灾爆炸、腐蚀、中毒、窒息以及大气、水体、土壤污染的风险；废气、废水处理系统故障引发事故性排放的风险；加注后运载器或航天器爆炸引发环境破坏、污染的风险等。上述风险责任单位应针对上述风险进行安全评估，确认重大危险源及其风险等级，制定和落实风险监控和应急响应方案，并纳入航天发射一体化管理。

6.2　大气污染防治技术

"天蓝"是航天发射环境保护的基本方针之一，即尽可能地将航天发射带给当地的大气污染降到最低。为此，航天发射一方面主动采取大气污染防治新技术，确保大气污染物排放量满足法律法规和技术标准要求，另一方面在条件允许时，积极采用"绿色航天"技术，消除或减小对当地大气环境的不利影响。

6.2.1　主要污染物及危害

（1）主要污染物

航天发射常规推进剂包括氧化剂和燃料，其中氧化剂多为四氧化二氮（N_2O_4），燃料主要有偏二甲肼、甲基肼和肼。航天发射向大气排放的污染物主要是含推进剂及其衍生物的有毒有害气体，包括：运载器点火飞行过程中自尾部向大气排放的有毒有害气体，在推进剂运输、转注、贮存、分析化验等过程中渗漏的废气，推进剂贮罐卸压时排放的废气，推进剂库房通风时排放的废气，从槽车、贮罐、管道吹出的残留推进剂，推进剂发生泄漏事故时排放的废气等。

发射场使用汽油、柴油等石化燃料为设施设备提供动力，这些设施设备工作时会向大气排放废气。汽油使用排放的主要气态污染物包括一氧化碳、氮氧化物、含氧有机化合物、硫氧化物；如果使用含铅汽油时，污染物还包括碳氢化合物和铅的化合物等物质。柴油使用排放的污染物主要有氮氧化物、PM（细微颗粒物）、碳氢化合物、一氧化碳和二氧化硫。

地处纬度较高地区的航天发射场冬季需要开启锅炉提升工作和生活环境温度，其中部分锅炉使用燃煤作能源，煤的主要成分是碳，并含有氢、氧、氮、硫及金属化合物，燃烧时除产生大量烟尘外，还会形成一氧化碳、二氧化碳、二氧化硫、氮氧化物、有机化合物等有害物质。

（2）主要危害

推进剂 N_2O_4 的毒性为 III 级，在空气中最高浓度为 2×10^{-6} mg/L。常温下的四氧化二氮处于不断汽化的状态之中，悬浮于空气中的四氧化二氮立刻分解为二氧化氮（NO_2）气体，一定的环境条件下，会形成少量的一氧化氮（NO）。NO 和人体中血红蛋白的亲和力比 CO 大几百倍，对生命构成巨大威胁，如果动物与高浓度的 NO 接触，可出现中枢神经病变。NO_2 的毒性更大，是 NO 的 4 至 5 倍，它对呼吸器官有强烈的刺激作用及腐蚀作用，能迅速破坏肺细胞，引起气管炎、肺炎、肺气肿甚至肺癌，而且对心脏和肾脏以及造血组织等也有影响。NO_X 对植物有较大的危害，浓度为 2.5×10^{-6} mg/L 的 NO_X 与植物接触 7 h 就会使豆类、西红柿等作物的叶子变成白色，许多植物会因此受伤害死亡。NO_X 是形成酸雾酸雨的主要原因之一，NO_X 在大气中经过一系列转化，可形成硝酸、硝酸盐或亚硝酸盐等酸性雨雾，从而对大自然构成极大的危害。

偏二甲肼及其中间产物有致癌、致畸、致突变的毒性。短时间内吸入大量的偏二甲肼及其中间产物会导致急性中毒，症状为头痛、呕吐、心脏活力降低、肺及肝脏发生病变；偏二甲肼及其中间产物在体内积累可引起慢性中毒，经过一段时间潜伏期后有头痛、失眠、视力衰退等症状出现。肼类燃料排放至大气中时不仅仅是被稀释，还会与大气中的各种成分发生复杂的化学反应，例如与大气中的 O_2、CO_2、H_2O、O_3、NO_X、SO_2 等成分发生反应；在小于 290 nm 的紫外光照射下发生光解；在光照情况下还会与 NO_X 发生光化学反应；肼在 OH 基存在的情况下，衰变加快，一甲基肼和偏二甲肼在 O_3 或 OH 基存在时的半衰期比肼还小一个数量级。

运载火箭点火发射时排放的有毒气体会急剧降低空气中氧含量，一旦吸入，可能会导致缺氧性窒息。发生推进剂泄漏事故时，不仅仅是向大气中排放有毒气态污染物，而且在发生推进剂泄漏后可引发次生着火爆炸事故，由于推进剂数量巨大、反应迅速，产生的气态污染物会快速向大气扩散，影响范围可达数十千米。

使用油料、燃煤等石化燃料，向大气排放的含硫化合物、氮化合物、碳氧化合物、碳氢化合物等，以及由其产生的硫酸烟雾、光化学烟雾等二次污染物，已为公众所熟知。考虑到针对油料、燃煤等石化燃料使用而采取的大气污染防治技术已广为人知，这里重点讨论由航天发射常规推进剂使用导致的大气污染防治技术。

6.2.2　废弃燃料处理

航天发射目前处理燃料废液、废气的技术主要有燃烧法和催化氧化法。

（1）燃烧法

肼类燃料的废液、废气可以直接燃烧，燃烧后最终产物为无害的 CO_2、水。以偏二甲肼为例，采用燃烧法是将废液废气通入已达到一定温度的柴油（或煤油）燃烧炉中，使其与空气在高温下发生氧化还原反应，生成无害的 CO_2、N_2 和 H_2O，从而消除对环境的污染。

柴油（或煤油）在处理偏二甲肼废气过程中起到提升炉温或保持反应温度的作用，其反应机理为

$$(CH_3)_2N_2H_2 + 4O_2 \triangle 4H_2O + 2CO_2 + N_2$$
$$C_{12}H_{26} + 37O_2 \triangle 26H_2O + 24CO_2$$

偏二甲肼在燃烧炉膛内还可以进行高温分解反应

$$(CH_3)_2N_2H_2 \triangle 2CH_4 + N_2$$
$$CH_4 + 2O_2 \triangle CO_2 + 2H_2O$$

此处理过程中，偏二甲肼去除率达 99.99% 以上，尾气中其他物质的含量均能达到国家规定的排放标准。

（2）催化氧化法

肼类燃料废液废气在催化剂作用下与空气中的氧气发生常压氧化反应，转化成简单、稳定、无毒的 N_2、CO_2、H_2O 等小分子气相产物，将有害的肼类燃料废气完全消除，不对环境造成二次污染。以偏二甲肼为例，其反应机理为

$$(CH_3)_2NNH_2 + O_2 \xrightarrow{\text{催化剂}} CO_2 + N_2 + H_2O$$

催化氧化法处理偏二甲肼对起始反应温度要求不高，废气产生洁净度比较高，不会造成二次污染。使用催化氧化法处理偏二甲肼的关键技术在于选择性能良好的催化剂，最大化实现偏二甲肼废气的催化转化，使之达到最佳的处理效果。

6.2.3　废弃氧化剂处理

氧化剂废液废气中污染物主要有 NO_2 和 N_2O_4，毒性及污染性主要来自于 NO_2。航天发射场目前处理氧化剂废液废气的主要技术有燃烧法和吸收法。

（1）燃烧法

实际处理时，将氧化剂废液废气通入已达到一定温度的柴油（或煤油）燃烧炉中，柴

油（或煤油）作为还原剂与 N_2O_4 进行反应。由于 N_2O_4 很快转化为 NO_2，在反应中以 NO_2 为代表，其反应机理为

$$74NO_2 + 4C_{12}H_{26} = 52H_2O + 48CO_2 + 37N_2$$

$$37O_2 + 2C_{12}H_{26} = 26H_2O + 24CO_2$$

在燃烧炉内，NO_2 还可以进行高温分解反应

$$2NO_2 = 2NO + O_2$$

$$2NO = N_2 + O_2$$

（2）吸收法

实际处理时，将氧化剂废液废气通入尿素水溶液。尿素的分子式为 $CO(NH_2)_2$，呈微碱性，其水解产物为碳酸铵或其他铵盐。尿素有强烈的吸湿性，在水中溶解性很高，21 ℃ 时，100 g 溶液中可溶解 51 g。尿素是一种还原剂，在酸性条件下可迅速将亚硝酸根还原成氮。采用尿素吸收氮氧化物的机理为

$$2NO_2 + H_2O \Leftrightarrow HNO_3 + HNO_2$$

$$N_2O_4 + H_2O \Leftrightarrow HNO_3 + HNO_2$$

亚硝酸可以与尿素作用，也可自行分解

$$HNO_2 + CO(NH_2)_2 + HNO_3 \rightarrow N_2 + CO_2 + NH_4NO_3 + H_2O$$

$$HNO_2 + CO(NH_2)_2 \rightarrow 2N_2 + CO_2 + 3H_2O$$

$$3HNO_2 \rightarrow HNO_3 + 2NO + H_2O$$

亚硝酸分解过程中产生的 NO，可在空气中进一步氧化生成 NO_2。在实际处理废气时，NO_2 浓度通常较高，总反应式为

$$2NO_2 + CO(NH_2)_2 \rightarrow N_2 + CO_2 + NH_4NO_3$$

6.3　水污染防治技术

"水净"是航天发射环境保护的基本方针之一，即尽可能地将航天发射带给当地的水污染降到最低。基于"水净"的航天发射水污染防治技术即航天发射主动采取水污染防治技术，严格落实各种水体质量标准，确保航天发射水污染物的排放满足法律法规要求，并在条件允许时积极采用"绿色航天"技术，消除或减小航天发射对当地水体的不利影响。

6.3.1　主要污染物

航天发射水污染物主要有废水和废液，来源主要有导流槽废水、洗消废水、报废废液、排空与化验废液和生活废水等。

（1）导流槽废水

火箭点火发射后，数百吨推进剂在短时间内燃烧，为防止燃烧产生的高温气体对火箭发动机尾喷管、地面发射设备和导流槽的烧蚀，在发射塔下部安装了多组环状冷却水喷管。当火箭点火时，水由冷却水环管喷出形成水幕，不仅可以保护地面设施设备，而且能

吸收部分推进剂燃烧尾气，由此形成含有推进剂燃烧产物的废水。

（2）洗消废水

推进剂槽车、贮罐需要定期洗消。四氧化二氮的清洗程序是先用碳酸钠进行中和处理，再用清水冲洗三遍，中和液和废水均排入废水储存池。偏二甲肼的洗消程序是先用醋酸溶液进行中和，中和液在容器中的停留时间不少于 0.5 h，排出后再用清水对容器冲洗三遍，中和液和废水均排入废水储存池。

推进剂加注软管、管线等在使用后，需按照程序进行洗消。加注管道壁上残余的推进剂废液会被冲洗到废水中；推进剂库房中的泵、阀件由于密封不严造成滴漏现象，对于推进剂的滴漏通常采用清水冲洗；上述废水经收集后进入废水储存池。

（3）报废废液

由于氧化剂具有较强的腐蚀性和吸湿性，且极易挥发，因此氧化剂在储存过程中会吸收空气中的水分，含水量增加，腐蚀性增强，当推进剂中杂质超出规定标准后，予以报废即成废液。

由于偏二甲肼在储存过程中与大气中的氧气接触后，液体黏稠度增加，影响安全使用，进而不满足规定标准，由此产生偏二甲肼废液。其他肼类推进剂也会在储存过程中变质进而成为废液。

每次航天发射前，需要采样待加注的推进剂进行分析化验，化验分析后剩余的推进剂通常被当作待处理的废液。

某些航天器使用专用燃料，在加注后通常会有一定量的剩余，此剩余的推进剂通常被当作废液。

（4）排空与化验废液

推进剂槽车、贮罐、管道及阀件在进行检修作业前先将残液挤压排空或用水稀释后排空，再按照程序进行清洗，初始排空过程产生的液体即为废液，清洗过程产生的液体为废水。

推进剂发生泄漏后，启动泄漏专用控制系统，切断泄漏源，收集泄漏残液，用清洗液冲洗被污染区域。处理过程中收集的残液即为废液，冲洗产生的液体即为废水。

（5）生活废水

生活废水主要来源于工作人员办公生活用水、厨房和餐饮用水、盥洗用水、绿化喷洒等杂用水和装备清洗、医疗用水等。

6.3.2　主要危害

有关废液的处理见 6.2.2 和 6.2.3 节，考虑到生活污水的危害已广为人知，这里主要讨论航天发射废水的危害性。

洗消废水成分比较单一，主要根据不同的贮存介质来确定。四氧化二氮槽车、贮罐、管道及阀件的洗消废水的主要成分是硝酸钠、亚硝酸钠、硝酸、碳酸、碳酸钠等；其中，亚硝酸钠毒性较大，需要严格控制和处理。偏二甲肼槽车、贮罐、管道及阀件的洗消，洗消废水的主要成分是偏二甲肼、醋酸、偏二甲肼醋酸盐，其中偏二甲肼有毒。当偏二甲肼与四氧化二氮废水混合时，如导流槽废水和混合污水处理池，成分就较为复杂，除了偏二甲肼、四氧化二氮外，还包括二者常温氧化物，如甲醛、甲胺、二甲胺、亚硝胺等一系列中间产物，这些中间产物的毒性有时超过偏二甲肼的毒性。

废水中的偏二甲肼由于沸点低，蒸气压高，再加上分子扩散等作用，长期贮存偏二甲肼废水的池子上部空间及环境的空气中偏二甲肼富集。由于偏二甲肼的毒性，使活动于该环境中的工作人员常常出现恶心、呕吐、食欲减少、全身乏力等症状。若长期活动于该环境中，空气中富集的偏二甲肼对人的中枢神经系统、消化系统和血液系统等会造成损害。

大量的调查研究和试验得知，用低浓度的偏二甲肼浇灌农作物可起到施肥的作用，对水稻生长有利。但是，若浓度偏高或偏二甲肼在空气中的浓度富集，不良影响明显。使用偏二甲肼污水浇灌农作物时，水中的偏二甲肼除了被植物的根部吸收外，土壤颗粒的吸附和颗粒孔隙间的空气氧化作用也存在。当地下水位较高时还存在对地表层地下水的污染。

6.3.3　推进剂废水处理

推进剂废水污染物主要是偏二甲肼、四氧化二氮及其反应产物。其中，四氧化二氮在水中会转化为硝酸，经过中和处理后即可以排放，因此，推进剂废水的处理对象主要是肼类和反应中间产物。航天发射推进剂废水处理主要使用自然净化技术。

自然净化技术是利用偏二甲肼与空气中氧气接触即可以氧化的特点，建设使用自然净化池对偏二甲肼废水进行无害化处理。试验研究和工程实践显示，当偏二甲肼废水在碱性条件下（pH＝8～9）的自然净化池中存放半年，在阳光照射和空气的自然氧化作用下，主要有害成分偏二甲肼及其分解产物偏腙、亚硝胺、甲醛和氰化物等指标，均可达到排放要求。若在偏二甲肼废水中加入 1×10^{-5} mol/L 的二阶铜离子，自然净化周期可缩短到两个月甚至更短。

自然净化技术的主要特点是在二阶铜离子催化作用下，废水中主要有害成分自然缓慢氧化，不会产生短期某中间产物浓度相对增加的现象，可较好地防止二次污染，且不需要专用处理设备，具有明显的经济效益。

6.3.4　生活废水处理

在有市政依托的区域，生活污水经一级处理后排入市政污水处理系统，一级处理的工艺主要包括栅格、调节、沉沙和初沉等。

在无市政依托的区域，针对航天发射生活污水通常在一级处理的基础上，进行二级处理，主要工艺是周期循环活性污泥工艺和生态处理工艺。其中生态处理工艺一般是因地制宜，构建或构筑人工湿地，然后将生活污水有控制地投放到土壤经常处于水饱和状态，生长有芦苇、香蒲等沼泽植物的土地上，污水在沿一定方向流动过程中在耐水植物和土壤联合作用下得到净化。

6.4　土壤污染防治技术

"地绿"是航天发射环境保护的基本方针之一，即尽可能地消除或将航天发射带给当地的土壤污染、生态不利影响降到最低。基于"地绿"的航天发射土壤污染防治技术即采取植树造林、固体垃圾分类收集处理等防治技术，贯彻各种危险废物排放和处理标准，确保固体废物的排放满足法律法规要求，并在条件允许时积极采用先进的垃圾处理技术、绿化技术、土壤修复技术，促进形成保护当地生态环境的良性循环。

6.4.1　主要污染物

航天发射产生的土壤污染物种类繁多，主要包括航天发射活动中所排放的对人体和生物体有害的"三废"（废水、废气和固体废物）物质，可直接或间接地通过大气的干湿沉降、污水灌溉和固体废弃物的堆放、处理与处置等方式输入到土壤环境中而形成污染。这包括与推进剂相关的污染物、设施设备保养维修产生的污染物、任务和生活保障产生的污染物等。

与推进剂相关的污染物主要包括：推进剂在运输、贮存、转注、加注等作业中，因跑、冒、滴、漏，特别是发生液体推进剂泄漏事故，而直接排放到土壤的有害液体推进剂；航天发射活动过程中排放的废气、废水、废液、废渣等，伴随着三种形态（固、液、气）的转换，将污染物质从大气、水体等带入土壤。

设施设备保养维修产生的污染物主要包括：内燃机、汽车、机械等设备拆解时向土壤排放的废矿物油、油泥，废防冻液、废乳化液、含油污水，废发动机油、制动器油、自动变速器油、齿轮油等废润滑油；金属零部件清洗过程中向土壤排放的废弃煤油、柴油、汽油及其他由石油和煤炼制生产的溶剂油；铸件表面防锈处理过程中向土壤排放的废防锈油；液压设备维护、更换、拆解过程中向土壤排放的废液压油；变压器维护、更换、拆解过程中向土壤排放的废变压器油，废弃的含多氯联苯（PCBS）、多氯三联苯（PCTS）、多溴联苯（PBBS）的电容器和变压器等；含多氯联苯、多氯三联苯、多溴联苯的电力设备在使用维护过程中向土壤排放的废液、废油及其固体废弃物；设施设备维修保养过程中向土壤排放的废液、废油、含废液废弃物及含油废弃物，以及油漆、油漆的盛装容器和刷子；铅蓄、镉镍等电池的报废，电池维护保养过程中电解液等化学试剂泄漏向土壤的排放等。

任务和生活保障产生的污染物主要包括：卫勤和医疗保障过程中向土壤排放的感染性、损伤性、病理性、化学性、药物性医疗废弃物；绿化活动以及生活保障过程中向土壤排放的农药、农药废液、废弃包装物；油料储运过程中向土壤排放的油泥、意外泄漏的油料等。

6.4.2　主要危害

排入土壤的污染物可能会破坏土壤环境中的自然动态平衡，引起土壤生态系统的组成、结构和功能发生变化。土壤受到污染后，可影响到微生物的生长繁殖、微量元素的改变以及土壤肥力和酸碱度的变化，导致植物的生态学改变。

土壤污染会导致水体污染。土壤被污染后，土壤中可溶性污染物容易在水力作用下被淋洗进入地下水体，引起地下水污染。另外，污染物含量较高的污染表土，可随地表径流迁移，造成地表水的污染。

土壤污染会导致大气污染。土壤被污染后，在风力的作用下，污染物含量较高的污染表土被带入大气中，吹扬到远离污染源的地方，扩大了污染面。土壤扬尘中的污染物质通过呼吸被吸入人体，影响人体健康。被有机废弃物污染的土壤还容易腐败分散，散发恶臭，污染空气。

土壤污染会导致农产品产量和品质下降，污染物在土壤中的富集还会引起食物污染，最终危害人体健康。

6.4.3　防治措施

为了预防土壤污染，保护和促进发射场及其周边生态环境的良性循环，航天发射重点开展以下活动和采用以下技术：

1）将航天发射、日常办公和生活等过程中产生的主要垃圾废物按国家标准进行分类收集、存放；

2）对可回收利用的设备、材料等，交由有相关处置资质的单位进行回收处理和再利用；

3）对不可回收再利用的非危险物废物和垃圾，按照国家标准进行焚烧或填埋处理；

4）对于危险废弃物（如废油、废电缆/电缆皮等）进行集中收集、存放，定期交由有营运资质的单位进行处置；

5）按照国家和行业标准规范危险废物收集、运输、存放和交付等活动，防止出现二次污染和次生危害；

6）结合发射场及其周边生态环境的特点，制定保护生态环境、促进自然环境良性循环的发展规划，积极开展种草、植树、保护动植物、合理利用土地资源等活动；

7）加强人员思想教育，增强节能环保意识，推广节能减排技术，定期开展"减少消耗、杜绝浪费"的督查活动；

8）积极推广应用土壤修复技术，对被污染土壤进行修复。

在选择和使用土壤修复技术时通常遵循以下原则：一是耕地资源保护原则，即尽可能地选用对土壤肥力负面影响小的技术，如植物修复技术、微生物修复技术、有机中性化技术、电动力学技术、稀释技术、客土技术、冲洗技术等。二是可行性原则，即修复技术的选择兼顾经济费用和实际效应两个方面。三是因地制宜原则，即土壤污染物的去除或钝化是一个复杂的过程，在确定修复方案之前，必须对污染土壤做详细的调查研究，明确污染物种类、程度、范围、土壤性质、地下水位、气候条件等，在此基础上制定切实可行的土壤修复技术方案。

6.5　噪声与电磁辐射防治技术

6.5.1　主要噪声和辐射源

航天发射噪声污染的主要来源包括：运载火箭点火发射飞行过程中产生的噪声，工程作业中工程机械运转产生的噪声，发电过程中设备运转产生的噪声，特气生产过程中设备运行排放的噪声，交通运输过程中运行的机动设备产生的噪声等。

航天发射电磁污染的主要来源包括：微波通信设备和测控雷达设备工作所产生的电磁辐射等。

6.5.2　主要危害

噪声危害主要表现在：

1）强的噪声可引起人耳部不适，如耳鸣、耳痛、听力损伤；

2）长时间处于噪声环境中的人很容易发生眼疲劳、眼痛、眼花和视物流泪等眼损伤现象；同时，噪声还会使色觉、视野发生异常；

3）噪声长期作用于人的中枢神经系统，可使大脑皮层兴奋和抑制失调，条件反射异常，出现头晕、头痛、耳鸣、多梦、失眠、心慌、记忆力减退、注意力不集中等症状，严重者可产生精神错乱；

4）噪声可引起人的神经系统功能紊乱，血压升高或降低，心率改变，心脏病加剧；

5）噪声会使人唾液、胃液分泌减少，胃酸降低，胃蠕动减弱，食欲不振，引起胃溃疡；

6）噪声对人的内分泌机能有不利影响，如导致女性性机能紊乱，月经失调，流产率增加等；

7）噪声对儿童的智力发育有不利影响；

8）噪声对人的心理影响主要是使人烦恼、激动、易怒，甚至失去理智；

9）噪声对动植物有损害，在噪声下的动物、植物生长不好，有的甚至死亡；

10）噪声对建筑物有损害，如果建筑物附近有振动剧烈的噪声源，在这种振动的反复冲击下，可能会发生墙体裂痕、瓦片振落和玻璃振碎等危害建筑物的现象。

电磁辐射危害主要表现在：

1）导致人的精力和体力减退；

2）使人的生物钟发生紊乱；

3）记忆、思考和判断能力下降；

4）易产生白内障、脑肿瘤、心血管疾病；

5）妇女流产和不孕；

6）引起癌症；

7）干扰通信系统。

6.5.3　防治措施

（1）噪声防治

噪声污染的发生必须有噪声源、噪声传播和接受者三个要素，只有这三个要素同时存在才构成噪声污染。因此，噪声防治措施及其优先次序是执行国家、行业和地方的噪声和声环境卫生标准，控制声源、切断传播途径和个体防护。

控制声源。发射场选址、发射场内布局除考虑安全因素外，还兼顾高噪声源远离居民区、办公区和其他人员集中的地方；同时，人员较为集中的场所选址也要主动规避高噪声源。航天发射设施设备设计时尽可能选用内摩擦较大、高阻尼合金、高强度塑料等能降低噪声的新材料；设备采购选型尽可能选用工作时综合噪声较低的型号；同时，尽可能使用低噪声的工艺代替高噪声的工艺，如工程施工中由柴油打桩机代替压力打桩机，噪声可以降低 50%。

切断传播途径。在噪声源上治理噪声效果不理想时，需要在噪声传播途径上采取措施，具体包括：合理规划发射场区布局，将低噪声要求的功能区与高噪声区域分开，并尽量确保噪声源不露天放置；采用绿篱、乔灌木和草坪的混合绿化结构，在功能区之间种植隔音绿化带；采用局部声学技术降噪，如吸声技术、隔声技术、消声技术等，室内区域作业时，采用吸声、隔声、消声材料或结构，降低作业区域的噪声。

个体防护。针对暴露在噪声环境下的工作人员，一方面采用防声棉（蜡浸棉花）、耳塞、耳罩、帽盔等防护用具，减小噪声对作业人员职业健康的不利影响；另一方面采取轮班作业，缩短个体在强噪声环境中的持续暴露时间。

（2）电磁辐射防治

电磁辐射污染与噪声污染相似，须有电磁辐射源、电磁辐射传播和接受者三个要素，只有这三个要素同时存在才构成电磁辐射污染。因此，电磁辐射防治措施及其优先次序是执行国家、行业和地方的电磁辐射卫生标准，控制电磁辐射源、切断传播途径和个体防护。

控制电磁辐射源。大型电磁辐射源设备布站远离居民，设备天线工作方向规避有人员活动的方向；同时，控制大型电磁辐射设备的开机时间，人员活动主动规避大型电磁辐射源及其工作时间。在满足要求的情况下，设施设备设计选型时尽可能选用工作时综合电磁辐射较低的型号，同时，尽可能使用低电磁辐射工艺代替高辐射工艺。

切断传播途径。在电磁辐射源上治理辐射效果不理想时，需要在电磁辐射传播途径上采取措施，主要有在人员工作区域建设或加装电磁屏蔽装置，在建筑物体上使用电磁辐射防护材料和进行植物绿化等。

个体防护。针对暴露在电磁辐射环境下的工作人员，一方面采用穿戴防辐射服等防护用具，减小电磁辐射对作业人员职业健康的不利影响；另一方面采取轮班作业，缩短个体在电磁辐射环境中的持续暴露时间。

参 考 文 献

［1］ 张统. 航天发射污染控制［M］. 北京：国防工业出版社，2013.

［2］ 仝川. 环境科学概论［M］. 北京：科学出版社，2017.

［3］ 环境保护部环境工程评估中心. 水电行业环境保护政策法规［M］. 北京：中国环境科学出版社，2016.

［4］ 张淑兰. 环境污染防治的监测技术研究［M］. 北京：中国纺织出版社，2018.

［5］ 环境保护部政策法规司. 新《环境保护法》及配套文件汇编（一）［M］. 北京：中国环境科学出版社，2015.

［6］ 施问超，施则虎. 国家环境保护标准研究［M］. 合肥：合肥工业大学出版社， 2017.

［7］ 王娟. 环境工程实验技术与应用［M］. 北京：中国建材工业出版社，2016.

［8］ 杨春平，吕黎，陈昆柏. 工业固体废物处理与处置［M］. 郑州：河南科学技术出版社，2017.

［9］ 曹文平，郭一飞. 环境工程导论［M］. 哈尔滨：哈尔滨工业大学出版社，2017.

［10］ 陈善平，赵爱华，赵由才. 生活垃圾处理与处置［M］. 郑州：河南科学技术出版社，2017.

［11］ 陈昆柏，郭春霞. 危险废物处理与处置［M］. 郑州：河南科学技术出版社，2017.

［12］ 邹美玲，王林林. 环境监测与实训［M］. 北京：冶金工业出版社，2017.

［13］ 李砚博，魏冬云. 环境责任问题研究［M］. 长春：吉林人民出版社，2017.

［14］ 周遗品. 环境监测实践教程［M］. 武汉：华中科技大学出版社，2017.

［15］ 张宏伟. 城市绿色用水与水生态环境［M］. 北京：中国环境出版有限责任公司，2016.

［16］ 董战峰，等. 中国省级环境绩效评估 2006—2010［M］. 北京：中国环境科学出版社，2016.

［17］ 程红光. 重金属环境健康风险重点防控区划分及分级技术研究［M］. 北京：中国环境科学出版社，2016.

［18］ 石晓枫，郑冠凌，兰芬. 城市总体规划环境影响评价技术方法及应用研究［M］. 北京：中国环境出版社，2015.

［19］ 姚进一. 环境监测技术工学结合教材［M］. 北京：中国环境科学出版社，2015.

［20］ 曹国志. 环境绩效评估理论与方法［M］. 北京：中国环境出版社，2015.

［21］ 熊克，等. 环境影响与制造［M］. 北京：北京理工大学出版社，2016.

［22］ 谢红梅. 环境污染与控制对策［M］. 成都：电子科技大学出版社，2016.

［23］ 陆书玉. 电离辐射环境安全［M］. 上海：上海交通大学出版社，2016.

［24］ 王安，曹植菁，杨怀金. 环境监测实验指导［M］. 成都：四川大学出版社，2016.

［25］ 李向东. 环境污染与修复［M］. 徐州：中国矿业大学出版社，2016.

［26］ 中华人民共和国国务院. 第 736 号 排污许可管理条例［Z］. 2021.

第 7 章
体系策划与设计实践

　　体系策划与设计实践是围绕航天发射组织管理而进行的体系结构、内容和要求的设计活动。本章简要概述我国航天发射一体化管理策划与设计的实践成果，包括：术语与缩略语、建设规划、领导作用、体系策划、支持保障、任务发射、评价与改进等。

7.1 术语与缩略语

为保证航天发射一体化管理与国际接轨，工程管理实践中直接引用 ISO 9000《质量管理体系 基础和术语》、ISO 14001《环境管理体系要求及使用指南》、ISO 45001《职业健康安全管理体系要求及使用指南》中给出的术语和定义，同时，依据我国航天发射工程管理实践中形成的习语，对上述标准中的部分术语进行本地化定义、对部分缩略语进行规范。

7.1.1 本地化术语

以下术语适用于航天发射一体化管理。

1）航天产品：在航天发射场进行测试发射的运载器、航天器（如飞船、卫星、空间探测器、空间站、空间实验室等）、有效载荷（如航天员、空间应用系统等）以及构成运载器、航天器、有效载荷的系统、单机和部件等。

2）航天发射：在上级部门领导下，航天发射场和其他相关方共同完成航天产品在发射场进行的装配测试、加注发射、测量控制、搜救回收等任务的过程。

3）航天发射产品和服务：航天产品在发射场进行的装配测试、加注发射、测量控制、搜救回收和为保证上述活动和过程有效实施的信息保障、技术勤务保障等。

4）最高管理者：在最高层指挥和控制组织的一个或一组人。航天发射场区的最高管理者是发射场区指挥部指挥长。

5）顾客：下达航天发射任务的上级部门和接受航天发射产品和服务的单位或机构（主要包括航天产品研制和使用单位，试验和鉴定部门等）。

6）相关方：参与航天发射任务和受航天发射任务影响的工作人员、居民和访问人员等。

7）质量：满足航天发射任务要求的程度，通常用任务放行准则和任务成功判据等标准来衡量。

8）安全：航天发射准备及实施过程中不会导致航天发射责任主体单位能控制和能施加影响的人、信息、财物和环境受到损害的状态。

9）环境：航天发射任务赖以实施的内外部因素。

10）关键过程：对航天发射成败起决定作用的过程。

11）应急响应：在航天发射责任主体单位能够控制或能施加影响的物理空间和信息空间内发生重大非预期事件时所采取的行动。

12）设计和开发：将完成航天发射任务的各项要求转换为具有质量安全环境期望特性的测试发射工艺流程、总体技术方案、接口控制文件、发射预案、放行准则和计算机软件等的一组过程。

13）符合性：活动、过程、产品和服务、体系满足法律法规、标准规范和其他要求的能力称为符合性，未满足要求称为不符合或不合格。

14）可靠性：系统在规定条件下、规定时间内完成规定功能和任务的能力。

15）安全性：航天发射过程、产品和服务不导致非预期的人员伤亡、健康危害及环境破坏，不造成非预期的设备损坏、财产损失的能力。

16）及时性：过程、产品和服务满足时间要求的能力。

17）完整性：活动和过程完成规定的内容，交付的产品和服务满足项目、数量、规格等方面要求的能力。

18）保密性：按要求控制涉密信息及其知悉范围和程度的能力。

7.1.2　本地化缩略语

以下缩略语适用于航天发射一体化管理。

1）航天发射责任单位：所有直接参与航天发射任务的单位和部门，通常不包括临时性组织，如发射场区任务指挥部及其下属的质量控制组、测发协调组等。

2）"双想"：回想、预想。

3）"双岗"：技术操作岗位配备一岗和二岗，一岗负责具体操作，二岗负责操作过程中的质量把关和安全监控。

4）"两比"：与同类任务、工作和活动的纵向比较；与其他类似任务、工作和活动的横向比较。

5）"班前班后会"：每项活动开始前召开的工作预备会和结束时召开的工作小结会。"班前会"主要是明确活动内容、人员分工、操作程序、技术状态、操作要点、协同关系及安全事项；"班后会"主要是清查技术状态、讲评工作、纠正不足。

6）"三检查"：一岗检查、二岗检查、指挥员检查。

7）"四复查"：状态复查、问题复查、风险复查和专项复查。

8）技术问题归零"五条标准"：定位准确、机理清楚、问题复现、措施有效、举一反三。

9）管理问题归零"五条标准"：过程清楚、责任明确、措施落实、严肃处理、完善规章。

10）技术状态更改"五条原则"：论证充分、各方认可、试验验证、审批完备、落实到位。

11）问题归零"新五条标准"：眼睛向内、系统抓总、层层落实、回归基础、提升能力。

12）产品或项目"五交集"：具有"状态有变化、质量有前科、测试不到、单点失效、上天有动作"中的一条或多条特性的产品或项目。

13）"五不操作"：没有指挥不操作、口令不清不操作、设备故障不操作、协调不好不操作、不是自己分管的设备不操作。

7.2　建设规划

　　航天发射一体化管理体系规划论证主要是通过分析任务环境、确认相关方需求，论证一体化管理方针和体系范围，规划一体化管理体系架构。通常在一体化管理体系建设准备阶段或在一体化管理体系做出重大变化之前进行。

7.2.1　需求分析

　　（1）内外部环境

　　航天发射责任单位应确定与其宗旨和战略方向相关、影响其实现一体化管理体系预期结果能力的外部和内部因素，主要包括职责和使命、传统经验、地理和社会环境、基础设施和技术建设、任务及其环境变化等；分析和评审与这些因素相关的信息，如来自国际、国家、地方、行业的与政治、经济、文化、社会、技术、财政、监管、自然环境、法律法规、标准、竞争等有关的数据，与航天发射组织机构、管理模式、价值观、文化、知识、人力资源、基础设施、绩效水平等有关的信息等。

　　职责和使命：高标准推进航天力量转型发展、跨越发展、加速发展、一体发展，建成"世界一流航天力量、世界一流发射体系"是当前和今后一个时期航天发射责任单位的职责和使命，也是我国航天发射体系建设发展的战略方向。

　　传统经验：经过 60 多年的建设与发展，我国航天发射创造了辉煌业绩，并在组织管理方面积累了丰富的经验，建立了科学严谨、规范高效的组织指挥、测试发射、测量控制、任务通信和勤务保障机制，形成了独具特色的航天发射文化，为航天发射一体化管理建设发展提供了良好基础和不竭动力。

　　地理和社会环境：航天发射场地处……，在从事航天发射方面具有得天独厚的自然条件，但同时存在……不利因素。航天发射首区社会环境……，利于……，但不利……，同时，由于互联网的开放性和无边界性以及航天发射的国际性和公开性，信息安全面临威胁。航天发射射向包括……，航区经过……，导致安控管道……。航天着陆场……。

　　基础设施和技术建设：我国航天发射体系已形成布局合理、技术先进、设施齐全、配套完善的航天发射、测控和技术勤务保障体系，培养了专业合理、作风扎实、技术过硬的人才队伍，正逐步向世界一流的航天发射力量和体系迈进。

　　任务及其环境变化：在每年年度工作总结和任务部署等时机，航天发射责任单位应全面识别任务环境变化和航天发射新职能、新使命。在编制体制、职责使命发生重大变更，执行新型或重大任务，发生重大责任事故，以及相关法律法规和其他要求发生变更时，航天发射责任单位应组织识别任务环境变化和面临的机遇与威胁。

　　（2）相关方期望

　　航天发射责任单位应确定航天发射一体化管理所有相关方的需求和期望，这些需求和期望中哪些是或将可能成为法律法规要求和其他要求，并监视和评审相关方的信息及其相关要求。相关方主要包括上级部门、技术总体单位，运载火箭、航天器等研制、使用单位，航天发射中心各单位及所属人员，基础设施建设维护、物资器材供应及电力、电信、交通运输、金融服务等外部供方，进入航天发射工作场所和辖区内的其他人员，航天发射场区、着陆场等所在地党委、政府、公安、消防、医疗、卫生、环保等部门机构及周边组织、居民等。

上级要求。航天发射责任单位应持续识别并确认上级要求，包括：航天发射体系建设发展规划、能力生成模式和新型力量建设；航天发射及其相关服务；资源保证（如人力资源、设施设备、工作和生活环境、组织知识等）；组织管理（如试验管理、行政管理、资源管理、应急响应、管理体系建设等）。

所属人员需求和期望。航天发射责任单位应持续识别并确认所属人员需求和期望，包括职业健康和安全、工作和生活环境、工作有效性和效率等。

协同单位需求和期望。航天发射责任单位与相关单位协同完成上级下达的任务时，应及时识别并确认协同单位需求和期望，包括组织指挥机构及其人员构成、工作模式和基本流程，信息共享、沟通和交流的渠道、内容，工作边界和接口，资源提供和共享等。

产品部门需求和期望。航天发射责任单位应及时识别并确认执行任务的产品研制部门和单位在以下方面的需求和期望：组织指挥机构及其人员构成、工作模式和基本流程，任务流程和质量安全管理，信息共享、沟通和交流的渠道、内容；工作边界和接口，工作环境保证等。

外来施工及来访人员需求和期望。航天发射责任单位应及时识别外来施工及来访人员在健康和安全、知识和信息、工作和生活环境保证等方面的需求和期望。来访人员包括参观、访问、调研和具有其他正当目的的人员。

居民需求和期望。航天发射责任单位应及时识别在其控制和影响下的当地居民在人身和财产安全、生活环境、灾害预警等方面的需求和期望。

7.2.2　覆盖范围

航天发射责任单位应确定一体化管理体系的边界和适用性，以确定体系范围。在确定范围时，责任单位应考虑：单位外部和内部因素；相关方要求、需求和期望；组织单元、职能和物理边界；计划或实施的工作和任务，以及与工作和任务相关的过程和活动；实施控制与施加影响的权限和能力等。

一体化管理体系应覆盖航天发射责任单位控制下的和能够影响的与航天发射质量安全环境绩效直接相关的所有业务活动。范围一经界定，该范围内的所有工作和任务均需纳入一体化管理体系。范围应作为成文信息予以保持，应描述所覆盖的工作和任务类型，并可为相关方所获取。

一体化管理体系的范围一般应适用于航天发射责任单位能够控制和影响的所有活动、单位和人员，物理范围应包括航天发射责任单位管辖和能够影响的所有区域。航天发射责任单位组织和参与的所有活动应同时满足质量、安全、环境和应急响应要求，即一体化管理体系的要求，活动实施过程中一般不严格区分质量、安全、环境和应急响应要求。

7.2.3　建设路径

为实现预期结果，包括提升质量安全环境绩效，航天发射责任单位应采用过程方法，遵循 PDCA 循环及基于风险的思维，并考虑在单位所处环境和相关方要求、期望等方面所获得的信息，建立、实施、保持和持续改进一体化管理体系，包括所需的过程及其相互作用。

航天发射责任单位应确定一体化管理体系所需的过程及其在工作和任务中的应用，这包括：过程所需的输入和期望的输出；过程的顺序和相互作用；确保过程有效运行所需的准则和方法（包括监视、测量和相关绩效指标）；过程所需资源并确保其可获得；应对风险和机遇；评价过程所需变更，确保过程实现预期结果；按照软件工程化要求建立并实施相应等级的软件质量控制；改进过程和一体化管理体系。在必要的范围和程度上，保持成文信息以支持过程运行，保留成文信息以确信其过程按策划进行。

工程实践中，航天发射责任单位采用过程方法、系统工程和风险思维，基于现有条件并面向未来发展，综合考虑航天发射任务环境和发展需要、相关方需求和期望、质量安全环境管理体系标准要求，借鉴 ISO 标准高层结构，依托现有组织机构，按以下步骤建立健全满足当前和今后一个时期内航天发射要求的一体化管理体系，并加以实施、保持和持续改进。

步骤一，确定业务过程。识别确定航天发射测控、行政管理、场区社会管理、人力资源管理、设施设备管理、知识和信息管理、应急响应管理等主要业务过程。

步骤二，构建体系结构。使用过程方法，按照 PDCA 模式，基于主要业务过程，构建一体化管理体系框架，明确组织机构、职责、权限和关系。

步骤三，强化风险应对。系统全面地识别业务过程中存在的各种风险和机遇、危险源、环境因素，制定科学的风险控制、安全保证和环境预防措施。

步骤四，明确准则方法。以文件或其他方式规定业务过程控制准则和方法，以确保过程运行和控制有效。各业务过程应明确工作程序内容和方法、过程和结果标准、风险和机遇应对措施、环境因素及其控制手段、过程和结果的监视测量方法、应保留的成文信息等。

步骤五，科学资源配置。为支持过程运行和监控，提供高效的组织指挥、合格的人力资源、可靠的设施设备、安全的防护装置、科学的环保措施、优质的物资保障、正确的任务文书、有效的信息管理。

步骤六，实施过程监控。依托各级各类机构和人员，按照策划安排实施业务过程，并对其进行监视、测量、分析和评价。

步骤七，开展持续改进。针对业务过程实施中暴露出的问题和面临的风险与机遇，分析原因、制定措施、举一反三，持续改进过程效果和效率。通过内外部审核、过程能力分析、管理评审等活动持续改进一体化管理体系的适宜性、充分性和有效性。

航天发射责任单位的下属机构、部门等应识别、梳理、规范业务过程，建立符合航天发射一体化管理体系要求的相对独立的一体化管理体系，形成文件，并加以实施、保持和持续改进。

7.3　领导作用

7.3.1　管理承诺

航天发射责任单位最高管理者承诺：

1）一体化管理体系能实现预期结果；

2）对一体化管理体系的有效性负责，承担航天发射质量安全环境和应急响应的最终责任；

3）建立一体化管理方针和目标，并与航天发射所处环境相适应，与单位战略方向相一致；

4）以顾客为关注焦点，确定、理解并持续满足顾客要求以及适用的法律法规要求，始终致力于增强顾客满意；

5）将一体化管理体系要求融入航天发射工作和任务过程之中；

6）促进使用过程方法和基于风险的思维，确定和应对可能影响任务成功、人员职业健康与安全、工作合格、增强顾客满意能力的风险和机遇；

7）提供建立、实施、保持和改进一体化管理体系所需的资源；

8）向全体人员传达有效实施一体化管理和符合一体化管理体系要求的重要性；

9）支持管理人员在其职责范围内发挥领导作用；

10）建立和实施工作人员协商和参与的过程，促使人员积极参与，指导和支持他们为一体化管理体系的有效性做出贡献；

11）支持安全委员会的建立和运行，保护工作人员不因报告质量问题、安全环境事件、危险源、风险和机遇而遭受报复；

12）建立、引导和促进支持一体化管理体系预期结果的文化；

13）确保并促进持续改进一体化管理体系。

工程实践中，航天发射责任单位最高管理者通过下列活动为有效履行其承诺提供证据：

1）领导一体化管理体系建立、运行、保持和改进，对体系有效性承担责任；

2）审定、批准与航天发射环境和战略发展方向保持一致的质量安全环境和应急响应的方针、目标；

3）在一体化管理体系策划、实施、检查和改进活动中使用过程方法和基于风险的思维；

4）保证一体化管理体系要求融入业务过程，确保业务过程实施同时满足质量、安全、环境和应急响应要求；

5）提供满足一体化管理体系建设、运行和改进所需的资源，包括人力资源、基础设施、运行环境、监视和测量资源、知识和信息等；

6）通过召开会议、下发文件、开展教育、提供培训等活动，向全体人员阐明有效实施质量、安全、环境及应急响应管理和符合一体化管理体系要求的重要性，提高全体员工的质量、安全、环保和应急响应意识；

7）明确各级各类机构和人员的作用、职责和权限，保证一体化管理体系实现预期结果；

8）指导、激励航天发射责任单位所属人员为一体化管理体系的有效性做贡献，努力提高一体化管理体系的有效性；

9）有效利用监视测量、分析评价、体系审核、管理评审和问题处理、归零等活动，持续推动一体化管理体系改进；

10）支持、激励各级各类管理人员在职责和权限范围内依据一体化管理体系要求发挥领导作用；

11）在航天发射责任单位内建立、引导和促进支持一体化管理体系建设的文化。

航天发射责任单位最高管理者通过下列活动落实"以顾客为关注焦点"、保证人员设备信息安全、保护环境预防污染的管理原则：

1）在设计一体化管理体系、制定方针目标、策划业务活动时，确定、理解并持续满足适用的法律法规要求和顾客要求，关注人员设备信息安全和保护环境预防污染；

2）在实施一体化管理体系时，确定并应对影响业务活动符合性、增强顾客满意、满足人员设备信息安全要求、保护环境预防污染的风险和机遇；

3）在监视测量、分析评价、持续改进一体化管理体系时，始终致力于增强顾客满意、保证人员设备信息安全、保护环境预防污染。

7.3.2　管理方针

最高管理者应在界定的一体化管理体系范围内建立、实施和保持航天发射的质量安全环境方针。在工程实践中，最高管理者通常依据航天发射使命、责任、战略发展方向和法律法规要求，充分考虑责任单位内外部环境对业务活动质量安全的影响和业务活动对环境保护的影响，结合顾客要求和相关方需求与期望，针对业务过程性质和特点，在识别风险和机遇的基础上建立质量安全环境管理方针，即一体化管理方针。

一体化管理方针须：

1）与航天发射的使命、责任和内外环境相适应并支持航天发射责任单位的发展战略；

2）与单位的质量保证、安全风险、环境保护和应急响应等工作的性质、规模和影响程度相适应；

3）为制定和评审质量、安全、环境和应急响应目标提供框架，并科学适用；

4）满足适用法律法规和顾客要求，以及确保人员设备信息安全、保护环境预防污染；

5）保证工作人员及其代表协商和参与职业健康安全管理；

6）体现持续改进一体化管理体系，有效控制危险源、降低风险，提高安全和环境管理绩效。

一体化管理方针应在航天发射责任单位内广泛宣传、教育和培训，使相关人员能够理解方针内涵并贯彻落实。

7.3.3　职责权限

最高管理者应确保责任单位内与航天发射直接相关的岗位、职责和权限得到分配、沟通和理解，包括：

1）航天发射各业务过程获得预期输出；

2）向最高管理者报告一体化管理体系绩效和改进机会；

3）在单位范围内全面落实"以顾客为关注焦点"、保证人员设备信息安全和保护环境预防污染的原则；

4）在策划和实施一体化管理体系变更时保持其完整性；

5）一体化管理体系符合规定的管理体系标准（如 GB/T 19001、GB/T 24001、GB/T 45001）要求。

航天发射责任单位按照"谁主管，谁负责"的原则，建立组织机构、明确机构职责，保证：

1）机构内岗位、职责和权限得到分配；

2）质量、安全、环境和应急响应职责得到明确；

3）制定并落实有效的工作制度；

4）参与以下活动的人员的代表性：

——辨识危险源，评价风险和机遇；

——识别评价环境因素；

——策划消除危险源和降低质量安全环境风险的措施；

——制定并落实应急响应方案；

——调查事件和不符合（不合格），并确定纠正措施。

在工程实践中，航天发射责任单位通常会成立一体化管理体系办公室，牵头组织一体化管理体系的建立、运行、评价与改进工作，统筹各方协同推进一体化管理体系建设。

7.4　体系策划

体系策划是在识别环境因素和危险源，评价环境因素、风险和机遇，确认合规义务，规划风险和机遇应对措施的基础上，建立目标、制定达成预期结果的方案，实施一体化管理的过程。当需要变更一体化管理体系时，应考虑体系的完整性，资源的可获取性，职责和权限的分配或再分配，以及变更的潜在后果。

7.4.1　环境因素

航天发射责任单位在执行航天发射任务、开展相关活动时应基于项目、产品和服务的生命周期，识别能够控制和能够施加影响的环境因素及其环境影响，评价重要环境因素，制定控制不利环境影响的措施。环境因素识别、评价和控制措施制定的方法、程序及要求应在业务程序文件和方案中明确。应保持成文信息的有效性，包括环境因素及其相关环境影响、用于确定重要环境因素的准则、重要环境因素等。

环境因素识别应考虑三种状态，即正常、异常和紧急状态；三种时态，即过去、现在和将来；八种类型，即向大气排放、向水体的排放、向土地排放、原材料和自然资源的使用、能源使用、能量释放（如热、辐射、振动、噪声、光等）、废物和/或副产品的产生、空间利用。重要环境因素评价准则和方法须以国家和行业的有关法律法规和标准为准绳，符合航天发射责任单位所处社会、地理和自身业务特点，考虑合规义务和相关方的关注点，并在业务程序文件和方案中明确。

7.4.2　风险机遇

航天发射责任单位在执行航天发射任务、开展相关活动时须持续、主动地进行危险源辨识、风险评估和机遇评价，在工程实践中，三者通常一并进行。发生变更时，应在变更前识别相关的危险源和风险，制定控制不利影响的措施。危险源辨识、风险评估和机遇评价的方法、程序及要求应在业务程序文件和方案中明确。

（1）危险源辨识

航天发射危险源辨识应考虑但不限于：任务环境，工作形式、领导作用和组织文化，航天产品、设施设备和人员状态，航天发射常规和非常规活动，历史事件（包括紧急情况及其原因），潜在紧急情况，已变更或计划的变更等。

（2）风险评估

风险评估通常与危险源识别一并进行。航天发射风险评估应与业务过程特点和输出要求相适应，以确保全面识别评价危险源所导致的风险，并考虑现有控制措施的有效性。风险评价准则和方法应能过滤掉不须考虑风险，区分可接受和不可接受风险，提供风险优先次序。航天发射责任单位应按照风险评价准则和方法，在年度一体化管理体系运行策划时，全面识别危险源、评价风险；在实施航天发射时，针对具体任务流程和工作活动等识别危险源、评价风险。

（3）机遇评价

机遇和风险通常是同一问题的两个方面，鉴于航天发射高风险的特点和高可靠性的要求，工程实际中，在进行机遇评价时须充分考虑可能存在的风险，并与业务过程特点和输出要求相适应。

机遇评价应考虑但不限于：优化流程、改进质量；提高绩效、改善环境；消除危险源、降低风险；持续改进一体化管理水平。

（4）合规义务

航天发射责任单位应全面识别在航天发射活动中需要遵守的国家、行业和地方的法规标准和单位做出的承诺，据此建立质量、安全、环境和应急响应法规标准体系表，作为单位的合规义务，并在业务程序文件和方案中明确如何将其落实到具体工作活动中。法规标准体系表除进行定期更新外，还应在合规义务发生变更时及时更新。

7.4.3　措施策划

为确保航天发射任务质量、应对识别的风险和机遇、管理重要环境因素、有效履行合规义务，并对紧急情况做出准备和响应，航天发射责任单位应制定相应的控制措施，明确将控制措施融入任务流程和工作程序的办法，确定如何评价控制措施有效性的方法。

在策划控制措施时，航天发射责任单位应当考虑控制层级、任务节点、最佳实践模式、可选技术方案和可行性；对于任何策划的控制措施，还应考虑非预期后果的可能性。

航天发射责任单位应确定评价所采取措施的有效性的方法，适用时，包括统计学工具、实证验证和比较分析等。

7.4.4　目标实现

航天发射责任单位应针对相关职能、层次和一体化管理体系所需的过程建立质量安全环境和应急响应目标，以保持和持续改进一体化管理体系绩效。

目标应：

1）在相关职能、层次和任务策划时建立；

2）与方针保持一致，适当时更新；

3）质量目标可测量，安全、环境和应急响应目标能进行绩效评价；

4）满足航天发射任务要求、增强顾客满意、保证人员设备信息安全、保护环境预防污染、遵守适用的法律法规和其他要求；

5）得到监视，予以沟通，适时更新；

6）考虑了：

——识别评价风险和机遇的情况；

——重要环境因素；

——与相关方协商的结果。

在策划如何实现目标时，航天发射责任单位应确定：

1）要做什么；

2）需要什么资源；

3）由谁负责；

4）何时完成；

5）如何评价结果，包括评价时所需的参数；

6）如何将实现目标的措施融入业务过程。

工程实践中，航天发射责任单位建立并实施一体化管理目标及实现方案的管理程序，确保按要求建立质量、安全、环境和应急响应目标，制定并实施目标实现方案。

7.5 支持保障

支持保障是为圆满完成航天发射任务提供直接支持的过程，通常包括资源提供、知识信息、外包过程、应急响应、秩序管理和公共管理等。

7.5.1 资源提供

航天发射责任单位须确定并提供航天发射所需资源，包括一体化管理体系建立、实施、保持和持续改进所需的资源。

（1）人力资源

应建立并实施人力资源管理程序，确定并配备所需的人员，以有效实施航天发射一体化管理。

①岗位设置与能力需求

依据单位编制和职能，细分岗位设置，确定每个岗位的职责，明确以下岗位的能力要求：直接参加航天发射任务的岗位（简称参试岗位）；有执业资格要求的岗位；其他对一体化管理体系绩效有影响的岗位。

②人员配置、培训与考核

按照岗位设置和能力要求配置所需人员，配置包括使用所属人员和借调外部人员等。

适用时，采取包括培训在内的适当措施，确保人员能力满足岗位要求。应确定与质量、安全、环境和应急响应相关的培训需求，并提供培训或采取其他措施以满足这些需求。培训包括岗前培训、针对性训练、继续教育、下厂学习、研讨交流等。

从教育、培训、技能或经历等方面评价定岗人员能力，定岗人员经考核并取得相应岗位资格后才能上岗。

③意识

采取动员、教育、宣传和设置警示、提示标识等方式，不断增强人员的质量、安全和环境意识，使全体人员知晓：

1）一体化管理方针；

2）一体化管理体系建立和有效运行的重要性；

3）所从事的工作对圆满完成航天发射任务的重要性；

4）与本岗位相关的目标、危险源、风险、环境因素和相应的措施；

5）个人在质量保证、安全防护、环境保护和应急响应方面的作用与职责；

6）偏离一体化管理体系规定的行为可能导致的后果；

7）相关事件及调查结果；

8）能够有效规避和降低危险的技能。

（2）设施设备

依据设施设备管理职责和设施设备特点，可将设施设备划分为试验、特燃发电、通用、营房营具、运输、医疗卫生和物资等，应分别根据设施设备特点建立并实施相应的管理过程。

①设施设备提供

应根据任务、安全和环境要求，结合单位发展规划和相关方需求与期望，确定并提供以下基础设施：

1）厂房、机房、场坪等工作场所和相关设施；

2）测试发射、测控通信、搜救回收和技术勤务保障装备，包括相应的软件；

3）运输、卫勤、通信、信息系统等支持性服务设备；

4）职业健康保证和安全防护用装置；

5）环境保护、废物处理和污染物控制用设施；

6）应急响应用设施设备。

②设施设备管理、使用和维护

设施设备管理、使用和维护，须：

1）建立设施设备台账，并做到账物相符；

2）识别并落实相关的法规标准；

3）识别评价可能存在的危险并制定落实相应措施；

4）识别评价重要环境因素并制定落实相应措施；

5）在操作规程或使用手册等作业文件中明确设施设备使用过程中存在的危险及其应对措施；

6）按照检查维护制度对设施设备进行日常维护和管理；

7）制定检修检测计划，按照检修检测规范，对设施设备实施检修检测；

8）设施设备发生故障时，应及时组织维修，必要时采取纠正措施；

9）定期或专项检查设施设备的状况，及时对其进行改造、维修和维护，确保满足相关要求；

10）适用时，设置警示、提示和指导性标识；

11）保留设施设备日常维护、检修检测、故障维修的记录。

（3）监视和测量资源

当利用监视和测量来验证业务活动及其结果是否符合要求时，应提供所需的资源以确保结果有效和可靠。

航天发射责任单位须确保提供的监视和测量资源：

1）适合于所进行的监视和测量活动；

2）得到维护，持续适用；

3）监视和测量设备的计量特性与监视和测量的要求相适应；

4）保留适当的成文信息，作为监视和测量资源适合其用途的证据。

当要求测量溯源时或认为测量溯源是信任测量结果有效的基础时，须：

1）按照规定的时间间隔或在使用前进行校准和（或）检定（验证），使其量值溯源到国际或国家测量标准，当不存在上述标准时，应根据监视和测量要求建立校准或检定依据；

2）由经授权、有资格的人员按照规定程序调整测量设备，以防止测量失效；

3）对不符合要求（如失效、损坏等）的测量设备采取措施（如重新校准、维修、更换或报废等），并对以往测量结果的有效性进行评价或复测；

4）对用于监视和测量的计算机软件进行验证或保持其适用的配置管理，以确认其满足预期用途；

5）防止可能使校准状态和随后的测量结果失效的损坏或劣化；

6）保留监视和测量装置满足要求的证据。

（4）工作环境

须根据航天发射任务需要，确定并提供满足任务要求的工作环境，包括人为因素和物理因素。人为因素主要包括工作秩序、活动界面、质量文化、安全意识、精神状态、协同氛围等。物理因素主要包括电磁兼容、温度、湿度、洁净度、多余物、照度、噪声、振动、冲击、静电、磁场、辐射、腐蚀、含氧量、有毒气体浓度、安保和卫生等因素。

7.5.2　知识信息

（1）知识管理

在进行航天发射任务策划时，应识别所需知识并确认能及时有效获取的途径。这些知识应予以保持，并在必要范围内可及时得到。

在工作谋划和总结时应审视现有知识，确定如何获取更多必要知识和如何进行知识更新，以应对不断变化的需求和发展趋势。

知识管理应融入航天发射任务过程中，并通过教材编著、任务资料归档、骨干人才保留、以老带新等方式实现知识传承。条件允许时，应规范知识创新、获取、存储、共享、使用和鉴别等管理活动。

（2）任务软件与办公信息系统

任务软件包括航天产品上所用软件、航天产品测试用软件、航天发射指挥调度用软件、航天发射数据处理软件、航天发射测量控制用软件等，应建立实施任务软件管理程序，确保：

1）对任务软件进行统一管理；

2）规范任务软件配置管理；

3）任务软件开发满足行业内对软件工程化的要求；

4）任务软件维护按照申请、批准、实施、复查、回归测试、评审等步骤实施；

5）对参试计算机系统采取防病毒措施。

应建立实施办公信息系统管理程序，确保其信息安全、功能性能经评审确认满足要求。

（3）成文信息

成文信息包括航天发射任务所需的公文、技术文件、结果记录和体系所要求的其他成文信息。应建立实施成文信息管理程序以规范其管理。

在创建、更新公文和技术文件时，应确保适当的标识和说明、适用的格式和载体，并经过评审和批准。

应对成文信息进行控制，以确保：

1）成文信息得到妥善保护；

2）在需要的场所和时机可获得且有效、适用；

3）按权限分发、访问和使用；

4）任务文书沿用经过批准；

5）适用时，实施检索、版本控制、集中保留和销毁。

对航天发射任务所需的外来成文信息，应进行识别并予以控制。对作为符合性证据的成文信息，应予以保护，防止非预期更改。

（4）沟通

航天发射所有业务过程均应确定并实施有效的内外部沟通，并在业务程序文件和方案中明确沟通什么、何时沟通、与谁沟通、如何沟通、谁负责沟通。

航天发射责任单位应在其不同职能和层次间有效开展一体化管理体系沟通，保证其不同职能和层次间的工作协调一致，保证工作人员适当参与危险源和环境因素辨识、风险评价和控制措施制定、质量问题归零、相关事件调查、不合格纠正和纠正措施制定与落实等。

航天发射责任单位应与进入工作场所的承包商和其他访问者进行沟通，确保人员安全；应与外部相关方就安全和环境事务进行协商，包括变更的影响、合规义务、相关方的意见等；应对外开展一体化管理体系建设情况交流，并确保信息真实可靠。

7.5.3 外包过程

外包过程即对由外部提供的过程、产品和服务进行有效控制的过程。

（1）总则

外部提供的过程、产品和服务包括航天发射责任单位采购的设施设备、备品备件、物资器材和外包的基础建设、技术改造和服务等。适用时，采购也包括代购的特燃特气。

应基于供方按照要求提供过程、产品和服务的能力，确定并实施评价、选择、绩效监视以及再评价供方的准则，以确保有效识别并控制外包过程风险。

针对在航天发射责任单位内开展工作的承包方，航天发射责任单位应与承包方协调采购过程，提出并落实危险源辨识、风险评估和控制要求。

应根据对供方进行评价的结果编制合格供方名录，作为选择供方和采购的依据。在合格供方名录外选择供方时，应按规定履行审批手续。

（2）提供给供方的信息

在将采购信息提交供方前应经核对、评审或审批，确保对外部供方提供的过程、产品和服务的要求是适宜的、充分的。

应针对预采购的过程、产品和服务与外部供方沟通以下要求：

1）拟提供的过程、产品和服务；

2）对以下内容的批准：

——产品和服务；

——方法、过程和设备；

——产品和服务的放行。

3）外部供方与单位的互动；

4）适用时，确定对外包过程的环境要求；

5）适用时，确定对外包过程的安全要求；

6）对供方绩效的控制和监视；

7）拟在供方现场实施的验证或确认活动。

（3）控制类型和程度

应对外包过程进行控制，确保其：

1）符合法律法规和其他要求；

2）处于航天发射责任单位一体化管理体系的控制之中；

3）对外部供方及其提供的过程、产品和服务实施有效的控制；

4）实施必要的验证或其他活动，保证外部提供过程、产品和服务满足要求；

5）采购新设计开发的产品时，采购项目和供方确定应经充分论证，并履行审批手续；

6）不会对航天发射产生不利影响。

（4）采购产品和服务的验证

采购单位根据采购产品和服务对航天发射任务的影响程度及其特性，制定验证和放行准则，据此对采购产品和服务进行验证。

大型装备的采购，须：

1）按合同要求进行出厂（所）验收；

2）按安装调试大纲进行现场安装调试；

3）通过航天发射任务使用验证后，召开专项评审验收会验收移交；

4）当委托供方进行验证时，应规定委托的要求；

5）采购新设计和开发的装备，经验证合格后方可使用。

7.5.4　其他

除资源提供、知识信息、外包过程外，与航天发射任务相关的其他支持保障的过程还有应急响应、秩序管理和公共管理等。

（1）应急响应

航天发射责任单位应针对识别的潜在紧急情况，按以下要求建立、实施并保持应急响应过程：

1）制定预案（包括紧急救援），提供预案所需资源；

2）对预案相关人员进行培训；

3）定期对预案进行评审或演练；

4）及时评价预案的可行性和实用性（尤其紧急情况发生后），必要时修订预案；

5）与所有工作人员沟通并告知其义务和职责；

6）适用时，与承包方、访问者、应急响应服务机构、政府部门、当地社区沟通相关信息；

7）应考虑所有相关方的需求和能力，适当时，邀请其参加预案制定。

（2）秩序管理

秩序管理（包括安全保卫）应针对航天发射任务过程识别任务区域和现场危险源、重要环境因素等，评估风险并制定应对措施，建立管理制度、制定方案预案、规范各类秩序，包括：

1）进出发射场区和重要场所的人员、物品和车辆等；

2）重要场所的警卫；

3）任务区域警戒、巡逻；

4）作业现场秩序；

5）首长安保；

6）其他需重点保护的对象等。

（3）公共管理

公共管理主要包括航天发射场区内的公共环境建设规划、自然资源开发与利用、环境绿化美化、能源节约、治安管理、交通管理和污染防治等。

航天发射责任单位应确认责任范围内的公共环境和安全因素，严格落实法律法规和上级要求，兑现内外部承诺，完善公共环境设施和医疗卫生保障条件，健全突发公共卫生事件处置方案预案，加强公共环境管理，配齐所需资源，确保公共环境安全、文明、美好，保证所属人员职业健康安全权益落到实处。

7.6　任务发射

任务发射是以航天产品在发射场的测试发射流程为主线，以将航天器送入预定轨道及安全返回为目的的航天活动，也是一体化管理体系的核心过程。

7.6.1　任务要求

（1）要求确定

通过上级通知、协调会、相关方到发射场和着陆场实地考察等方式，识别确定任务要求，这包括：

1）航天产品对发射场、着陆场的技术要求；

2）上级对航天发射任务的指示、规定和要求；

3）适用法规标准规定的须达到的要求；

4）对相关方的承诺，包括在航天发射测控、搜救回收及相关服务质量、人员安全和环境影响等方面的承诺；

5）其他隐含的要求。

（2）顾客沟通

应保持与顾客的有效沟通，以及时采取有效措施，增强顾客满意。沟通的内容包括：

1）航天发射任务信息；

2）必须的服务保障；

3）顾客反馈的信息，包括意见和建议；

4）对顾客要求的处理情况；

5）顾客财产的处置、防护；

6）适用时，有关应急措施的要求。

沟通方式主要有电话、传真、信函、调研、会议、简报、检查评审、公文等。

应保留与顾客沟通及针对问题所采取措施的成文信息。

（3）要求评审

应对任务要求进行评审，以确保其正确且能够被满足。当任务要求没有形成成文信息时，在接受要求前应对该要求进行确认。当任务要求的表述与以前表述不一致时，主动与提出要求的单位进行沟通并达成共识。当任务要求发生变化时，应及时将变更信息传达到相关单位和人员，以确保相关文件得到更改、相关人员获悉已变化的要求。当任务要求变更影响到顾客要求时，应征得顾客同意。

评审通常采用会议、文件会签、审批等方式进行。应保留评审结果和新要求的成文信息。

（4）要求更改

任务要求发生更改时，须确保更改得到批准，相应的成文信息得到修改。适用时，须形成技术状态更改申请单或通知单，并发送到相关组织和人员，确保相关单位和人员知道任务要求更改的内容。

7.6.2　任务策划

策划是基于航天发射任务要求，依据组织实施程序文件，将完成任务的各项要求转换为具有期望质量、安全、环境和应急响应特性的组织指挥、测试发射、测量控制、信息通信、技术勤务保障的活动和与活动相关的方案、预案、工作程序、方法、准则和计划等的一组过程。

（1）基本要求

依据任务过程特点，逻辑上将一次航天发射划分成三个阶段，即任务准备阶段、任务实施阶段和任务总结阶段。工程实践中，由于多型号航天发射并行进行和同型号多次航天发射连续执行，存在任务准备、实施和总结合并进行与交叉的情况，因此，三个阶段的划分在工程实践中不是绝对的。

任务准备阶段从接到任务通知到航天产品进场，主要完成航天发射任务的策划和设计开发、人员定岗定位及训练考核、设施设备检修检测、任务文书准备等工作。任务实施阶段从航天产品进场到航天器入轨/回收，主要完成航天产品的测试发射、测量控制、残骸搜索、回收、航天员搜救及相关服务。任务总结阶段从航天器入轨/回收完成到技术和工作总结完成，主要完成设施设备恢复、数据处理、任务数据分析、航天发射任务技术和工作总结。

依据任务实施过程特点和航天发射系统构成，可将一次航天发射任务的实施分成五个过程，即组织指挥过程、测试发射过程、测量控制过程、信息通信过程和技术勤务保障过程。在工程实践中，由于不同类型的航天发射之间和同类航天发射的不同型号之间，组织实施模式存在差异，五个过程的划分在工程实践中不是绝对的。

组织指挥过程是指各级组织指挥机构按照职能分工对航天发射任务进行组织、计划、协调和控制的过程。测试发射过程是指对航天产品进行的卸车、吊装、测试、转运、加注、发射、回收和航天员搜救等一系列活动的过程。测量控制过程是指对航天产品进行跟踪测量和控制，获取、处理、显示航天产品飞行数据和图像的过程。信息通信过程是指为航天发射任务的组织指挥、测试发射、测量控制及技术勤务保障提供通信支持的过程。技术勤务保障过程是指为航天发射任务提供信息安全、气象、保卫、宣传、运输、卫勤、特燃特气、计量、电磁兼容、发供电、水暖、空调、消防等保障的过程。

（2）策划输入

在策划活动实施之前，应确保输入是充分的、有效的。输入通常包括：

1）任务成功判据；

2）需要遵守的法规标准规范；

3）航天产品对发射场、着陆场要求；

4）任务过程及结果需满足的要求；

5）关键因素和薄弱环节；

6）技术状态变化；

7）类似任务策划的输出和完成情况；

8）相关方对安全和环境方面的要求；

9）前期任务准备情况；

10）其他附加要求。

（3）确定目标

依据策划输入、主要工作内容和一体化管理体系要求，开展任务可靠性、安全性和环境因素分析与评估，充分识别任务质量特性、风险和重要环境因素，确定本次任务的质量、安全、环境和应急响应目标及达成目标的主要措施。

航天发射责任单位内各职能层次均应在上级目标的基础上确定本单位的目标及达成目

标的主要措施，适用时在质量风险环境计划中明确。

（4）制定计划

根据任务要求、目标，制定各类工作计划。主要包括：

1）组织指挥机构、职责、成员，组织指挥关系和决策机制，信息传递和内外部沟通方式方法；

2）任务放行准则和评判标准；

3）工作范围、进度计划、资源需求；

4）岗位设置及能力要求；

5）人员定位、训练和岗位能力确认；

6）参试设施设备准备、使用、运行检查；

7）系统间接口标准、状态、信息交换内容和格式、通信协议；

8）参试软件及其工程化管理要求；

9）技术操作协同指挥关系、内容、步骤、时机、位置；

10）工作环境要求及主要措施；

11）安全保证要求及主要措施；

12）环境影响要求及主要措施；

13）外部供方提供过程、产品和服务及控制方式和程度；

14）任务文书要求；

15）所需的监视测量活动；

16）发射场区质量风险环境计划，内容主要包括目标，工作项目及其控制措施，阶段放行准则及其落实办法，关键过程标识及其控制等。

（5）确定成文信息需求

确定证明任务过程及结果满足要求和满足任务过程及结果可追溯性要求所需的成文信息需求。主要包括：

1）定岗定位、培训及岗位能力确认；

2）设施设备检修检测和运行监测；

3）监视测量设备校准鉴定与使用；

4）工作环境监测与调控；

5）航天产品检查、装配、测试、加注、发射；

6）联试联调、合练、联合检查；

7）航天产品飞行的测量控制；

8）航天产品搜索和回收，航天员搜救；

9）测发项目调整和技术状态更改；

10）风险控制；

11）环境保护；

12）应急准备与响应；

13）质量评审、验证与确认

14）质量问题及其处理等。

（6）策划控制

策划的输出应满足输入要求，并在实施前得到批准。适用时，应对策划结果进行评审，评审主要以会议评审、文件会签和审签等方式进行，目的是确保策划的结果满足要求和识别、评估存在问题并纠正。策划的变更应经过批准，并采取措施减轻不利影响。

7.6.3　设计开发

设计开发的范围包括航天发射任务用测试发射工艺流程、总体技术方案、接口控制协议、跟踪方案、运输方案、操作规程和计算机软件等，上述流程、方案、协议和软件的修改视为设计开发更改。

（1）设计开发策划

考虑设计开发的性质、持续时间、复杂程度和顾客及相关方期望的控制水平等，确定：

1）设计开发的工作阶段和关键节点；

2）适用的设计开发评审、验证和确认活动；

3）设计和开发过程的职责和权限；

4）参与人员之间和不同小组之间的接口控制要求，职责分工和工作协调机制，沟通时机和方式；

5）顾客和使用单位参与设计和开发过程的需求；

6）所需的内外部资源等。

在策划设计和开发活动时，设计开发、组织实施和操作使用等人员共同参与，确保：

1）识别制约设计和开发的关键因素和薄弱环节及其相应的措施；

2）落实标准化要求，确定设计和开发中使用的标准和规范；

3）采用优化、冗余和环境适应性等工程技术，确保航天发射任务的可靠性、安全性、符合性、及时性、完整性和保密性；

4）对航天发射任务进行分析，为确定关键过程提供依据；

5）重大技术状态更改、使用新研和大修改造后的大型装备应经过论证和验证；

6）按规定要求确定并提出须向相关方提供的保障资源；

7）对参与设计开发的供方的质量控制；

8）提出监视和测量需求；

9）对计算机软件需求分析、设计、实现、测试、验收、交付和使用的全过程进行策划，落实软件工程化要求。

随设计开发工作的进展，适当时对策划的输出予以更新。

应保留有关设计和开发策划的成文信息。

（2）设计开发输入

在设计开发活动实施之前，应确定其输入。包括：

1）对发射场、着陆场的技术要求；

2）适用的法律法规以及需要引用的标准和规范；

3）类似航天发射任务的设计开发信息，以往任务的技术资料和数据；

4）需要沿用、研制或改造的设施设备（包括计算机软件）需求；

5）新增的航天发射任务项目；

6）系统故障可能导致的后果；

7）其他要求。

应通过会议、纪要、会签、审签、审批等方式，评审设计开发输入的充分性和有效性，确保设计开发要求完整、清楚，避免互相矛盾。

应保留有关设计开发输入的成文信息。

（3）设计开发控制

依据设计和开发策划的安排对设计和开发进行控制，以确保得到预期的结果。包括：

1）实施评审活动，评价设计开发的结果是否满足要求；

2）实施验证活动，确保设计和开发的输出满足输入的要求；

3）实施确认活动，确保航天发射产品和服务满足规定的要求；

4）针对评审、验证和确认过程中确定的问题采取必要措施；

5）控制技术状态更改，更改须满足技术状态更改"五条原则"要求；

6）保留这些活动的成文信息。

可根据航天发射任务的具体情况和设计开发的复杂程度，以单独或任意组合的方式实施设计开发的评审、验证和确认活动。设计开发的确认应邀请顾客参加，当顾客要求时，评审和验证活动也应邀请顾客参加。

（4）设计开发输出

设计开发的输出须：

1）满足输入要求；

2）符合一体化管理体系要求；

3）包含监视测量要求和放行准则；

4）规定质量、安全、环境控制要求；

5）规定必需的保障条件；

6）适用时，包含异常情况处置。

应保留设计和开发输出的成文信息。

（5）设计开发更改的控制

需要对设计开发进行更改时，按以下要求实施控制：

1）识别设计和开发更改需求；

2）对设计开发的更改进行适当的评审、验证和确认，并在实施前得到批准；

　　3）对重要设计的更改，进行系统分析和验证，评价更改对航天发射任务进程、结果和已完成工作的影响；

　　4）设计开发的更改符合技术状态管理要求。

　　应保留设计开发更改、评审结果、更改授权和为防止不利影响而采取措施的成文信息。

　　（6）新产品和服务确认

　　新产品和服务确认特指航天发射任务的首次合练，新建发射工位、测试厂房、大型参试设备等首次启用时进行的验证性试验。

　　在首次合练和验证性试验实施前，对准备工作进行评审，包括：

　　1）设施设备建设、改造及其与试验产品要求的符合性；

　　2）人员技能的符合性；

　　3）有关环境因素识别、评价及控制措施的适用性、充分性和有效性；

　　4）有关危险源辨识、风险评价及控制措施的适用性、充分性和有效性；

　　5）应急预案的可行性和有效性；

　　6）任务文书的完整性和可行性；

　　7）其他要求。

　　在首次合练和验证性试验完成后，对合练和试验过程及结果进行总结评审，主要包括：

　　1）合练或试验的最终结果；

　　2）工艺流程和方案预案的科学性、合理性；

　　3）设施设备（包括软件）的可靠性、安全性和环境适应性等；

　　4）任务文书的正确性、完整性和适用性；

　　5）航天产品与发射场、着陆场的协调性、匹配性；

　　6）指挥操作的科学性；

　　7）质量、安全、环境和应急响应绩效监测的结果。

　　新建发射工位、测试厂房、大型参试设备在合练和验证性试验后至正式移交前，应按规定完成移交准备工作。顾客要求时，应邀请顾客参加移交验收。

　　应保留新产品和服务确认过程和采取措施的成文信息。

　　（7）试验控制

　　对航天发射任务中新增或存在重大技术状态变更的项目进行试验验证时，应按照以下要求进行控制：

　　1）在试验前编写试验大纲、试验流程或组织实施方案；

　　2）组织召开协调会，会签试验大纲、试验流程或组织实施方案；

　　3）做好试验前的准备，并实施状态检查；

　　4）按照试验大纲、试验流程或实施方案组织试验，控制试验过程；

　　5）变更试验大纲、试验流程或组织实施方案时应经过批准；

6）按规定的程序收集、整理任务数据和原始记录，保证任务数据的完整性和正确性，分析评价试验结果；

7）对试验中暴露的质量问题进行归零处理。

试验大纲及其变更应得到顾客同意，必要时邀请顾客参加试验，试验结果应向顾客通报。

应保留试验过程、结果及采取措施的成文信息。

7.6.4　任务实施

（1）总要求

应按照策划和设计的安排执行航天发射任务，确保：

1）成立各级组织指挥机构；

2）获取满足要求的航天发射任务文书；

3）提供适宜的设施设备和工作环境；

4）配备具备能力的人员，能力包括所要求的资格；

5）获得和使用适宜的监视和测量资源；

6）采取措施防范人为差错；

7）开展监视和测量活动，验证是否符合过程控制准则和阶段放行准则；

8）落实安全措施，保证人员、航天产品和设施设备安全；

9）落实环境保护措施，保证对环境的不利影响控制在预期范围内；

10）按预案处置紧急情况，无预案时，按组织指挥原则处置紧急情况；

11）实施放行、交付和交付后活动。

（2）任务准备阶段

航天发射责任单位应依据年度任务计划、阶段任务密度和任务类型，使用"5＋4＋1"模型，即五个全面覆盖、四项重点工作和一个薄弱环节（见 4.1 节），统一策划并组织任务准备活动。

航天发射责任单位应对任务准备情况进行评审，包括：

1）对定岗人员能力进行确认，确保其具备胜任岗位工作的能力；

2）对设施设备的检修检测和运行检查结果进行评审，确保其功能性能满足要求；

3）对任务文书准备情况进行检查，确保其正确、有效和齐全；

4）对任务保障准备情况进行检查确认，确保其满足任务需求；

5）对任务风险机遇、薄弱环节及其应对措施进行评价，确保能达到预期目的。

（3）任务实施阶段

成立由各责任单位组成的航天发射场区指挥部、着陆场区指挥部（所），下设质量安全、测试发射、测控通信、勤务保障等职能机构，对航天发射进行统一的组织指挥、协调控制。

指挥部（所）应及时将航天发射任务策划、设计和开发的输出下发至相关单位；根据工艺流程和进度要求制定工作计划，依据实施方案组织开展工作；需多岗位协同完成的工作应制定协同指挥程序并按其要求实施。

各职能机构应按照分工进行指导把关，适时检查纠正任务中存在的问题，确保各项活动组织有序、结果满足要求。质量安全机构组织放行评审确认，满足放行条件且通过评审后方可开展后续工作。

岗位人员经考核确认能胜任工作。设施设备经验证功能性能满足要求。涉及关键或重要特性的设备/器材代用时应经评审确认后方可使用。监视测量设备须经校准检定且适合于监视测量活动。计算机软件须满足配置管理要求。航天产品按照测试细则和操作规程的要求进行测试，经测试数据判读比对并履行签字手续后方可交付和放行。工作环境须采取有效措施以满足工作条件要求。

技术操作控制应保证岗位人员能及时得到有效的成文信息，适时组织方案学习和预案演练，落实"班前班后会""三检查"制度，坚持"双岗""五不操作"原则，适时进行技术状态确认，严格按规程操作，及时对测试数据进行判读比对。

关键过程控制应针对过程的特点设置控制点，对关键参数和重要特性进行监视和控制，适用时在过程实施前组织联试或演练、实施后组织结果确认，保持过程的可追溯性。

（4）任务总结阶段

按规程、规范进行设施设备撤收和状态恢复；按批准的方案组织数据处理分析、结果评价；按程序组织射后事件的处置；按策划的安排做好任务技术和工作总结，技术总结中应包含质量风险环境计划落实情况和质量安全环境目标完成情况。

7.6.5　专题活动

（1）特殊过程确认

点火发射活动属于问题在航天发射实施后才显现出来的过程，应通过临射检查、最低发射条件确认和签署发射任务书的形式对其实现策划结果的能力进行确认。

航天产品飞行测控活动属于问题在跟踪测控后才显现出来的过程，应通过联调联试和任务评审对测控过程完成任务的能力进行确认。

适用时，特殊过程确认应注意过程实施时的方案预案，航天产品和设施设备的技术状态，关键岗位人员的资格，备用设备、备品备件的功能性能。

（2）技术状态管理

技术状态包括航天产品、设施设备（含软件）和系统及系统间的技术状态，按以下要求进行管理：

1）对各项测试和操作的技术状态进行标识，并在相应的技术文件中予以明确；

2）技术状态应逐级审核批准，保证文、图、实物一致，系统间技术状态关系相互协调；

3）在技术操作前，落实航天发射任务规章制度要求，依据技术文件规定对技术状态进行检查和确认；

4）技术状态更改须按照状态更改"五条原则"要求执行。

应保留技术状态标识、审核、控制和纪实的成文信息。

（3）标识与可追溯性

适用时，在航天发射任务全过程采用适宜的方法对任务文书、设施设备、仪器仪表、航天产品、数据载体、过程和结果记录进行有效标识，确保任务文书、仪器仪表不会发生错用，航天产品、设施设备的状态得到有效识别，数据载体、过程和结果可以追溯。

应对关键过程进行可追溯性标识和纪实，并保留所需的成文信息以实现可追溯。

航天产品须实施批次管理，确保：

1）按批次建立记录，详细记录投料、加工、装配、调试、检验、交付的数量、质量、操作者和检验者，并按规定保存；

2）航天产品的批次记录与原始信息保持一致；

3）能追溯航天产品交付前的情况和交付信息。

（4）任务阶段性放行

按航天发射任务质量评审与放行程序和策划的安排组织阶段性质量评审，依据阶段放行准则和标准放行阶段性工作。

阶段性放行的通用条件包括：

1）严格按照测试发射流程和技术文件的要求，完成了计划内的工作；

2）依据航天产品质量保证策划和发射场质量风险环境计划，质量安全控制充分有效，不利环境影响控制在预期范围内；

3）航天产品功能正常，参数合格，性能指标满足规定要求，符合产品放行准则条件；

4）地面设施设备功能性能满足要求；

5）系统接口匹配，电磁兼容；

6）出现的质量问题已按照"双五条"归零标准完成归零工作或经分析确认有不影响任务成功的结论；

7）后续准备工作符合技术文件要求，人员配置到位、能力胜任岗位工作，关键环节的质量保证和危险环节的安全保证措施满足要求。

应保留任务放行的成文信息，包括：符合接收准则的证据，可追溯到授权放行人员的信息。

（5）不合格输出控制

应确保不合格的航天产品、设施设备、计算机软件、技术文件和不满足要求的环境条件得到识别和控制，防止非预期的使用或交付。

按以下要求控制不合格输出：

1）存在质量问题时，质量问题应归零或有不影响航天发射任务成功的结论；

2）适用时，对不合格输出进行纠正之后，应验证其是否满足要求；

3）不具备纠正条件的不合格输出，应在获得上级放行的授权后才能放行；

4）当任务要求不适用时，应按照任务要求更改程序报批。

应保留不合格现象、不合格原因、不合格处置措施和验证情况、不合格放行的意见、授权放行的证据等成文信息。

（6）顾客和外部供方财产管理

应按以下要求管理顾客和外部供方的财产：

1）接收和移交顾客或供方财产时履行交接手续，并进行登记；

2）按操作规程和工作条件使用顾客和供方的设施设备；

3）按航天产品技术要求在测试、存放、转运中对其进行标识；

4）在维护、使用、搬运、保存过程中采取有效防护措施，保证顾客和供方财产安全；

5）未经顾客或供方同意，不得将其财产提供给第三方；

6）向顾客和供方及时通报其财产丢失、损坏和不适用情况。

（7）产品防护

在航天发射任务实施全过程中，针对任务实施过程中产生的各种数据信息，严格落实数据信息安全管理规定，保护知识产权。

针对记录各类数据信息的载体采取适当的防护措施，如妥善标识、包装和密封等，防止数据信息在传递过程中损坏、丢失和失控。

（8）交付和交付后活动

产品和服务的交付活动贯穿于航天发射任务全过程。

在任务准备阶段，通过向顾客报告或通报任务准备情况，接受任务准备检查评审，参加总体协调会等活动，向顾客表示具备航天产品进场条件。

在任务实施阶段，与顾客一起实施发射场区、着陆场的组织指挥，完成航天产品的测试发射、测量控制、搜索回收和航天员搜救；向顾客提供通信、气象、运输、吊装、转运、供电、供气、推进剂和救护等相关保障服务，航天产品阶段测试结果、阶段质量评审报告，航天产品飞行中的跟踪测量数据和控制结果等，表明航天发射任务过程和结果满足预期要求。

在任务总结阶段，按要求向顾客提供航天产品跟踪测量数据、任务结果分析报告、航天发射任务技术和工作总结报告等，表明提供的服务满足预期的要求。

产品和服务交付后活动主要有协助相关方进行事后数据分析，收集和分析航天发射任务各阶段的质量、安全和环境信息，完成顾客提出的经确认的其他交付后活动。

7.7 评价与改进

7.7.1 绩效评价

（1）监测与评价

一次航天发射任务的绩效评价（包括任务过程及其支持过程）应融入到任务的实施过程之中，并在任务工作和技术总结报告中体现。一定时期的航天发射任务绩效评价通常结合专项工作进行，如质量专项整顿、某大型航天工程总结等。年度航天发射任务绩效评价应融入年度工作总结中。一体化管理体系的绩效评价应融入体系的内外部审核和管理评审中。

航天发射责任单位应按职责分工监视、测量、分析航天发射任务过程和结果，并利用分析结果评价：

1）航天发射任务满足要求的情况；

2）顾客满意的程度；

3）策划实施情况和策划满足要求的情况；

4）外部供方提供过程、产品和服务的能力；

5）针对风险和机遇所采取措施的有效性；

6）合规义务履行情况；

7）过程绩效和有效性；

8）改进的需求。

合规义务履行情况评价应每年不少于一次。当合规义务发生变更时，应适时组织评价。

（2）顾客和相关方满意

通过对顾客和其他相关方满意信息的监视、测量和分析，寻找改进的机会。适用时应通过：

1）检查验收、任务交付、技术协调、会议评审和内外部沟通等活动获取顾客和相关方对航天发射任务的满意信息；

2）与工作人员交流，获取工作人员对航天发射一体化建设，尤其是职业健康安全管理方面的满意信息；

3）走访航天发射场区、着陆场等周边居民，调查、接收来访人员的感受信息等，获取相关方对航天发射职业健康安全和环境治理方面的满意信息；

4）对获取的顾客、工作人员、来访人员、周边居民等相关方的满意信息进行统计分析，评价顾客和相关方的满意程度。

（3）内部审核

内部审核可结合当年航天发射任务情况，采用跟踪、滚动或集中等方式实施，应：

1）每年至少组织 1 次，审核范围应覆盖一体化管理体系所有单位和过程，特殊情况下可追加审核；

2）考虑拟审核区域的实际状况、有关过程的重要性、对体系产生影响的变化和以往审核的结果以策划年度内部审核计划，包括审核职责、区域、频次、时机、方法、报告和要求；

3）明确每次审核的目的、范围、准则、内容、地点、时间和方法等；

4）成立审核组，并确保审核员具备完成任务的能力；

5）制定现场审核计划，明确审核对象、内容；

6）确保审核过程客观和公正；

7）向最高管理者报告审核结果；

8）向工作人员以及其他有关的相关方报告相关的审核结果；

9）及时纠正不符合，分析原因，制定并落实纠正措施。

应将航天发射任务审核与过程质量控制相结合，在航天发射任务实施过程中开展跟踪审核。

应将日常和专项的安全检查、隐患治理作为安全管理体系内部审核方式之一，融入一体化管理体系内部审核过程。

保留内部审核的成文信息，作为实施审核计划及审核结果的证据。

（4）管理评审

管理评审可结合航天发射责任单位年度工作谋划或年度总结进行，每年组织 1 次。当航天发射责任单位职能或结构发生重大变化、一体化管理体系运行出现重大问题时，也可根据最高管理者的决定进行评审。

管理评审由航天发射责任单位的最高管理者主持，可根据实际工作需要，采用会议、会签、函审和报告审批等多种方式。

策划和实施管理评审时应考虑：

1）以往管理评审所采取措施的情况；

2）与一体化管理体系相关的内外部环境的变化；

3）一体化管理体系绩效和有效性的信息；

4）保证一体化管理体系有效运行所需的人员、设施设备、环境、知识、经费的充分性；

5）应对风险和机遇所采取措施的有效性；

6）来自相关方的信息，包括投诉、抱怨等；

7）改进的机会。

各业务部门应利用管理评审的时机，全面评价与航天发射直接相关的各业务过程实现预期结果的能力，查找不足并提出改进措施。

管理评审输出应包括与下列事项相关的决定和措施：

1）一体化管理体系适宜性、充分性和有效性的总体评价；

2）改进的机会；

3）一体化管理体系所需的变更；

4）资源需求；

5）如需要，目标未实现等情况需采取的措施；

6）如需要，改进一体化管理体系与其他工作和任务过程融合的机会；

7）对单位战略方向的任何影响。

最高管理者应就相关的管理评审输出与工作人员及其代表进行沟通。

应保留管理评审结果的证据。

7.7.2　持续改进

（1）失利事件、不合格与纠正措施

应建立、实施和保持包括报告、调查和采取纠正措施在内的过程，以管理失利事件处置、不合格纠正和纠正措施。

当发生失利事件或不合格时，应：

1）报告并对失利事件或不合格及时做出应对，适用时：

——采取措施以控制失利事件和不合格；

——纠正不合格；

——处置其导致的后果，包括减小损失及不利的环境影响。

2）通过下列活动，评价是否需要采取纠正措施，以消除发生失利事件的源头和产生不合格的原因，防止其再次发生或在其他场合发生：

——调查失利事件（见 5.5.2 节），评审不合格；

——分析原因；

——评价是否存在或可能发生类似的不利事件或不合格。

3）确定并实施所需的纠正措施；

4）采取纠正措施前，评价变更可能带来的不利因素；

5）验证纠正措施的有效性；

6）需要时，更新策划期间确定的风险和机遇；

7）需要时，变更一体化管理体系。

纠正措施应与失利事件和不合格所产生的影响相适应。

应保留成文信息，作为失利事件和不合格性质、所采取措施和纠正措施结果的证据。

（2）体系改进

应考虑应用绩效评价的结果，确定和选择改进的机会，采取必要措施以：

1）提高任务质量，增强安全防护和环境保护能力；

2）避免和减小非预期情况给航天发射带来的不利影响；

3）持续满足顾客要求，兑现单位承诺，提高单位形象，增强顾客满意和相关方认可程度；

4）改进一体化管理体系适用性、充分性和有效性。

改进的方式可包括增强顾客和相关方满意，纠正、纠正措施、问题归零，流程优化、体系优化，突破性变革、创新、重组等。

参 考 文 献

［1］ 栾恩杰.航天系统工程运行［M］.北京：中国宇航出版社，2010.

［2］ NASA 系统工程手册［M］.朱一凡，等，译.北京：电子工业出版社，2012.

［3］ 《中国航天文化的发展与创新》编委会.中国航天文化发展与创新［M］.北京：北京大学出版
社，2016.

［4］ 陆晋荣，董学军.航天发射质量工程［M］.北京：国防工业出版社，2015.

［5］ 董学军，等.民商航天发射探索与实践［M］.北京：中国宇航出版社，2018.

［6］ 于志坚，李浪元，张科昌.航天发射场质量安全环境一体化管理体系建立与实施［M］.北京：中
国宇航出版社，2020.

［7］ 余后满.航天产品保证［M］.北京：北京理工大学出版社，2018.

［8］ 张洪太，余后满.航天器项目管理［M］.北京：北京理工大学出版社，2018.

［9］ 李跃升，苗宇涛，米凯，等.国外航天质量管理［M］.北京：国防工业出版社，2016.

［10］ 师宏耕，贾成武，鲍智文.航天精细化质量管理［M］.北京：中国宇航出版社，2020.

第 8 章
任务组织实施过程实践

　　航天发射任务组织实施过程实践是以航天发射流程为主线，围绕一体化管理要求针对任务中的组织指挥、测试发射、测量控制和信息通信而开展的实践活动。本章重点论述一体化管理在航天发射任务组织实施过程中的实践成果，主要包括：组织指挥机制、测试发射过程、测控通信过程、气象保障过程和质量安全环境计划等。

8.1　组织指挥机制

8.1.1　组织模式

（1）分级管理

依据航天发射任务组织实施成熟度和复杂度，将航天发射任务成熟度划分成四个等级，即Ⅰ级首飞任务和重大任务，Ⅱ级成长型任务，Ⅲ级成熟型任务，Ⅳ级定型任务。

Ⅰ级：包括首飞任务和重大任务。首飞即首次执行的航天发射任务，包括虽不是首飞，但前面均失败的任务。重大任务一般是上级明确的，意义重大、影响深远的航天发射任务。

Ⅱ级：习惯上指首飞成功后的第一次至第五次执行的航天发射任务，工程实践中的定级标准因任务复杂度、成功率的不同而略有不同。有时也会因任务中有关重件首飞，而将本是Ⅱ级的型号发射任务按照Ⅰ级的标准进行管理。

Ⅲ级：习惯上指首飞成功后的第六次以上（含第六次，且有连续五次成功的记录）执行的航天发射任务，且航天运载器中无关重件首飞。航天发射型号任务由Ⅱ级升为Ⅲ级须经过审批。

Ⅳ级：经评定，可以定型的航天发射任务，其中航天产品、任务流程、组织程序、控制标准等均已固化。

针对成熟度等级不同的航天发射任务，分别采取不同的质量安全环境控制程序，概括地讲，质量安全控制项目和环节随任务成熟等级的增加而逐级减少。

各级之间典型的质量安全环境控制的不同在于：

Ⅰ级任务：航天产品进场前，派出督察组到厂所或聘请业内专家通过阅读成文信息，审查航天产品的出厂条件；航天产品进场后，严格复查航天产品安全性可靠性分析，航天产品试验验证的充分性、测试的覆盖性、产品各级交付验收的完备性；编制并严格落实航天产品发射场工作质量保证计划、发射场区质量风险工作计划；严格落实测试汇报制度、系统和全系统阶段评审制度、问题归零制度、状态确认制度等。

Ⅱ级任务：与Ⅰ级任务相比，无特殊情况不再开展以下活动：派出督察组到厂所或聘请业内专家通过阅读成文信息，审查航天产品的出厂条件；产品进场后，严格复查航天产品安全性可靠性分析，航天产品试验验证的充分性、测试的覆盖性、产品各级交付验收的完备性。

Ⅲ级任务：继承Ⅱ级任务成果，持续开展任务流程和工作程序优化。与Ⅱ级任务相比，实施质量安全确认制，减少简化测试汇报、阶段评审活动，逐步固化质量安全控制措施。

Ⅳ级任务，开展定型评定和固化工作。

（2）分类管理

依据任务质量特性、风险特点和重要环境因素，将航天发射任务分为以下六种模式，分别建立相应的组织实施程序和规范标准体系。

A 类：载人航天、嫦娥工程等重大专项任务；

B 类：常规液体火箭发射入轨任务；

C 类：常规固体火箭发射入轨任务；

D 类：新能源火箭发射入轨任务；

E 类：民商航天发射任务。

F 类：快速机动和应急发射任务。

（3）阶段与过程

习惯上将航天发射任务过程分为任务准备、任务实施和任务总结三个阶段，并按照组织指挥、测试发射、测量控制、信息通信、技术勤务保障五个过程分别组织实施。

任务准备和收尾期间，航天发射责任单位依托质量师（员）系统开展质量安全环境管理监控；任务实施期间，由指挥部下属的质量控制组负责质量安全环境控制措施的监督，并向各系统派驻质量师（员）跟踪检查质量安全环境控制措施的落实。

8.1.2　机构设置

航天发射任务组织指挥机构通常会因任务类别级别的不同而略有差异，以下以载人航天发射为例进行简要讨论。

（1）日常办事机构

在发射场区任务指挥部成立前和解散后，有关航天发射任务的各项工作依据业务部门职责分工组织开展。

（2）发射场区指挥部

发射场区指挥部是经上级指挥部批准，由在发射场区参加航天发射任务的各方联合成立的临时组织机构，在航天产品进场前成立，任务结束后解散。指挥长单位为航天发射中心，下设质量控制组、测发工作协调组、测控通信技术协调组、航天员活动协调组、飞控逃逸安控技术组、电磁兼容协调组和快速评定组等多个组织机构，航天发射中心机关和试验队机关是指挥部的办事机构。

发射场区指挥部主要职责如下：

1）对发射场区工作实施统一的组织指挥，确定任务计划，研究重大计划调整；

2）审定发射预案、航天员应急救生方案、飞行安全控制方案等重要任务文书；

3）协调处理跨系统间问题，研究、决策任务过程中可能影响任务进程、质量和安全的重大问题；

4）听取、审议重要任务阶段工作情况汇报，按照质量评定标准，对任务过程中的质量、安全做出结论，决策是否转入下一阶段工作；

5）提出航天器加注、航天产品转场、火箭加注及发射计划，报请任务指挥部批准后部署实施。

（3）质量控制组

质量控制组由在发射场区执行任务的主要相关方联合成立，经发射场区指挥部批准并在其领导下开展工作，代表发射场区指挥部行使质量、安全和环境监督职责。包括：

1）建立质量控制组工作办法，包括质量信息沟通、技术状态控制、质量安全问题处理、质量评审、放行准则和其他质量控制要求；

2）指导航天发射责任单位开展质量、安全和环境控制工作；

3）协调解决跨系统技术问题，审查技术状态变化；

4）组织转阶段质量评审，审查最低发射条件和发射预案；

5）掌握异常情况处置结果，负责不合格控制和质量问题归零评审或复核；

6）派出系统质量师（员）跟踪、监督发射场区各系统落实质量、安全和环境控制措施；

7）向发射场区指挥部报告质量控制情况，提交阶段质量评审报告。

（4）测发工作协调组

测发工作协调组由发射场和航天产品研制方联合成立，在发射场区指挥部的领导下和质量控制组的指导下开展工作，日常事务由发射场协商航天产品研制部门和其他相关单位处理。主要职责：

1）负责测发系统的工作安排和计划协调，组织航天产品及测发设备的测试操作，组织测试发射过程质量控制工作；

2）指导拟制测发系统任务技术文书、方案预案并负责审核把关；

3）分析、研究测试发射过程中出现的技术问题，提出处理方案和意见，协调有关技术事项，并组织归零处理；

4）负责协调测发系统技术接口和技术保障方面的问题，并督导落实；

5）负责测试发射现场管理；

6）负责航天产品测试发射过程中技术安全的指导把关；

7）在航天产品和测发系统地面设备第一次加电前以及重大测试项目测试前，组织技术安全检查；

8）提供阶段性航天产品测试和测发设备工作情况汇报材料，提出转阶段意见。

（5）测控通信技术协调组

测控通信技术协调组由航天发射首区测控通信系统联合测控通信总体单位、航天产品研制方联合成立，在发射场区指挥部的领导下和质量控制组的指导下开展工作，日常事务按业务渠道协调处理。主要职责：

1）负责测控通信系统的技术协调、工作计划制订；

2）指导拟制测控通信系统技术文书、方案预案并负责审核把关；

3）组织有关系统间技术问题的研究，提出处理方案和意见，并督促落实；

4）负责联调、合练及发射过程中的测控通信系统质量把关；

5）负责测控通信系统的阶段质量评审；

6）提供测控通信系统阶段工作汇报材料，提出转阶段意见。

（6）航天员活动协调组

航天员活动协调组在发射场区任务指挥部的领导下，负责航天员在发射场区除技术准备外有关活动的组织协调及安全保卫，日常事务按业务渠道协调处理。主要职责：

1）负责航天员进入和离开发射场区的组织工作；

2）负责航天员出征仪式、与媒体记者见面等有关活动的组织协调；

3）负责上级首长参加航天员在发射场活动的组织协调；

4）负责航天员在发射场活动期间的安全警卫、接受媒体采访以及摄影、摄像等。

（7）飞控逃逸安控技术组

飞控逃逸安控技术组在发射场区指挥部的领导下开展工作，日常事务按业务渠道协调处理。主要职责：

1）负责进行待发段应急救生、上升段逃逸救生和安控需求分析，审查待发段应急救生、上升段逃逸救生和安控地面控制实施方案；

2）负责研究和审查待发段应急救生和上升段逃逸救生判决与控制；

3）负责运载器飞行过程中的安全控制；

4）任务点火发射时，该组分为待发段和上升段两个小组，分别负责待发段应急救生和上升段逃逸救生、安控的判决，为逃逸安控指挥员提供技术支持。

（8）电磁兼容协调组

电磁兼容协调组在发射场区指挥部的领导下开展工作，日常事务由测控机关协调处理。主要职责：

1）负责组织监测发射任务期间的电磁环境；

2）负责联合检查、临射检查和发射等关键工作时段的电磁环境管制，协调确定相关设备工作程序和技术状态；

3）负责协调解决测试发射期间出现的系统间电磁兼容性问题。

（9）快速评定组

快速评定组在发射场区指挥部的领导下，日常事务由技术总体单位协调处理。主要职责：

1）在任务发射飞行过程中，实时分析飞船、火箭、发射场、测控、通信、气象等参试系统数据；

2）运载器飞行结束后，对任务飞行结果进行快速、综合评定，并向上级首长和发射场区指挥部报告分析结果；

3）任务出现故障时，组织故障分析并给出初步结论。

8.1.3　主要制度

（1）责任追究制

将航天发射每个过程、活动和步骤的责任落实到相应的机构、单位和个人，明确工作项目、内容、程序和方法，确定监管依据、标准、措施和要求，严肃追究质量问题和安全事故中的人为责任。

（2）训练考核制

坚持实战牵引训练、训练贴近实战的指导方针，实行按纲施训。深化基础性、针对性和提高性训练，严格上岗考核确认，确保人员教育、培训、技能和经历满足岗位要求。

（3）演训评估制

通过贴近实战环境和内容的演训活动，一方面对人员、装备和人装结合等方面的训练成效进行检验和评估，以查找和解决存在的问题；另一方面对人员、装备和人装结合等方面的能力进行合成训练，以快速提高系统或体系完成任务的能力。

（4）技术交底制

任务实施前，发射场、试验队等航天发射任务实施主体开展相互技术交底，内容主要包括研制技术方案、关键技术背景、产品技术状态、质量保证情况、问题归零结论和任务成功判据等。

（5）设计验证制

严格控制任务的设计开发，确保输入审查充分、有效，输出经评审、验证和确认，更改审批完备、严格受控，以满足任务实施、服务提供和勤务保障等方面的要求。

（6）装备准用制

执行重大任务前，装备须进行全面维护保养、检测检修，经评审验证确认满足任务要求后方允许参加任务。

（7）质量风险计划制

航天发射责任单位须根据任务要求制定发射场区质量风险计划、航天产品质量保证计划/大纲等，对航天发射任务实施期间的质量保证、风险防控做出详实规定。

（8）检查确认制

风险思维。基于工程要求、任务环境、航天产品和设施设备等因素识别危险源，评价重大风险，制定对策、强化管控，将事关任务成败的风险降到最低。

过程控制。设置控制点、明确责任、建立标准，对关键和重要参数实施百分百测试检验，不可测时实施百分百验证，确保任务过程全面受控。

状态确认。对航天产品、设施设备、人员配置和环境条件的状态进行百分百检查确认，对任务实施过程中的技术状态变更进行百分百评审批准，保证状态绝对正确。

节点把关。通过操作员确认、质量师检验、质量组评审等措施，对任务关键节点和重大活动进行把关，百分百做到不留问题过关、不带疑点发射。

（9）问题归零制

质量问题应分别从技术和管理两个方面进行处置，只有满足标准要求并通过归零评审和复核/批准后才算真正归零。

技术问题归零五条标准：定位准确、机理清楚、问题复现、措施有效、举一反三。

管理问题归零五条标准：过程清楚、责任明确、措施到位、严肃处理、完善规章。

（10）证据留样制

保留航天发射任务过程和结果的全部证据，留存关键活动可追溯的记录，确保质量评审用数据说明，安全审查凭证据说事，环境评价靠事实说话。

（11）隐患排除制

定期组织安全隐患排查，针对能量、有害物质和涉密信息等，分级别、分系统、分场所，逐单位、逐业务、逐设施设备排查人的不安全行为、物的不安全状态、信息的非预期扩散、单位监管不力等隐患问题，采用"拉单挂账"的方式，逐项根除各类安全隐患。

（12）应急三联制

三联即联责、联演和联动。应急响应管理中，应急准备和响应单位与任务实施单位责任相互关联；应急准备和响应演练与任务实施的针对性训练同时开展；应急准备和响应的策划、实施、检查和改进活动与任务实施同步进行。

（13）环境监测制

采用定期与持续监测相结合的方式，对大气、水体、土壤和生活用水的质量进行监视、测量和检验，对不利自然环境事件及时发布预警并落实防控措施，对人为导致的环境问题"拉单挂账"并限期纠正，对受技术和条件限制而遗留的污染问题协调相关各方解决。

（14）安全保密制

贯彻"缜密保密技术、编织保密网络、严肃法规纪律、严打失密泄密"的方针，对涉密人员、涉密载体、国际互联网、移动电话、智能电子设备和重大活动、新闻出版、信息发布等划定红线，对保密环境、条件、技术、方法、措施和手段做出规定，对调查处置失泄密事件的职责、权限、标准、程序和办法做出规范并严格落实。

（15）总结复盘

任务结束后，利用获取的可验证数据和可追溯记录，复盘任务过程和结果，分析评价技术和管理的适宜性、充分性与有效性，查找问题根源、寻找薄弱环节、制定改进措施。

（16）体系审核制

采取集中全面审核、重点专项审核和过程跟踪审核相结合的方式开展一体化管理体系内部审核，督导措施落实、确认运行结果、发现存在问题、促进持续改进。通过管理评审系统评价体系运行绩效，解决体系建设的重大事宜。依托年度第三方认证审核，确保一体化管理体系满足相关标准要求。

8.2　测试发射过程

8.2.1　任务准备

（1）承担任务

测试发射系统所承担任务会因航天发射类型的不同而不同，一般包括：

1）负责发射场测试发射工作的组织指挥；

2）开展任务遂行过程中的质量控制；

3）实施待发段紧急撤离和零高度逃逸救生的判决、控制和指挥；

4）完成运载火箭的测试发射工作；

5）组织非标、加注供气、供配电、水暖、空调等设备的运行，为测试发射提供技术勤务服务；

6）为航天服及舱载设备、应用系统有效载荷、飞船、运载火箭等提供测试发射条件。

测试发射系统主管部门组织收集掌握航天发射任务对测试发射系统提出的要求，必要时，组织测试发射任务协调会，协调确认测试发射任务要求。

（2）人员装备准备

测试发射系统主管部门根据任务和岗位能力要求，完成人员的定岗定位，制订训练计划、明确训练内容、开展专业技术训练。依据岗位特点，采用笔试、面试和实操等方式组织岗位考核。岗位考核通过后发放上岗证。

根据任务对设施设备的要求，确定参试设备，拟制并落实检修检测或运行检查计划，组织设施设备可靠性安全性分析和功能性能评审。设施设备通过评审后发放准用证。通常在年度首次航天发射任务前组织开展测发系统设施设备检修检测，当年后续任务一般不再组织全面的检修检测，仅进行状态恢复转换、重点设备关键指标确认和新增设施设备检测等工作。

（3）技术交底

落实技术交底制要求，由航天发射中心组织航天发射各责任单位开展航天产品、发射场、测控通信等系统的技术交底，掌握航天产品、发射场、测控通信等系统主要技术参数、技术状态、系统间接口要求，协商后续工作计划安排等。应保留协商的记录。

（4）任务文书准备

管理部门依据该次/批航天发射任务的特点和要求，按照一体化管理的控制要求，策划并拟制任务成文信息需求清单，制订工作计划，编制任务指示，完成组织实施方案、协同指挥程序等组织指挥类文书的拟制和呈批，下发工作计划、任务指示和其他任务文书。

技术单位依据该次/批航天发射任务的要求，拟制总体技术文书和其他成文信息需求清单，完成测试发射工艺流程、总体技术方案、可靠性安全性分析报告、放行准则、发射预案、质量风险环境计划等任务文书的拟制。相关专业岗位完成本专业的方案、报告、协同指挥程序、操作规程、工序和应急预案的拟制。

技术交底后，各专业修订与航天产品研制单位相关的任务文书。质量控制组组织讨论、修订和会签发射预案、成功判定准则等重要的任务文书；测发工作协调组组织讨论、修订和会签火箭推进剂加注方案及泄出预案、发射区紧急撤离预案等任务文书；发射测试单位火箭系统各专业、地面设备加注专业组织讨论、修订和会签与火箭系统相关的各类操作规程、方案预案、协同指挥程序等任务文书。

同一型号的航天发射任务，第二次及后续任务文书如无变化，经确认后可以沿用；如有变化，则以通知单的形式明确变化内容。

（5）试验验证

制定空中对接试验计划，拟制空中对接试验方案，组织搜索回收、机动通信等单位进行空中对接试验，检查定向设备技术指标正确性，验证通信设备接口协调性和实现匹配工作的能力。

（6）派出分队

搜救回收单位下属的火箭残骸搜索、航天员应急救生等分队，根据任务计划，适时赴预定区域待命执行任务。

搜救回收单位派先遣人员赴相关任务区域或通过其他沟通渠道协调落实外出参试分队食宿、医疗、交通等保障事宜，组织完成外出分队进场前的车辆准备和装备装车工作。

外出分队进场后，可根据承担任务对任务区域地形进行勘查，确定待命点、重点搜索区域、搜索路线等相关事宜。

（7）仪器仪表校准、检定

制订仪器仪表送校计划，按仪器仪表校准、检定周期要求，送检测发系统所有在用仪器仪表。仪器仪表检定后，相关专业保留检定结果，并对仪器仪表进行标识，标识应指明仪器仪表的有效期和状态。

（8）质量风险环境计划制订

根据任务要求和测发系统可靠性安全性分析结果，制订质量风险环境计划中关于测发系统部分的内容。明确质量控制点、风险预控点和环境监测点，确定相关的控制措施，明确需要保留的成文信息，并按程序报批。

（9）任务准备评审

任务准备评审分技术评审和综合检查/评审两个阶段，具体实施时，落实任务质量评审与放行程序的要求。大型任务或年度首次航天发射任务在航天产品进场前组织任务准备评审，其他航天发射任务由测发工作协调组组织任务状态转换质量评审。

8.2.2　产品进场

航天产品接运主要包括航天员、飞船、应用、卫星、火箭等系统的航天产品接运，接运方式分专机接机公路运输、专列接车铁路运输和海上接船运输三种方式。基本程序分为接运准备、卸机卸船装车、运输（公路或铁路）、卸车、吊装就位等。以下阐述火箭接运和卸车的过程，其他形式的接运程序与此相似。

接运准备。组织召开接运卸车协调会，会签接运要求。制订接运卸车方案预案，依据接运要求和接运卸车方案预案做好专列接运的各项准备工作，包括落实具体车辆和定位人员、组织卸车车辆车况检查等。

专列交接。铁路管理单位制订铁路运输计划，专列到达后，组织召开由铁路系统、试验队等参加的现场接运协调会，明确特运车辆运行计划和注意事项，组织实施专列交接工作。铁路管理单位机车车辆专业按铁路车辆相关作业要求负责检查铁路车辆技术状况和航天产品装载加固情况，与相关单位实施专列交接。

专列运输。铁路管理单位按计划组织实施专列解体对位、铁路运输工作和铁路沿线安全警卫工作，相关专业按照接运方案、铁路运输计划和相关操作规程具体实施专列解体对位、铁路运输及沿途的铁路运输保障工作。

产品卸车。发射测试单位根据接运卸车计划、方案预案编制发射场卸车方案，对厂房的供电接地和消防设施进行技术安全检查，对大门、吊装、供配电专业设备、任务文书、人员训练情况和技术安全检查情况进行状态确认；专列进入发射场后，发射测试单位组织召开卸车协调会，明确人员定位、职责分工、计划安排和要求，组织相关专业会同试验队把航天产品卸至指定位置。其间，质量控制组派出质量师（员）指导把关、有关单位按照卸车计划及现场卸车要求完成车辆保障。

产品交接。航天产品进场后，发射测试单位火箭系统和地面设备各专业与试验队对口交接仪器、测试设备、资料和测试软件，要求航天产品装箱清楚，包装外有明显标识。试验队完成火箭箭体状态恢复后，发射测试单位动力系统牵头，组织火箭各专业与试验队进行火箭箭体交接，交接时应清点数量，进行内外观、装箭设备接口和箭上电缆网等项目的检查；各专业交接完毕后应与试验队对口专业填写交接清单，交代需说明的问题等。

8.2.3　转运与对接

根据测试发射流程的不同，转运、吊装对接的组合方式和频次会有不同程度的差异。如载人航天任务转运与吊装对接包括：火箭卸车、吊装对接；飞船卸车、总装对接；飞船转运；船罩组合体逃逸塔转运、吊装对接（指与火箭的对接）；船箭塔整体垂直转运等过程。卫星任务转运、吊装对接包括：火箭转运、吊装对接；卫星转运、星箭对接等过程。以下简要阐述船箭塔组合体垂直转运过程与要求。

（1）转运准备

发射测试单位编制船箭塔组合体转运计划，组织召开船箭塔组合体垂直转运协调会，明确人员定位、职责分工、计划安排、保障条件及要求等。安全保卫部门编制船箭塔组合体垂直转运安全保卫方案预案，按方案预案组织实施船箭塔组合体垂直转运安全保卫工作。

发射测试单位依据转运计划对转运现场进行环境布置，相关专业对脐带塔工作平台、活动发射平台、轨道转换车、重轨、摆杆、供配电、脐带塔空调等设施设备依据转运计划、操作规程、工序、状态检查签字表等进行运行检查、状态准备及确认。

依据船箭塔组合体垂直转运计划和转运前状态检查签字表，火箭系统各专业完成船箭塔组合体垂直转运前火箭状态设置、测试设备撤收和转发射区工作。空调专业依据整流罩撤收状态要求撤收设备。平台专业依据船箭塔组合体垂直转运计划和操作规程完成垂直总装厂房活动工作平台的撤收。

转运前一天，技术安全组组织船箭塔组合体垂直转运设施设备、供电接地技术安全检查，测试发射工作协调组依据转运前状态检查签字表对飞船系统状态设置、火箭系统状态设置、地勤系统的设备状态和技术安全检查情况进行状态检查和确认。

船箭塔组合体垂直转运实施前，由测发工作协调组组织发射场系统和火箭系统的质量评审，质量控制组组织全系统质量评审，评审通过且经发射场区指挥部批准后方可将船箭塔组合体垂直转运至发射区。

（2）转运实施

测发工作协调组按船箭塔组合体垂直转运计划组织实施转运工作，安全保卫部门组织实施转运现场的安全保卫工作。

依据船箭塔组合体垂直转运计划和操作规程，大门专业开启垂直总装厂房升降推拉大门，转运专业指挥操作活动发射平台、轨道转换车将船箭塔组合体垂直转运至指定位置。活动发射平台在运行过程中须注意控制车速，确保设备运行平稳。

按照质量风险环境计划要求，各专业落实质量控制点和风险预控点的控制措施，并形成记录。

（3）活动发射平台就位

活动发射平台到达发射区就位后，各专业依据转运计划和操作规程实施操作，转运专业转换活动发射平台工作状态，火箭控制系统实施火箭粗瞄，摆杆专业将电缆摆杆摆回到位，平台专业合拢脐带塔活动工作平台，转运专业进行垂直度调整，空调专业连接风管实施空调保障，测试发射工作协调组组织进行航天产品与操作平台的机械接口协调检查。

船箭塔组合体垂直转运工作结束后，测试发射工作协调组组织试验队、技术总体单位、发射测试单位对垂直整体转运过程和结果进行确认。

按照质量风险环境计划要求，各专业落实质量控制点和风险预控点的控制措施，并形成记录。

8.2.4　产品装配测试

航天产品在发射场装配测试过程中的质量安全环境控制措施相似，这里简要阐述火箭系统总检查过程，包括测试准备、状态确认、测试、数据判读与汇报等过程。

（1）测试准备与状态确认

第一次加电测试前，技术安全组组织对与火箭总检查相关的测试场所的供电、接地、防静电情况，测试场所的洁净度、温湿度、供气品质，消防设施设备等进行技术安全检查。

火箭系统指挥组织各分系统指挥完成总检查协同指挥程序的修订、确认和会签；组织火箭各分系统按照总检查测试前技术状态、协同指挥程序和操作规程做好总检查测试前准备；状态准备完毕后，按照一岗、二岗、技术抓总、系统指挥的顺序，对照状态检查表进行状态检查并签字确认。

发射场系统摆杆、固定消防、平台、转运、C³I、通信、电池、供配电、供气、联动消防、空调、水暖、电梯、电视等专业按照状态检查表进行状态检查并签字确认。

总检查状态准备完毕后，测试发射工作协调组以会议的形式组织状态确认。按照一岗、二岗、技术抓总、系统指挥的顺序分别汇报状态准备及检查确认情况，提交状态检签字表，测发协调组进行审核。确认无误后由测试发射工作协调组成员和一、二岗指挥在总检查状态确认表上签字。

（2）测试

火箭系统指挥依据协同指挥程序、操作规程，组织火箭各分系统、发射场系统相关专业进行总检查测试。

测试人员仔细观察测试现象，详细记录场地、测试设备、被测产品、测试指标要求、测试数据等；发射场系统 C^3I、摆杆、固定消防、平台、通信专业参加火箭系统总检查测试；发射场系统供配电、供气、空调、联动消防、水暖、电梯、电视等专业在火箭系统总检查过程中，提供电源、气源、测试场所洁净度和温度、消防值班、电梯、日常通信、测试数据的传输显示等各类技术勤务保障服务；电磁兼容组完成电磁环境监测。

按照质量风险环境计划要求，各专业落实质量控制点和风险控制点的控制措施，并形成记录；总检查测试全过程中，质量控制组派出质量师（员）进行质量把关和数据复核。

（3）数据判读与汇报

总检查完毕后，火箭系统指挥组织火箭各分系统依据数据判读表进行总检查测试数据判读工作，填写数据判读结果确认表，拟制测试汇报材料。测试发射工作协调组组织数据判读确认。质量控制组派出质量师（员）参加数据判读及确认。

测试发射工作协调组组织召开测试汇报，火箭各分系统指挥汇报总检查测试情况和数据判读结果，测试发射工作协调组审查测试汇报结果，审查测试期间的不合格、质量问题及处置情况，形成总检查测试汇报结论。

8.2.5　加注与发射

（1）全系统质量评审

在液体运载器加注前、固体运载器转场前和运载器垂直转运前由质量控制组组织全系统质量评审。

全系统质量评审是在航天员系统、应用系统、航天器系统、运载器系统、发射场系统、测控通信系统和着陆场系统等所有参加航天发射的各系统质量评审的基础上，对照阶段放行准则，审查确认该次航天发射是否具备转入下一阶段工作的条件。

（2）航天产品加注

航天产品加注类型较多，包括卫星加注、固体火箭姿控系统加注、上面级火箭加注、新能源火箭加注和常规液体火箭加注等。这里以目前最常见的常规液体火箭加注为例，阐述航天产品加注过程。

测发工作协调组编制推进剂加注实施方案，召开协调会，部署安排加注工作，明确人员定位、职责分工、计划安排、保障条件及要求等；组织发射场系统和火箭系统的质量评审。质量控制组组织加注前全系统质量评审，落实任务阶段放行准则要求。

发射测试单位加注专业制订加注系统工作计划、加注技术方案和预案，依据工作计划和技术方案组织完成推进剂转注、回流、调温、气检、防护训练等工作，完成由试验队参加的塔上设备器材自检，完成由动力系统、C^3I 参加的加注信号联调和信息传输工作。特燃供应单位化验室依据推进剂规范和安全应用准则（国军标）完成推进剂取样、化验工作。

火箭推进剂加注前一天，加注专业依据加注技术方案和操作规程组织由动力系统、火箭试验队等参加的塔上软管气检工作，气检完毕后固定状态并加强脐带塔的安全警卫工作。火箭系统各专业依据各系统操作规程完成相关火箭射前状态设置和电测状态撤收工作。发射场系统固定消防、供配电、空调、供气、电梯、平台、C^3I、通信、电视专业依据火箭推进剂加注组织实施方案和操作规程完成脐带塔固定消防软管连接、脐带塔标高调整、通信调度检查等设备状态准备工作。测发工作协调组组织技术总体单位、发射测试单位和试验队完成加注量计算和确认。

火箭推进剂加注操作前，加注专业、动力系统按照状态检查签字表进行加注状态设置和状态检查并签字。加注专业依据实施方案、协同指挥程序和操作规程组织火箭推进剂加注、塔上软管放空和塔上软管撤收工作，火箭系统动力专业、C^3I 专业参加。加注和撤收过程中，岗位人员严格按照推进剂防护要求穿戴防护装置并操作设备，按应急处置预案处置突发事件，按照质量风险环境计划要求，落实质量控制点和风险控制点的控制措施。

勤务保障系统依据加注组织实施方案组织做好消防保障、气象保障、卫勤保障。安全保卫部门组织做好发射区和发射场外围安全警戒。发射测试单位组织有关系统做好火箭加注后停放期间推进剂泄漏监测和突发事件的处置工作。

测发工作协调组组织对火箭推进剂加注过程和结果进行签字确认；质量控制组派出质量师（员）跟踪监督质量安全环境控制措施落实。

（3）航天产品点火发射

航天产品点火发射过程中，发射场区指挥部须：

1）组织最低发射条件确认并由指挥长签署发射命令；

2）按照调度协同指挥程序，组织实施任务发射；

3）任务发射组织实施过程中：

——实时收集、汇总全系统工作状态；

——遇有影响任务质量的突发问题，通过指挥调度，组织相关系统、单位按预案和应急原则处置紧急情况。

航天产品点火发射过程中，测发工作协调组须：

1）按照质量风险环境计划的要求，组织检查确认重点和关键部位的任务状态和预防措施；

2）在进入临射程序前，组织火箭系统、发射场系统各专业按操作规程和协同指挥程序完成射前状态准备及确认工作；

3）及时掌握通信系统设备和线电路的工作状态，遇有影响任务质量的突发问题，组织协调相关单位解决。

航天产品点火发射过程中，测试发射系统各责任单位须：

1）依据任务发射通知，制订本单位发射日工作计划；

2）依据本单位质量风险环境计划的要求，组织相关专业落实各项质量控制措施；

3）依据故障残骸搜索处置方案预案，派出残骸搜索分队赴预定区域进行安全防护和残骸搜索工作；

4）提前1天召开工作布置会，开展"双想"，布置与任务发射相关的工作；

5）科学调配资源，确保正常和应急两种状态下所需资源到位；

6）保持单位上下、内外通信畅通，保证组织指挥信息传递及时、正确；

7）按发射时间节点计划要求，提前沟通调度；

8）收集、汇总本单位人员到位、分设备和线电路准备情况；

9）组织航天器、火箭、地勤、通信、C³I等系统按照发射协同指挥程序实施发射；

10）组织本单位人员的指挥和操作；

11）及时收集本单位设备和线电路工作状态情况，按约定向上级调度报告；

12）依据应急预案和上级调度要求，及时处置突发问题，并按规定上报和请示；

13）任务发射结束后，组织本单位人员安全撤离任务现场。

航天产品点火发射过程中，测试发射系统各专业岗位须：

1）瞄准任务发射窗口开展针对人员、设备、备品备件、工具、仪器仪表、工作环境、工作程序和应急处理等情况的"双想"工作；

2）依据岗位准备时间要求提前到达岗位，并按任务现场管理规定维护和遵守现场秩序；

3）进行技术安全检查和设备状态检查，准备所需备品备件、工具和仪器仪表；

4）根据调度指挥口令，完成与本专业相关的工作；

5）根据状态检查要求，设置、检查、监视设备状态，并在状态检查表中记录状态检查结果；

6）按照质量风险环境计划要求，落实质量控制点和风险预控点的控制措施，并形成记录；

7）按照应急预案的规定和指挥调度口令要求，及时处置突发问题，并按规定上报和请示；

8）依据协同指挥程序和操作规程完成相关工作。

8.2.6 搜索救援及处置

搜索救援及处置会因航天发射任务类型的不同而存在较大差异，这里以最为典型的载人航天发射为例，简要阐述搜索、救援及处置的过程。

搜救责任单位根据承担任务要求，须：

1）组织开展搜索救援的单项演练，协调参试各方开展搜索救援的联合演练，参加上级组织的搜索救援综合演练及合练；

2）发射窗口确定后，搜救各分队根据上级指示，按照预定程序、时间进入岗位待命；

3）进入任务发射程序后，按照方案、预案做好应急搜救准备，并按照指挥部的通知要求开展应急搜集；

4）返回舱着陆区确定后，搜救各分队根据上级指示，按照预定程序、时间进入岗位待命；

5）返回舱返回相关责任区后，搜救各分队根据上级指示，按照预定程序实施返回舱搜索、现场处置，协助相关方实施航天员救援；

6）涉及航天员、返回舱及其散落物、有效载荷后送、转运与移交的分队，根据上级指示，按照相关程序执行；

7）出现异常情况时，各分队按相关预案处理。

8.2.7　任务收尾

航天发射责任单位依据任务计划，组织下属单位开展：

1）设施设备、通信线路恢复；

2）撤收、装箱、装车和留场设备交接；

3）派出分队归建；

4）任务数据事后处理与交付；

5）任务资料归档；

6）质量问题归零；

7）任务技术和管理总结评估，总结应包含质量目标实现和质量风险环境计划完成情况，技术和管理工作的改进措施与后续计划。

8.3　测控通信过程

考虑到测量控制系统和信息通信系统（有时合称为测控通信系统）在航天发射任务实施过程中通常是联合行动，因此，这里将二者放在一起进行讨论。

8.3.1　任务准备

（1）承担任务

测量控制系统承担任务会因航天发射类型而略有差异，一般包括：

1）完成目标起飞漂移量测量，目标起飞段以及部分关键事件的实况景象记录任务；

2）完成规定弧段的外弹道测量、遥测信号接收及处理、目标特性测量任务；

3）计算机系统实时汇集、处理和传输各类测量信息，完成落点预报和入轨参数计算，提供发射任务相关指挥显示信息，向其他计算机发送相关信息，向所属测站发送引导信息；

4）根据航天产品飞行状态，按照安全控制准则采取逃逸和安控措施；

5）完成任务数据的快速处理和事后数据处理工作。

信息通信系统承担任务会因航天发射类型而略有不同，一般包括：

1）为任务调度、数据和图像等信息提供实时传输信道；

2）为参试设备提供所需的标准时间信号、标准频率信号和起飞零点（T0）信号；

3）提供任务现场的实时监控图像；

4）做好任务期间指挥通信保障工作；

5）完成载人航天发射任务规定时段的天地通信任务。

测量控制/信息通信系统主管部门组织收集掌握航天发射任务对测量控制/信息通信系统提出的要求，必要时，组织测控/通信任务协调会，协调确认测量控制/信息通信任务要求，评审组织实施方案和总体技术方案。

（2）任务策划与文书拟制

测量控制/信息通信系统主管部门根据上级机关下发的任务计划安排和任务指示等文件，组织技术总体单位收集、掌握测控/通信要求，拟制测控/通信总体技术方案。按照一体化管理对任务过程策划的控制要求，策划并拟制任务成文信息需求清单、工作计划、组织实施方案和协同指挥程序等，并下发至测量控制/信息通信系统内单位。

测量控制/信息通信技术总体单位依据任务要求，完成测量控制/信息通信系统的可靠性、安全性分析，拟制测量控制/信息通信总体技术类方案，编制测量控制/信息通信质量风险环境计划（通常作为发射场区质量风险环境计划的一部分）。

测控/通信部站依据任务指示、组织实施方案、总体技术方案等任务文书，拟制本单位任务成文信息需求清单，组织编制和修订部站级指挥类和技术类任务文书；相关专业完成操作规程、战斗实施方案、跟踪方案和应急预案等任务文书的拟制，并报本部站审批。

同一型号的航天发射任务，第二次及后续任务的文书如无变化则沿用；如有变化，应以通知单的形式明确变化内容。

（3）人员、设备与通信资源准备

测量控制/信息通信系统主管部门根据任务和岗位能力要求，组织完成人员的定岗定位，制订训练计划、明确训练内容、开展专业技术训练；依据岗位特点，采用笔试、面试和实操等方式组织岗位考核。岗位考核通过后发放上岗证。

年度首次发射任务和重大发射任务，测控/通信部站均须组织相关专业按照设备检修检测规范和任务计算机软件管理程序开展设施设备检修检测和软件维护测试工作；结合设施设备检修检测和人员针对性训练情况，进行系统可靠性、安全性分析评估，连续执行任务时，仅需对新增和状态发生变化的设施设备进行可靠性、安全性分析评估。

（4）其他主要工作

信息通信系统主管部门根据任务方案、计划，按照站际业务关系组织相关部站完成光传输电路和卫通电路开通测试、网络配置、指挥电话开通、调度图像信息传输调试等工作。

测控系统主管部门协调获取测控合作目标的测试结果并分发至相关单位；组织大地测量分队完成相关点位的大地测量工作。

相关测控/通信部站根据任务方案呈报机动设备转场计划，经批准后按计划组织实施。任务准备评审的方式方法与测试发射过程一致（见 8.2.1 节）。

8.3.2　信息通信保障

信息通信系统主管部门按照发射场工作计划，对航天产品电测期间发射场周边的无线电进行管制，对无线电设备开机时间进行统一安排，规避无线电信号冲突。

信息通信系统各责任单位按照任务分工，依据通信保障方案，组织完成航天产品组装、测试、检查、转场、加注等工作的指挥调度、图像通信、数据传输、勤务电话、起飞信号传输等通信保障工作。

8.3.3　联调与联试

测控通信系统为确保内外部接口协调一致和数据处理方法正确无误等，通常会组织单向联调和系统联试，其中系统联试又分中心内和中心间联试。

（1）单向联调

单向联调目的是检查各分站测控设备功能、中心计算机与测控设备间信息关系和相关任务文书的正确性。单向联调通常在中心内测控系统联调前完成，对于成熟模式的航天发射任务可结合中心内联调一并进行。

联调过程中，通信系统向各测控设备发送时统信息，并保持通信信道畅通；中心计算机向各测控设备发送并接收相关信息，检查各测控设备发送数据的正确性，监视各测控设备的工作状态；雷达、光测、遥测和 USB 等各测控设备按要求完成相应工作。

单向联试通常由相关部站制订单向联调计划和要求，组织相关单位协同完成。参加单向联调的各级各类人员，按分工要求检查比对联调结果，确保测控设备、线电路工作状态正确。

（2）中心内联试

中心内联试目的是检查测控设备功能性能，检验测控系统可靠性，演练测控系统协同性，确认任务文书正确性，验证中心计算机与相关设备之间信息关系和引导方案。联试依据联试计划、协同指挥程序和测控系统技术方案实施。联试前需完成相关的通信系统联调。

联调过程中，通信系统向各测控设备发送时统信息，并保持通信信道畅通；雷达、光测、遥测、USB 等各测控设备按联试细则要求完成相应工作；中心计算机完成与各测控设备之间信息的交换工作，检查各测控设备发送数据的正确性，监视各测控设备的工作状态。

（3）中心间联试

中心间联试的目的是模拟实战任务状态，检查总体技术方案、实施方案、信息交换和处理显示的正确性；检验测控系统工作协调性、稳定性和可靠性；检查各中心计算机之间接口关系和接口软硬件的正确性、有效性，发送和接收数据信息的正确性，转换、监视和显示数据信息的正确性；确认测控系统各种数据信息发送和接收的时序性和协调性等。联试依据联试计划、中心间信息联调大纲和测控系统技术方案实施。

联调过程，通信系统向各测控设备发送时统信息，并保持通信信道畅通；各测控设备按要求参加并完成相应工作；发射和测控中心的计算机完成与各测控设备之间信息的交换工作，检查各测控设备发送数据的正确性，监视各测控设备的工作状态；所有中心计算机完成同其他中心计算机之间接口关系和接口软硬件的正确性、有效性检查，收发数据信息时序性、协调性和转换监视正确性检查。

8.3.4　试验与演练

（1）对接试验

对接试验通常是指安控对接试验，对于载人航天任务还包括逃逸对接试验、天地通信试验等，目的是验证相关航天产品与地面安控逃逸设备之间的匹配性、通信协议的正确性等。试验依据对接试验大纲、实施方案、协同指挥程序和实施细则等任务文书进行，对接完成后由参与试验的各方共同签订对接纪要，确认对接试验结果正确、满足任务要求。

（2）方案预案演练

测控通信系统内各责任单位，按照任务应急预案和演练项目组织应急预案演练，检验应急预案的正确性和可操作性，锻炼岗位人员紧急情况下应变和协同工作的能力。

逃逸安控组依据逃逸安控实施方案及细则组织逃逸安控演练。演练过程中，中心计算机模拟航天产品故障模式，检验逃逸安控方案和细则的正确性、可操作性，演练逃逸安控判决组协同工作能力。

（3）合练

合练区分首区合练和全区合练，成熟型航天发射任务通常将二者合并进行。对于测控系统，合练是任务点火发射的实战化演练，通常按照任务点火发射时的实际程序要求组织。

各级任务组织机构和测控通信系统各责任单位依据任务发射协同指挥程序、方案预案和规程规范等组织合练。技术总体人员按要求在相关设备定位，并进行状态复查确认。相关专业/设备的定岗人员按要求设置、操作、检查、监视设备，按照质量风险环境计划要求落实控制措施，按照应急预案规定和指挥调度口令要求，及时处置突发问题。

合练结束后，测控系统即冻结技术状态，技术状态更改需经发射场区任务指挥部批准。

8.3.5　发射与收尾

液体火箭加注或固体火箭转场前，测控通信技术协调组依据质量评审细则对测控通信系统进行质量评审，确认系统满足任务点火发射条件情况。在进入运载器点火发射程序之前，测控通信系统各责任单位组织开展质量复查和"双想"活动，并以专业为单位在射前集中组织一次"双想"会议。

测控通信系统各责任单位在进入点火发射程序之后，及时收集汇总人员、设备和线电路状态并确认是否满足最低发射条件，依据任务发射协同指挥程序组织跟踪测量和通信保障，按约定完成对相关数据信息的采集、传输、处理和监控，依据应急预案要求及时处置突发紧急情况。

相关专业/设备的定岗人员须提前到达岗位并完成射前准备工作，依据战斗实施方案和状态检查表设置、操作、检查和监视设备，依据发射协同指挥程序的要求开展相关工作，按照跟踪方案完成对目标的跟踪测量，按照本单位质量风险环境计划要求落实控制措施，遵守应急预案规定和指挥调度口令要求及时处置突发问题。同时，按要求填写战斗报表、提供任务数据、保留可追溯性记录。

有关任务收尾工作见 8.2.7 节。

8.4　气象保障过程

严格地讲，气象保障属测试发射过程中的子过程，其各项工作与测试发射过程保持一致，考虑其相对独立性，这里单独阐述。

8.4.1　任务准备

（1）承担任务

气象保障系统承担任务主要包括：

1）提供发射场区的长期、中期、短期和短时天气预报；

2）需要时，提供发射场附近海域以及相关海岛周边海域的海洋水文预报；

3）发布大风、雷暴、大暴雨、寒潮降温等危险天气和重大灾害性天气警报；

4）提供发射任务所需的特殊气象资料及大气参数；

5）收集入轨区及测量站、船天气情况；

6）积累并提供地面观测、大气探测和雷电监测等气候背景资料；

7）为合练、校飞、联试联调和临时附加试验提供气象勤务保障；

8）提供日常气象勤务保障。

气象保障主管部门组织收集掌握航天发射任务对气象保障提出的具体要求，必要时组织气象保障协调会，协调确认气象保障任务要求，评审组织实施方案。

（2）任务策划与文书拟制

气象保障主管部门受领上级下达的任务后，收集分析基本情况、气象条件和气象测量要求等信息，开展气象保障策划和任务文书拟制，包括制订工作计划，将气象保障任务和要求下达到各气象单位；制订气象保障方案预案；汇总解决各气象单位需协调解决的问题。

（3）人员、设备与资源准备

气象保障主管部门根据任务和岗位能力要求，组织完成人员的定岗定位，制订训练计划、明确训练内容、开展专业技术训练；依据岗位特点，采用笔试、面试和实操等方式组织岗位考核。岗位考核通过后发放上岗证。

年度首次发射任务和重大发射任务，气象保障责任单位均须按照设备检修检测规范和任务计算机软件管理程序开展设施设备检修检测和软件维护测试工作；结合设施设备检修检测和人员针对性训练情况，进行系统可靠性、安全性分析评估，连续执行任务时，仅需对新增和状态发生变化的设施设备进行可靠性、安全性分析评估。

气象保障用通信线路、网络等通信保障由气象保障主管部门报信息通信系统主管部门协调解决。

（4）气象保障协作

气象保障主管部门组织召开任务气象保障协调会，对历史气象资料提供、加注气象保障、雷电监测预警、高空风探测、数据提供方式等有关事项进行协调，明确各方的职责与分工，并形成会议纪要。

技术总体单位气象水文室与有关协作单位按约定开展保障协作，向地方气象部门定时收集气象航危报实况，需要时，及时向现场气象保障组传送；收集发射场区天气实况，按照约定时间和格式向气象水文中心等单位传送。

技术总体单位气象水文室与气象水文中心协作，收集有关测量站、船的天气预报和实况，供指挥部参考。

任务准备评审的方式方法与测试发射过程保持一致（见8.2.1节）。

8.4.2　常规保障

（1）气象会商

任务期间，技术总体单位气象水文室组织联合气象会商，并根据事先约定与上级业务部门和有关地方气象部门进行气象会商。遇有危险性天气或任务保障重要节点，适当增加气象会商次数。气象会商的内容和每位预报员的预报结论由专人进行记录。

（2）危害预警

任务期间，地面观测值班员、天气雷达值班员、雷电监测值班员严密监视场区周围天气情况，发现有符合危险天气标准的天气现象出现时，立即向气象水文室预报值班员报告。在接到警报后，值班员要立即向上级汇报危险天气情况。

收到危险天气现象报告后，由气象保障主管部门组织预报人员进行天气会商，确认危险后，及时向任务指挥机构上报危险天气警报，并按程序对外发布。

（3）日常保障

从航天产品进场前×天开始至任务结束，气象系统即开展任务日常保障，保障内容包括：按照程序和要求实施发射场气象观探测和天气雷达探测；每日组织天气会商，制作发布长期、中期、短期、短时和临近天气预报，并在前进指挥所会议上汇报天气情况。

（4）专题汇报

根据任务进展和天气形势变化，按要求在转场指挥部会议、射前指挥部会议和任务指挥部指定的其他时机，技术总体单位气象水文室进行专题气象汇报，汇报内容包括气候背景、天气形势、预报结论等。

8.4.3　特殊保障

（1）航天产品转场保障

气象保障主管部门在转场前×天将转场计划通知各气象单位，强调保障重点和注意事项。

技术总体单位气象水文室于预定转场前×天组织天气会商，制作发布转场日天气预报，并根据情况随时提供订正预报。

转场当天，至少于产品开始转场前×小时，现场保障组发布订正预报，提供现场气象保障。

从转场前至发射任务结束，提供现场气象保障。

（2）运载器加注保障

技术总体单位气象水文室参与"加注协调会"和"最低发射条件讨论会"，协调明确加注、发射气象保障要求。气象保障主管部门至少在运载器加注前×天将有关要求和任务计划通知气象各单位。

技术总体单位气象水文室根据"加注协调会"明确的时间和提供方式，制作发布逐时气温预报，根据高空风及雷电监测协调明确的时间和提供方式，制作发布发射窗口高空风预报。

常规加注当天，气象各单位利用所属观测、探测和监测手段严密监视发射场区周围天气变化情况，发现有危险天气征象，立即报告技术总体单位气象水文室预报值班员进行危险天气处置。

低温加注前，气象保障组组织天气分析会商，制作发布×小时窗口预报。根据高空风及雷电监测协调会纪要确定的时间，气象保障组制作发布发射窗口高空风预报。低温加注期间，气象系统实行全时段危险天气监测预警，加密雷电监测、高空探测、天气雷达探测、情报资料的接收和采集。气象保障组随时监视场区及其周围天气演变情况，收集各种气象资料，加强天气分析会商。

（3）发射日保障

气象保障主管部门在发射日前×天将发射计划通知各单位，重申保障重点和有关注意事项。气象各单位将发射计划通报本单位全体参加任务的人员，部署相关工作，同时组织岗位人员再次熟悉保障流程和应急预案等有关内容和要求。

发射日当天，气象各单位全面收集常规气象情报资料和有关补充气象信息，加密地面观测、高空探测、天气雷达监测，并及时处理、传输各类数据信息；利用所属各种观测、探测和监测手段严密监视发射场区周围天气变化情况，发现有危险天气征象，立即报告技术总体单位气象水文室预报值班员，预报值班员按照危险天气预警进行处置。

进入射前－×分钟程序后，无特殊重大危险天气一般不再对外发布天气预报。在发射后×分钟内由技术总体单位气象水文室值班预报员向技术总体单位快速评估组提交气象系统任务快速评估报告。

8.4.4　任务收尾

发射结束后×小时以内，气象台站将射后×分钟的高空探测结果整理、计算、校对后形成报告表，按规定渠道提交技术总体单位资料室。

发射结束后一周内，气象保障各单位完成参试设施设备的状态恢复和外出保障分队人员及设备的撤收工作。

发射结束后一月内，气象保障各单位组织收集任务相关资料，进行登记、分类和整理归档，报技术总体单位气象水文室，气象水文室按照资料目录统一归档保存。气象水文任务资料主要包括：高空探测报告表、地面观测记录、任务天气预报单、逐时气温预报单、大气电场探测报告、危险天气警报单、快速评估报告、指挥部会议气象汇报材料、有关会议纪要等。

根据任务总结评估计划安排，气象保障各单位在规定时间内完成本单位的任务总结，其中技术总体单位气象水文室按照总结复盘制要求，负责完成气象系统任务总结评估。

8.5　质量安全环境计划

质量安全环境计划是协调参加航天发射任务各方开展质量安全环境管理的纲领性文件，是参加航天发射任务各方共同遵守的基本准则。质量安全环境计划可单独成文，也可分布于其他任务用文件之中。

8.5.1　通用性要求

（1）航天发射责任单位

任何工作均须在任务计划内开展。系统内的工作项目调整，报系统负责人批准；涉及系统间的工作项目调整，报质量控制组审核，指挥部批准（日常工作由前进指挥所负责办理）。

技术状态更改或项目调整时，只涉及本系统的更改，由该系统处置并报质量控制组备案；涉及系统间技术状态更改，由提出更改的系统办理技术状态更改申请单，经本系统总师（或指定负责人）审核后，报质量控制组批准。

所有参试人员均须经过考核或评估，确认满足要求后才能上岗；有特殊资质要求的岗位，相应人员必须取得有关资质。

参试设施设备（不包括航天产品）确认满足要求后才能使用，首次加电前须进行技安检查；属国家强制检定的设施设备，如吊车、电梯等，须按照相关规定进行检定。作为航天产品或设施设备组成部分的软件，首次投入使用前须经过正确性验证。任务用监视和测量设备，当要求测量溯源时或质量安全委员会认为测量溯源是信任测量结果有效的基础时，测量设备须按相关要求进行溯源。

参试各方须按照职责划分，识别、确定、提供、维护或选择航天器与运载器装配、试验、测试、转运和发射时的环境条件要求，须保留环境条件满足要求的证据。

落实放行准则、条件，包括转阶段放行、最低发射条件等。

任务实施过程中，依据策划的安排组织质量审查，这包括：工作开展前的技术状态确认；方案、预案的评审；测试工作结束后的数据判读、比对；阶段工作结束后的汇报、审核；转阶段质量评审等。

有关环境因素的控制，各责任单位按识别出的环境因素及其控制措施实施，适用时，进行无害化处理。

（2）航天发射中心

中心内各单位依据本计划要求，以技术室或专业组为单位，建立质量安全工作计划；以专业组或岗位为单位，建立操作规程、应急预案和作业检查表，并在任务实施中严格落实。

中心对外的技术协议、接口确认、数据提供须经系统（主任）工程师签字审定后才能生效；中心层面的总体技术方案、任务状态确定须由部站相关技术人员签字确认。数据判读、发射状态设置（包括航天产品和中心内参试设备）须由系统（主任）质量师签字确认。

建立班前会、班后会机制。班前会应明确工作内容，当日质量、安全控制点和其他注意事项；班后会应对当日工作完成情况进行检查和通报，并对次日工作做出安排。落实"双岗""双想""两比""三检查""五不操作"制度。

严格任务现场管理。岗位人员应严格遵守工作现场纪律，准时到岗，不得擅自离岗、串岗；应熟悉、掌握操作文件，服从指挥，按要求进行操作和记录；增、减或调整工作项目应经过论证并上报批准，必要时组织评审并提前演练。任务现场实施表格化管理，任务过程中的所有控制和操作项目均应编制相应的表格化文件，操作表格内容须逐项签字确认。严禁无关人员进入任务现场。

8.5.2　职责与程序

（1）职责划分

质量安全环境计划应依据航天发射责任单位职责分工和航天发射责任单位间达成的协议，进一步明确包括航天发射中心、航天或试验产品研制单位、总体技术单位、测控单位和用户单位等航天发射责任单位在任务实施过程中的具体职责和须完成的工作项目，单位之间的接口和工作中的管理关系。当涉及外星发射和搭载时，还规定涉外部门在任务实施过程中的具体职责、完成的工作项目、与其他单位之间的接口和工作中的管理关系等。

（2）工作程序

质量安全计划应依据航天发射一体化管理的要求，进一步明确航天发射实施过程中所用到的主要工作程序，包括应急处置程序、技术状态管理程序、质量问题处置程序、技术交流与质疑程序、质量信息收集与通报程序、质量评审和放行程序等。这些程序可直接引用相关程序标准，并可根据任务的具体特点进一步补充细化。

（3）控制措施

针对质量安全计划内的工作项目和过程，策划质量安全环境等方面的控制措施，包括控制点、控制措施与标准、责任单位或责任人（统称责任者）、检查单位或检查人（统称检查者）、检查方法等。责任者负责控制措施的落实，并保留措施得到落实的证据。检查者负责督促、确认控制措施的落实情况，必要时，保留检查记录。控制措施样表见表 8 - 1～表 8 - 3。

表 8 - 1 质量控制措施样表

序号	工作项目或过程	质量控制点	质量控制措施	检查方法	依据或标准	责任者	检查者

表 8 - 2 安全控制措施样表

序号	工作项目或过程	危险源	危险特性	安全控制措施	检查方法	依据或标准	责任者	检查者

表 8 - 3 环境控制措施样表

序号	工作项目或过程	环境因素	环境特性	环境控制措施	检查方法	依据或标准	责任者	检查者

第 9 章
任务支持过程实践

　　航天发射任务支持过程又称勤务保障过程，其工程实践是以航天发射流程为主线，围绕一体化管理要求，针对任务实施所需的勤务保障而开展的实践活动。本章重点论述一体化管理在航天发射任务支持过程中的实践成果，主要包括：任务保障机构、设施设备保障、特燃特气保障、发供电保障、运输保障和卫勤保障等。

9.1　任务保障机构

航天发射任务保障部门组织成立任务保障工作协调组，协调组成员由任务保障部门、各业务主管机关和各业务保障站（处）领导组成，接受发射场区任务指挥部领导，履行以下职责：

1）负责任务保障指挥和决策；

2）负责任务保障策划、组织和协调，审批任务保障计划；

3）监督制度措施落实，组织阶段评审；

4）研究解决任务保障中的重要问题；

5）启动、指挥任务应急保障；

6）向发射场区指挥部汇报工作，并提出意见建议。

各业务主管部门按职责分工，牵头组织本业务范围内的任务保障工作，履行以下职责：

1）策划、拟制并呈报任务保障方案预案；

2）组织实施任务保障，并根据任务需要开展检查评审；

3）收集任务保障工作情况，为保障工作协调组提供决策支持；

4）向上级请示、报告任务保障相关事宜；

5）组织任务保障标准化和应急力量建设；

6）根据授权和任务所需，调配应急物资、组织任务应急保障；

7）协调解决外来参试人员的生活保障。

各业务保障站（处）依据职能和保障工作协调组的计划部署，做好相关业务的勤务保障工作。

9.2　设施设备保障

设施设备保障的主要任务是及时提供满足航天发射任务要求的设施设备，主要工作有设施设备研制生产、使用维护、特种设备管控和退役报废等。

9.2.1　研制生产

（1）研制论证

航天工程或项目总体部门牵头组织航天产品研制单位提出对发射场的需求。航天系统主管业务部门组织相关研究院所、发射场、航天产品研制部门论证设施设备建设需求，包括新研、新建和技改。航天系统技术总体部门依据发射场设施设备建设需求制定相关的总体技术方案，总体技术方案经评审、批准后按计划落实。

（2）生产建设

航天系统主管业务部门组织或交由责任单位组织发射场设施设备生产建设，主持任务书编制、评审、会签、报批和设计图纸的会审，主持合格供方评价、招投标，代表用户单位在设施设备生产建设过程中进行质量监督，组织设施设备安装调试。

设施设备承研承制单位须保证安全防护和环境保护设施设备与主体工程同步设计、同步建造和同步投入使用。

用户单位参加设施设备生产建设的全过程，竣工验收前编报安装调试和质量监督检查跟踪报告。设施设备生产建设由外部供方承研承建时，应按照外部提供过程、产品和服务的要求进行管理。

（3）交付验收

发射场主管部门组织设施设备交付评审，竣工验收和移交。设施设备交付应具备以下条件：

1）承制方已按合同和技术规格书规定的范围完成了全部工作；

2）备品、备件、附件、仪器、仪表和随机文件齐全；

3）包装符合国家、行业和合同规定要求；

4）对验收合格产品采取了保护措施，并按规定进行了维护保养（这种保养应维护到产品交付地）。

设施设备交付使用时须进行验收检查，验收检查前，应对超过规定计量检定、维护保养周期的产品采取必要的计量检定、通电检查和维护保养。

验收检查应由设施设备主管部门主持，接收单位和承研承制单位一起实施，重点是检查确认交付设施设备的项目、数量、包装状况、外观质量，配套完整性，装箱清单准确性，合格证明文件正确性，文档资料齐套性，功能性能符合性等。验收检查通过时应办理交付手续。

验收检查发现存在技术质量问题，承制方应查明原因、现场解决。现场不具备条件的可返厂解决；须更换备件的及时补充备件，确保交付的备件配套齐全。检查验收未通过时，应收集汇总设施设备检查验收中发现的问题，会签检查验收纪要。

9.2.2　使用维护

（1）登记统计

设施设备主管部门按职能建立设施设备实力统计数据库（包），每年年初更新一次，并根据设施设备新研、新建、技改和退役、报废等情况，及时更新。独立运行部站建立本单位的设施设备实力统计数据库（包），每年年初更新并及时向上级部门报告；新研、新建和技改设施设备交付使用，设施设备退役、报废等情况发生时，实时更新设施设备实力统计数据库（包），并及时向上级业务主管部门报告。

设施设备实力统计内容主要包括名称、类型或型号、数量、质量状况、价值、投入使用（或交付）时间、使用单位和所处位置等。装备质量状况分"新品""堪用品""待修品"和"废品"四级。

交由航天发射中心使用或托付航天发射中心代为管理的相关方的设施设备，航天发中心相关单位应与相关方签订管理协议，并单独建立相关方设施设备实力统计数据包，指明设施设备的所属单位、数质量情况和管理协议等。

设施设备在全寿命管理过程中须按照类型要求建立设施设备档案和履历书，落实登记统计制度，设施设备责任人须严格按照规定的格式和内容及时做好记录。设施设备相关登记统计资料应妥善保存，责任变更时办理移交手续。

（2）维护保养

设施设备责任单位组织专业人员或委托承建承制单位编制设施设备维护保养细则，经专家评审后报单位主管领导批准，作为设施设备维护保养的基本依据。

设施设备责任单位和人员按照维护保养细则的要求，对设施设备进行定期和使用前后的维护保养，并将维护保养情况填入设施设备维护保养记录。

设施设备主管部门依据设施设备质量特性采用周期检查和随机抽查相结合的方式对设施设备维护保养情况进行督查。

（3）检测检修

设施设备检测检修前，应对设施设备在检修检测周期内的维护保养情况进行回顾和综合分析，汇总设施设备异常现象和存在问题。

设施设备检测检修工作按以下步骤开展：

步骤一，设施设备主管部门督导设施设备责任单位确认现有设施设备检测检修规范的充分性和有效性，必要时，新编或修订现有设施设备检测检修规范。

步骤二，根据年度航天发射任务计划和基建技改项目的进度安排，设施设备主管部门制定年度设施设备检测检修计划和实施方案，经上级领导批准后下发执行，并成立工作领导组、技术专家组和质量监督组，统一组织年度检测检修工作。

步骤三，设施设备责任单位按照上级的统一部署，依据规范开展设施设备检测检修（必要时，外协有资质的单位实施），并记录检测检修项目和结果；技术专家组适时指导，质量监督组跟踪检查，确保设施设备检修满足规定要求。设施设备主管部门协调处置检测检修过程中发生的问题。

步骤四，设施设备责任单位评估检修后的设施设备功能性能，包括技术状态、可靠性、安全性和环境适应性等情况。技术专家组和质量监督组汇总检修情况，针对每个专业或相对独立的设施设备联合给出质量评审结论。

步骤五，设施设备主管部门组织检测检修评审，成立评审委员会，以专业为单位，评价设施设备功能性能能否满足预期要求情况。通过检测检修评审后的设施设备应张贴合格证，测量用设备和特种装备应张贴检定合格证。

通用设施设备维修分大修、中修和小修三种方式。每年×月，通用设施设备责任单位根据设施设备寿命周期、检修检测规范和上年度检修检测计划等拟制下一年度的大、中、小维修计划，获批准后按要求组织实施。通用设施设备实施大修或中修后，应由对口业务机关组织测试和评审验收。

（4）交接、保管与点验

设施设备责任人离开岗位时必须进行责任交接，交接过程中如发现问题，须待问题处置完毕或责任界面清理后方可交接。责任交接由责任人的直接领导主持，交接双方责任人或指定委托人到场，交接工作须做到数量清、质量清、手续清和无遗留问题。

设施设备责任人或指定的保管人须妥善保管所属设施设备，确保存放环境满足要求，做到无丢失、无损坏、无锈蚀和无霉烂变质。

独立运行的部站每年、基层单位或专业组每半年，应对所属设施设备进行不少于 1 次的点验，点验可结合年终总结或设施设备普查进行。点验以实力统计为依据，逐项核查设施设备、备附件、配套工具和仪器仪表、文档图纸资料等的完好性。

（5）操作使用

设施设备使用须落实相关规范，按操作规程操作，包括：

1）按设计要求使用相关设施设备，禁止超负荷使用；

2）按操作规程操作使用设施设备，严禁违章操作；

3）运行有工作环境要求的，确保工作环境满足要求；

4）有配套使用要求的，确保配套装置良好；

5）有周期性检定检验要求的，确保设施设备在有效检定检验期内；

6）发生紧急情况，有预案的按应急预案处置，无预案的按应急处置原则响应；

7）动用封存的设施设备，须按程序审批。

（6）风险管理

设施设备责任单位应识别设施设备寿命周期内的各种危险源，评价风险并制定落实风险控制措施，包括不满足要求而导致的任务失利、人财物损害和环境污染等。重点安全要害部位应设置安全监控系统，配置相关的防护设施、消防物资器材，并定期检查维护，确保有效。

（7）故障处置

设施设备发生故障，影响任务计划和质量的按质量问题归零程序进行处置；导致安全事故的按照事故调查处置程序进行处理；其他情况参照质量问题归零标准进行修复。

设施设备故障应录入故障数据库或设施设备数据包。

9.2.3　特种设备管控

对列入国家或行业特种设备名录的设备和经设施设备责任单位评估认为危及生命、危险性较大的其他设施设备，应按照特种设备进行管理。

特种设备责任单位根据每类设备的质量安全特性和国家、行业相关法规标准，建立并严格落实独立的管理制度，包括：涉及特种设备使用、维护保养、保管、封存、启封、借用、调动、登记、统计、退役报废和安全管理等的日常管理制度；涉及特种设备检验资质、内容和周期，临时检验要求等的检验检测制度；涉及特种设备缺陷处理的资质、程序和手续的消缺修理制度等。

9.2.4　退役报废

设施设备主管部门组织设施设备退役报废技术鉴定。

设施设备责任单位撰写设施设备退役报废申请，说明退役报废原因、现状；对批准后的退役报废设施设备依据相应规范和协议进行处置，包括销毁、毁形和加工转化等。

批准退役报废的设施设备应从实力统计中注销。

9.3　特燃特气保障

特燃是指航天发射任务中航天器、运载器使用的常规液体推进剂和低温推进剂。常规液体推进剂包含偏二甲肼、无水肼、单推三、甲基肼、四氧化二氮、绿色四氧化二氮、航天煤油等；低温推进剂包括液氢和液氧等。特气是指航天发射任务中航天器、运载器使用的普通氮气、高纯氮气、航天用氧、压缩空气、空混气、氦气和化验标气等。特燃特气保障活动主要有供给运输、转注、贮存、化验和加注等活动。

9.3.1　通用要求

（1）标准规范

特燃特气保障活动须全面执行国家和行业的标准规范，并根据单位实际情况进一步补充完善。推进剂的取样、转注、提取、押运、废气废液处理，推进剂槽车清洗，供配气，应急救援等涉及特燃特气的工作须满足相关标准规范和单位规章制度的要求。

（2）人员要求

从事特燃特气工作的人员须熟知特燃特气的理化性能、安全防护和急救措施，掌握相关设施设备的功能性能和使用要求，熟悉防护装具的使用，经考核合格，持证上岗。

人员接触有毒特燃特气时，须进行二级防护，必要时采取一级防护；人员进入特燃特气工作现场，应按规定穿着防护服并触摸导静电接地棒，严禁穿戴钉鞋和携带发火物品。人员在高噪声设备区进行巡回检查，特别是在空分设备进行系统吹除时，应佩戴耳罩或耳塞，防止噪声危害。人员在充灌或处理液氧时，不得穿戴被油脂玷污的工作服，不得穿着有静电效应的化纤服装。

氧作业人员应使用毛皮或石棉手套，穿皮制高筒靴和长筒胶靴，戴有防酸性护目镜的面罩，穿着绝缘良好、不渗透防护服。氮作业人员应穿耐低温防护服和防护靴，戴防护手套，氧浓度低于18%时应戴供氧式或自供空气式防护面具。煤油作业人员应穿抗油拒水防护服、防油靴，戴自供气式呼吸器及防油手套。

（3）场地管控

特燃特气存放库房和样品存放等环境须严格落实有关法规标准要求，并实时监控环境条件和存放状态，防止起火或爆炸。

加注、转注等作业现场设置安全警卫区域，禁止非工作人员进入；消防救护力量在规定时间和指定位置就位。

（4）有限空间作业

进入封闭的有限空间前，应加强通风；进入时携带低氧浓度探测器，在确保安全的情况下开展作业。在有限空间内作业，操作现场须保持良好通风，配有消防水车和灭火器材。在设备内部进行维护作业时，必须有人监护，不得单人作业。操作工具使用铜制、镀铜或铝制工具，避免产生火花。

（5）液氧液氮排放

高压、高容量排放管和低压排放管不得连接到同一个排放竖管；排放设备应防雨、防雪和防结冰，具有防腐性能，一般排放管的出口成"T"型且在排放出口处的外部安装筛网。液氧应排放到选定地点（尽量远离人员区），不得将其倾倒于有沥青等有机物质的地面，且人、车应处在上风向，严禁明火。氧气的排放位置设于高处，并进行垂直排放。氮气可通过管路就地高点排放或引至稍远处排放。

（6）废液废气处置

推进剂转注、加注过程中产生的废气须通过推进剂废气处理（四氧化二氮废气先经过冷凝回收，残余气体经过四氧化二氮废气处理设备进行处理后排放）。推进剂槽车清洗过程中产生的废液应经污水处理系统处理。推进剂取样和仲裁样废液，应分类收集，用于保障推进剂消防训练或者演练。推进剂贮罐紧急卸压时产生的废气可不经废气处理，直接高空排放。

（7）检验检定

作业用防护装置、装具，高压容器、管线及其备附件和监视测量用计量设备等须按照国家和行业规定定期或使用前进行检验检定、溯源校准。

9.3.2　供给与运输

（1）供给保障

特燃特气主管部门制定年度航天发射任务用特燃特气保障总体计划，负责订购偏二甲肼、无水肼、单推三、甲基肼、四氧化二氮、绿色四氧化二氮、液氢、氦气等特燃特气。航天发射责任单位根据特燃特气保障总体计划和本单位航天发射任务保障需求，制定特燃特气具体保障计划并组织实施。

特燃按以下方式供给：偏二甲肼、四氧化二氮、无水肼、单推三由主管单位负责提取并运输至各发射场，其中偏二甲肼和四氧化二氮分别转注至发射场推进剂库房，无水肼、单推三移交使用单位。液氮、液氧、液氢在发射场就地生产。甲基肼、绿色四氧化二氮等航天产品专用推进剂通常由研制部门负责。

特气按以下方式供给：压缩空气、氮气、空混气一般在发射场就地生产；氦气使用氦气集装箱通过公路运输至发射场；外星所需特燃特气根据合同协议提供相关保障服务。

（2）运输管理

特燃特气运输过程中使用专用贮罐储存，使用专用车辆运送，严格执行危险货物铁路和公路运输规则，液氧贮存运输要求，氨气、甲基肼、氮气和液氮安全应用准则，肼类燃料和硝基氧化剂包装贮存运输要求等国家和行业危险货物运输规定。

运输实施单位根据"任务通知单"要求，制订完善特燃特气运输工作专项方案和作业指导书，对运输、临时停放、废气排放等作业予以明确；选派人员、定实岗位，组织押运人员学习掌握特燃特气性能、安全防护知识、车辆操作规程和运输相关规定；办理审批手续并做好专用贮罐、车辆和物资器材准备。

特燃特气运输保障用设施设备须按规定实施检修，确保功能性能良好，备附件、工具、防护装具和应急物资齐全，车体外设置醒目警示标记。重车发出时，特燃特气提供方须组织出库化验，出具化验合格的报告单。押运人员在行车途中须遵守押运规定、严守押运纪律，定期对设施设备和特燃特气状态进行检查并记录，填好行车日志，定期向单位汇报。运输中发生突发事件，运输实施单位按照应急预案和原则，采取有效措施。

运输到站后，按规定办理特燃特气交付手续。运输车组返回单位后，运输实施单位组织任务总结和设施设备任务后维护、评审和交接。

（3）交付/交接

运输车组到达特燃特气生产厂家或发射场后与相关部门沟通协调，确定转注实施方案；转注前须进行取样化验，并领取三份化验报告单；转注工作按照相应要求实施，并填写相关记录；转注后依照任务计划确认特燃特气数质量，填写产品交付/交接记录。特燃特气交接数质量要准确，客户评价须填写完整。

9.3.3　转注与贮存

（1）转注

特燃特气主管部门下发转注通知单，明确转注特燃特气的种类、数量、时间、地点等要求。特燃特气提供方向接收方出具产品化验合格单。

转注实施单位根据任务通知单，制定转注方案和应急预案，做好人员、设施设备、物资器材、工具和防护装置准备。转注前，组织召开班前会，明确转注安排和注意事项，包括转注数量、时间、地点、人员分工与定位、主要的质量、安全、环境控制与应急响应措施，确认设施设备状态等。转注期间，按照转注实施方案组织推进剂转注，控制转出载体压力，质量安全员督导一体化控制措施落实。转注完毕后，按次序组织撤收。

内部转注，库房管理人员与车组核对推进剂提运地点和数量，并填写库房特燃特气出入库记录。外部转注，交付方与接收方核对推进剂数质量，并填写产品交接记录。

（2）贮存

特燃特气贮存库房要有醒目的警示标记，确保通风、消防、防雷、防静电、防爆、监测和报警等设备设施状态良好，废气、废水、废液收集处理系统工作正常。

特燃特气贮存容器按照压力容器管理要求进行管理。常规液体推进剂和低温产品最大贮存量不超过贮罐容积的 $x\%$，长期贮存时一般不小于贮罐容积的 $y\%$，并根据特性要求使用合格的保护气体进行充压保护。

特燃特气库管理单位按各自职责，分别负责燃料、氧化剂、氮气、桶装推进剂等库房的日常管理工作。管理人员必须熟悉所保管燃料的理化性质，具备处理突发事件的能力和安全救护能力。值班人员每日应对贮存库房、水暖电、消防等设施设备状态进行巡视检查，定时通风、制冷并对库房中温度、湿度、毒气浓度和贮存容器压力、液位等参数进行监测。发现异常及时上报，相关单位按照预案实施应急处置。

9.3.4　化验与加注

（1）化验

特燃特气在生产、入库、转注、加注、回流试验等工作开展前进行全项化验，贮存的特燃特气每半年进行×次全项化验，每季度进行×次抽项化验。应对化验活动中产生的废气、废水、废液进行收集和处理。

方法标准。特燃特气化验按照国家、行业标准和作业指导书进行，其中提运、贮存、入库、转注等环节执行出厂验收标准，加注时执行发射场使用标准。常规液体推进剂加注化验时要留存仲裁样品，过期后按废液实施处理。外方自筹的特燃特气按照双方达成的协议进行分析化验并提供化验报告。

化验取样。应提前准备好仲裁样取样容器和封条等相关物品，取样人员防护得当，取样装备合适，所取样品标识清楚、数量充足；必要时，取样样品经各方签字确认后签贴封条。

化验要求。特燃特气化验严格按操作规程和所选的技术方法进行，特燃特气分析化验仪器须按照相关标准进行计量检验，危险化学药品严格按照批准后的方案进行控制。化验过程中，严格落实双人双岗，接触有害物质的人员按要求采取防护措施。

异常处置。当化验数据异常超差或与前次化验结果出入较大时，化验员应立即停止工作，查找可能的原因。若化验设备异常，应对其维护、修理、重新校准，确认其性能恢复正常后，再对样品进行化验；若样品异常，应与顾客联系，征得顾客同意后重新取样化验。

原始记录。化验过程应进行详细记录，确保可追溯性。化验原始记录上标明化验日期、来样日期、样品编号、样品来源、化验员、化验原始数据、审核员等，必要时包括温湿度记录等，并能反映数据处理和计算过程。

化验报告。化验员应按照规定出具"化验报告"或"测试报告"。审核员应对照原始记录对"化验报告"或"测试报告"进行仔细审核，并签字。"化验报告"或"测试报告"在提交客户前应按程序进行签批。

（2）常规推进剂加注

加注前×小时进行库房推进剂测温，测温报告由加注指挥和操作手签字后报阵地指挥所，供加注量计算用。加注量由任务相关各方联合计算并签字确认，加注量通知单在推进剂流动－×分钟之前，一式×份分别送交燃料和氧化剂库房加注指挥和塔上技术抓总。

先进行燃料加注，后进行氧化剂加注。加注开始前，将火箭贮箱预增压至 $X \sim$

Y MPa；加注过程中，贮箱压力保持在 $U\sim Z$ MPa。

加注结束后，开始软管抽吸；抽吸完毕后进行贮箱、软管泄压，火箭各贮箱通过回气管经加注库房泄压，废气由废气处理系统燃烧处理；泄压完毕后外管线放空，拆卸加泄连接器、加注软管和电缆等，并安装活门应急堵盖；拆下加注管路过滤器并检查清洗；操作手打印实际加注量报表，经任务相关各方联合签字确认后上报发射场区指挥部。

（3）低温推进剂加注

加注量由任务相关各方联合计算并签字确认。

正式加注前，先进行预冷。预冷时监测管内流量，预冷流量应保证管路系统能冷透，避免造成气堵、产生过大的应力和较高的静电位。预冷及加注过程中应随时检查贮罐和管路的各种参数和信号，检查连接部位的密封以及贮罐和管路的绝热情况。预冷过程中应根据预冷期间火箭贮箱压力变化情况，控制预冷速度，防止贮箱压力过高。

加注过程中，加强对库区、管廊的巡视，严密关注设备和管路状态，严禁设备和管道超压，保证安全阀、爆破片完好。对于操作过程中有可能出现的两端阀门关闭而导致管道、设备内低温介质压力升高，应根据情况及时泄压、排空。采用泵式加注方式时，应检查泵机组转向，禁止空转和在出口阀关闭时运转。对于低温设备，操作时应避免出现憋压的情况，保持管道、设备排放顺畅；低温截止阀应缓慢关闭，防止产生水击，不得出现相邻截止阀同时关闭的工况。

加注过程中，发现问题及时处置。加注过程中如发现连接部位有较大泄漏，应立即停止加注，分析原因，按预案采取措施排除故障。加注过程中出现故障进行应急处置时，使用铜质工具，在泄压后进行处置，严禁带压操作。应急处置过程中，密切监视、控制设备和管路的压力、温度等参数，避免设备和管线超压，必要时泄压至安全值。

加注撤收前各工序、开关应复位，经检查确认无误后才能断电断气。撤收时加注管路系统应保证不会因为系统温度回升而引起系统超压。加注结束后，应拆下检查清洗加注管路过滤器，操作手打印实际加注量报表，经任务相关各方联合签字确认后上报发射场区指挥部。

9.4 发供电保障

发供电保障是依据国家和行业有关发电、电力输送和供给的法规标准，基于发供电保障的质量特性、危险源风险和重要环境因素等，制定并落实质量安全环境和应急响应控制措施，为航天发射提供安全、可靠电力保障的活动。

9.4.1 任务策划

（1）预期结果

航天发射任务期间：

1）不发生调度责任障碍，不发生误调度、误整定、误碰（动）的一般电气误操作事故和电网稳定破坏事故；

2）全部保护动作正确率 $\geqslant x\%$，保护拒动率 $\leqslant y\%$；

3）故障时遥信动作正确率 $\geqslant x\%$，远动装置故障停运持续时间不得超过 $\times$ 小时，主要电气量遥测合格率 $\geqslant x\%$；

4）航天发射重要工作时段电力供给中断为 0。

（2）供电模式转换

航天产品进场前，发供电主管单位将 x kV、y kV 中心变电站供电运行模式切换到任务状态（工艺、动力和生活用电严格分开）。

进入任务实施阶段后，发供电主管单位向地方电业局通报，加强外电网管理，避免大的冲击扰动和谐波干扰。

发射任务结束后，及时向地方电业局通报情况，根据情况转换供电方式。

（3）指挥调度

发供电调度及时通报航天发射任务进展，下达航天发射任务对发供电的特殊要求；必要时，发供电主管单位制定相应的保障方案。

电网当值调度员根据任务进展、任务对发供电的特殊要求、保障方案、指挥调度准则和规程等连续监控电网状态，并向指挥调度值长和相关单位实时发布调度命令。

指挥调度值长和相关单位组织完成发供电支持系统的运行操作、缺陷消除和应急响应，保证电网电能供需动态平衡、确保航天发射电力供给优质可靠。

（4）质量安全保证

发供电系统参加航天发射中心组织的任务评审活动，接受发射场区质量控制组组织的任务关键节点处的质量安全评审，并根据任务需要适时组织质量安全检查评审。

发供电主管单位重点做好航天产品进场、总装、转场、总检查、联合检查、加注，测控通信联调联试、试验演练、任务合练，点火发射等重点区域、时段的发供电值班及应急调度。加注发射前，组织相关单位技术人员，对场区各变电所（站）高压供电设备状态进行复查确认，组织召开射前高压供电系统"双想会"，讨论确定可能出现故障的防范措施。

对发供电过程中产生的废水、废气、废渣依据行业规范进行定期和实时监测，经确认处理达标后方可排放。作业用废弃的防护服、绝缘防护靴和防护手套、高空作业安全保护装具、过热蒸汽防护装具、噪声防护装具等应集中收集处置，禁止丢放。

9.4.2　安全作业

（1）检验检定制度

发供电主管部门和相关单位须：按要求组织对发电锅炉进行内外部检验并形成检验报告；确保作业用防护装置、装具，高压容器、管线及其备附件和监视测量用计量设备等按照国家和行业规定定期或使用前进行检验检定、溯源校准；统筹航天发射任务与工作实际要求，按照电网标准规程定期开展高压供电设备电气试验。

（2）作业票制度

发供电保障作业实施作业票制度，作业票包括指令票和操作票。

副值调度员在当班工作时间内，拟开完成当日停电申请工作的调度指令票、运行方式改变和检修检测的操作票等，经批准后及时提交当值调度员（值长）。

当值调度员（值长）受理审核当日的调度指令票和各类工作票，正式向相关变电站当值值班员发布操作命令。当值调度员（值长）未完成的操作任务，交接班后，下一值长在审核无误后，预发操作任务到变电站当值值班员进行操作。

运行单位当值值班员在接受操作命令后，按照调度指令下达的"待令""及时"等规定要求执行，并将执行完成情况及时汇报给当值调度员（值长）。

已终结的调度指令票、工作票等作业票由技术员进行审查，并归档，出现不合格票时应作分析和追溯。

（3）安全守则

发供电岗位人员须取得进网作业证，持证上岗、严禁无证作业。因工作需要进入工作区域的外来人员，须严格遵守安全管理制度，并履行出入登记手续。

投运油机电时，确保市电和油机电不能并联运行。

发供电作业时，作业人员须按规定采取防护措施，包括佩戴相应等级的绝缘手套、绝缘鞋和使用相应电压等级的专用工具设备等，严禁合闸状态下退出或推入手车。发供电岗位人员须规范填写操作票、听从调度命令，严格按照操作票进行停送电操作。作业完毕后进行沐浴、更衣，并适当休息。

高压操作时，须由两人执行，一人操作，一人监护，严禁带负载手动合高压开关。检修高压供电线路时，须将手车退出，并闭锁连锁机构，同时在该柜上挂上"有人工作、禁止合闸"标牌。

高压设备发生接地时，室内不能接近故障点$\times$m以内，室外不能接近故障点$\times$m以内。进入上述范围人员必须穿相应等级绝缘鞋，接触设备的外壳和物架，须戴相应等级绝缘手套。

9.4.3　异常处置

依据异常情况类别和紧急程度，责任单位分别启动相应的应急响应方案。

异常情况发生时，发电系统运行单位当值值班员及时向调度员（值长）汇报，变电站运行单位当值值班员及时向调度员（值长）汇报。

当值调度员（值长）根据当值值班员汇报的现场情况和监控系统呈现的信息初步判断态势和结果，立即进行分析、判断，并作出处理操作命令。

运行人员和应急分队接收当值调度员（值长）的处理操作命令，对故障设施设备进行检查处理，并及时汇报处理进展情况，处置完毕后根据调度指令恢复正常运行状态。

当值调度员（值长）将出现的异常情况、操作处理情况按程序及时向上级汇报，并通知检修单位进行设施设备检查处理。

9.5　运输保障

运输保障是指航天器、运载器、特燃特气和物资设备等进出发射场区的运输活动，分为铁路和公路两种运输形式。

9.5.1　铁路运输

铁路运输保障是指通过国家铁路运输系统进场的航天器、运载器和推进剂等从火车站通过专用铁路进出发射场的运输活动。铁路运输保障须全面落实国家和行业有关铁路运输的法规标准，贯彻质量、安全、环境与应急响应一体化管理要求，根据航天发射铁路运输保障特点，细化完善相关制度、标准和作业文件。其主要活动包括：专列输送策划、机车保障、站点保障和接车与输送。

（1）专列输送策划

根据专列在交接地的到发时间和运输路线，策划专列运行图，包括区间运行时分、站停时分、重点关注点位等。基于运输对象的数质量和任务特性，编制运输方案，内容包括：车种、吨数、辆数、计长、超限货物、运输等级、车辆编组、与其他列车交会时间、地点和输送要求等。

依据任务重要程度确定运输专列等级，高等级专列输送须开行先驱列车，在输送专列始发站发车前×分钟始发，以检查前方区段线路临用状态、安全警卫、信号显示、列车接发等工作，确保输送专列安全通过相关区段。

专列输送要求主要有：

1）按照运行图的路线和时间完成输送任务；

2）承担专列输送的设施设备在专列到达交接地点前完成整备；

3）对位解体作业在始发站实施，尽可能减少终点站作业时间；

4）专列在中间站与旅客和货物列车交会时，旅客和货物列车先到站停车待避；

5）施工地段应提前一天停止作业，恢复线路正常状态；

6）中途不进行甩挂作业；

7）始发站发车前，将注意事项向有关车站及乘务人员传达清楚。

（2）机车保障

根据航天发射专列输送计划，铁路运输机车保障责任单位提前安排机车检修，保证任务期间有足够技术状态良好的机车可用。

专列输送须固定机车担任本务机，并明确备用机车。本务机和备用机列入调度计划，如需变更须按程序报批。

运输专列进出发射场期间，应在接运站和终点站准备适用数量的平车、敞车、棚车，以备急用。

（3）站点保障

运输专列途径各站点时须：

1）按程序办理列车的到发、通过以及解编作业；

2）按规定专列等级接发列车，各岗位实行双岗，一岗操作，二岗监查；

3）专列在技术作业站进行解编作业时，现场由质量安全员确认一体化控制措施落实；

4）为防止临时停电或进站信号机故障临时紧急停车，车站应安排引导接车；

5）调车作业时严禁工作人员吸烟和明火照明。

（4）接车与输送

召开专列接车与输送协调会，进场专列接运组与进场专列单位协调到站卸载有关事宜，确定对位方案，并通知终到站提前做好调车作业准备；出场专列由接运组预先向始发站通报出场专列交接注意事项，并督促其预先同地方铁路车站做好交车通知及协调工作。

专列输送承运单位对机车、车辆进行整备检查，对接运始发站站场设备、线路、道岔和停留车辆进行检查，确保设施设备和运输环境良好。

铁路运输调度下达专列输送等级、运行时刻、注意事项等命令。调车组对站场、装卸车货位等作业区域进行严格检查，按调车作业计划组织专列调度。扳道员、信号员及时准确调车进路，按规定正确及时显示信号。

调动航天发射专列车辆时，无论推进或牵引，运行速度站内控制在×km/h，发射场控制在×km/h，接近厂房、顶端站台或尽头线时按尽头线调车规定执行；向顶端站台送车时，第一钩不得超过×辆。

调动航天发射专列车辆进入技术区厂房时，应在厂房前停车，确认厂房内线路两旁堆放货物无侵入限界后，再以不超过×km/h的速度推进运行，并随时准备停车。对好货位后，做好防溜措施。

9.5.2　公路运输

公路运输保障是指空运或海运进场的航天器、运载器、航天煤油、氦气等从机场、码头通过公路进出发射场的运输活动。公路运输保障须全面落实国家和行业有关公路运输的法规标准，贯彻质量、安全、环境与应急响应一体化管理要求，根据航天发射公路运输保障的特点，细化完善相关的制度、标准和作业文件，其主要活动包括：公路输送策划、卸机卸船卸车与运输、应急投送运输值班和故障残骸搜索与运送等。

（1）公路输送策划

公路运输主管部门组织接机或卸船协调会，协调相关部门做好发射场区内外不合格路段整治，确保港口、公路状态满足进场运输要求；与地方交通管理部门协调对接，确保港口、道路状态满足进场运输要求，并协调做好重点路段交通管制；及时跟踪场区外运输情况，将航天器、运载器、煤油、氦气到达机场、港口时间及时通报相关单位做好产品接运准备，并协调好港口、船运公司等单位做好运输保障相关工作。

公路运输承运单位基于运输对象的数质量和任务特性，编制运输方案，内容包括：车种、吨数、辆数、计长、超限货物、运输等级、车辆编组和输送要求等。

（2）卸机卸船卸车与运输

卸机卸船现场分为停车区、卸机卸船作业区、产品捆绑区。卸机卸船现场设警戒员，防止无关人员靠近正在倒车的车辆。运输车辆中心线与飞机中心线、运输车辆尾部与飞机尾部的距离、运输车辆在码头位置等应符合方案计划要求。

现场车辆驾驶员严格执行指挥员指令，严格执行二次倒车程序，防止车辆与飞机尾部、码头装卸设备等碰撞。产品吊装时，周边严禁站人。

执行航天发射公路运输的车辆须进行车辆出场前检查。按运输方案实施机场、码头至发射场运输，受公路施工和匝道转弯半径限制，部分路段需逆行时由交警部门配合实施。车队进入发射场后进行产品、设备卸车时，厂房内和各卸车点安排指挥员负责现场指挥调度。

（3）应急投送运输值班

航天发射火箭加注至发射结束期间，公路运输系统承担车辆运输分队应急准备值班任务。应急值班等级为×级；应急要求装备完好、人员齐装、定人定车、通信畅通、反应迅速，车辆集中停放并确保性能良好，人员集中组织并确保装具齐全。

应急准备检查由值班单位领导组织，重点检查车辆状态和人员装具情况，适时进行车辆发动。应急响应须提前规定应急分队的集合信号，应急值班分队须在第一时间做出反应，×分钟内到达指定地点。

（4）故障残骸搜索与运送

当运载火箭在上升段发生意外情况，故障残骸散落在发射场周边×km 范围内时，公路运输系统按以下程序完成搜索与运送任务：

1）基于故障残骸落点预算，第一时间到达故障残骸坠落区域开展残骸搜索；

2）发现残骸后，由专业技术人员评估危险；

3）确认故障残骸处于安全状态或技术人员穿戴防护工装处于安全状态后，对故障残骸完成分解和装车后捆绑加固；

4）将故障残骸运送到规定地点，按规定或协议交付接收方。

9.6　卫勤保障

卫勤保障是指为航天发射提供人员医疗卫生保障和应急救助活动，其一体化管理是基于卫勤保障的质量特性、危险源辨识、风险和环境因素识别与评价结果确定控制点，全面落实国家和医疗卫生行业的法规标准，制定并落实质量、安全、环境和应急响应控制措施。主要活动包括：任务准备、常规保障、应急救援和医废处置等。

9.6.1　任务准备

卫勤保障主管部门根据航天发射任务需要，组织卫生医疗机构制定卫勤保障方案、预案，并根据方案和预案要求：筹备医疗物资器材；建立应急救援力量；完成血源队伍体检；开展岗位训练考核；组织应急力量开展应急演练，训练应急力量的协同性，考核应急预案的可行性。

医疗卫生机构按照航天发射卫勤保障岗位需求遴选、训练并考核定岗定位人员；依据现有任务特需药品有效期和医疗卫生器具需求做好筹措补充；按照航天员医疗救治用血要求筹措落实救治用血；按照检修规范开展卫生装备检修检测。

卫勤应急救援力量由阵地救护所、应急担架队、一线救护所和血源队伍组成。

阵地救护所由航天发射中心医院、阵地救护队组成，配备急救所需药品、设备。阵地救护队配备队长（兼医生）、医生、护士、驾驶员等人员，救护车、综合急救箱、医疗卫生用背囊等急救装备和相关医疗药品，负责推进剂转注、推进剂库房调温、航天产品转运吊装、火箭加注和发射等期间发射场伤员抢救及后送工作。

应急担架队设队长、队员、驾驶员，配备伤员运输车和担架等装备。负责推进剂加注、任务发射等活动发生事故时的伤员搜救工作，并协助阵地救护队进行伤员后送。

一线救护所由航天发射中心医院抽组，设所长、医生、麻醉师、护士、电工、驾驶员，配备救护车、指挥车和其他急救所需装备，负责航天发射任务一线伤员二级救治任务，并根据伤情合理安排后送。

血源队伍明确医院救治用血不足情况下须紧急提供血源的人员和配运输方式，负责特殊情况下卫勤应急救护用血的保障。

9.6.2　常规保障

卫勤保障主管部门依据规定，定期组织参加航天发射任务的人员进行职业健康体检、特勤疗养和正常疗养。

在航天发射任务期间，参加航天发射的医疗卫生机构依据任务通知和卫勤保障方案、预案做好任务遂行保障和应急救援，包括：

1）及时开设医务室和一线救护所，适时开展针对航天发射任务岗位的现场巡诊；

2）在推进剂转注、推进剂库房调温、产品转运吊装、火箭加注和发射等关键节点，按照发射场区指挥部和前进指挥所的统一安排，组织医疗卫生系统人员定岗定位，指挥调动卫勤力量完成医疗应急救援任务；

3）在载人航天飞船返回期间，按照着陆场指挥部命令参加航天员搜救和院内救治任务；

4）医院预留相关病房，开展医疗值班、巡诊、后送和餐饮监督等工作；

5）组织医疗保健专家和卫生监督人员进入接待场所和重点参观场所，承担临时应急医疗服务。

9.6.3　应急救援

航天发射卫勤应急救援依据预案按以下程序实施：

1）突发事件发生后，医疗卫生机构接受航天任务应急保障工作领导组的命令，按预案和任务调度指令开展应急救援；

2）阵地救护所接到应急救护通知后，迅速组织应急救护队和应急搜救担架队到达现场开展应急救护；

3）事发现场存在有毒有害物质或其他重大危险因素时，应视情况将伤员转运至安全区域后开展医疗救治；

4）现场医疗救护按照先急后缓、先重后轻的原则实施急救，并用伤标做出标识，以便后送救治辨认或采取相应措施；

5）救护现场须建立对外联系，以便与救援各方协同行动；

6）当现场环境比较危险或者伤员伤情允许情况下，须尽快将伤员后送至一线救护所进行急救处理，部分伤情较重的伤员后送至航天发射中心医院进行急救；

7）根据救治需要，适时启动血源保障应急程序。

9.6.4　医废处置

医疗废物产生地点应当有医疗废物分类收集方法的示意图或者文字说明。

感染性废物、病理性废物、损伤性废物、药物性废物及化学性废物不能混合收集，放入包装物或者容器内的感染性废物、病理性废物、损伤性废物不得取出，少量的药物性废物可以混入感染性废物，但应当在标签上注明。

盛装医疗废物的每个包装物、容器外表面应当有警示标识，在每个包装物、容器上应当系中文标签，中文标签的内容应当包括：医疗废物产生单位、产生日期、类别及需要的特别说明等。盛装医疗废物的包装物或者容器封口须紧实、严密，包装物或者容器的外表面被感染性废物污染时，应当对被污染处进行消毒处理或者增加一层包装。隔离传染病病人或者疑似传染病病人产生的医疗废物应当使用双层包装物，并及时密封。

航天发射中心医院在院内设置医疗废物暂时贮存点，医疗废物贮存点须按照国家和行业标准采取相应的防护措施，包括清洁和消毒处理。每天从医疗废物产生地点将分类包装的医疗废物运送至暂存点。运送医疗废物须检查包装物或者容器的标识、标签、封口和状态，确保其符合要求。

无市政依托的感染性、损伤性和病理性医疗废物由航天发射中心医院集中处置，药物性及化学性医疗废物择机交有相应资质的单位处理。有市政依托的医疗废物交有相应资质的单位运输、处置。